有機分子の
分子軌道計算と活用

分子軌道法を用いた有機分子の性質と
基本的反応の計算と活用
Molecular Orbital Calculation of Organic Molecules
and The Applications（MOCOM）

染川賢一
Kenichi Somekawa

九州大学出版会

はじめに

　今日の定性的な有機化学に，量子化学の分子軌道（Molecular Orbital: MO）法の思考法と定量的解析を取り入れた有機量子化学は，有機化学現象を空間的，数量的に表現・理解することを可能にした。本書はその有機量子化学の実践的手引き書である。MO法2大プログラムの一つで，半経験的方法のMOPAC（付録の計算ソフト）を用い，基本分子20種ほどの具体的入力と出力データの解釈の仕方を段階的に示す。また分子配座解析，UV機器分析，水素結合作用解析，合成反応の選択性の遷移状態や核酸塩基A-T間水素結合解析などのシミュレーション解析法の具体例を説明し，演習と解答例で理解を深める。分子軌道のエネルギーと軌道係数の変化の解析・利用で有機分子の性質と反応性や相互作用がわかる。

　自ら計算し活用できるようになることで，パソコン画面上で分子や反応の変化を見て，分子レベルの理解や興味ある反応現象の解明・展開が容易にまた鮮明になる。

　本書の対象は，主に有機化学の基礎を学習した大学化学系学科2年生から修士1年生及び高専高学年生である。一方で日本の高校の教科書では，2010年には本邦で開催され注目を集めた国際化学オリンピック（とその予選の全国高校化学グランプリ）のシラバスと比較して，主に（1）原子軌道・分子軌道の基礎，（2）熱力学，（3）有機化学の中の反応，の扱いが欠けているか少ない，と指摘されている。本書はMOPACプログラムを利用し，化学の基礎と，数量と空間的思考センスの形成に役立つ情報が得られるよう構成されている。従って，本書の読者としては高校教育関係の方々も想定している。また広く有機化学利用の教育と研究の現場で，本書の分子空間と数量での評価法はその展開に活用されると考える。

　先ず水素原子と原子軌道，そして分子軌道の簡単な理解からはじめて，パソコンでの分子データの入力法を示し，最も簡単な二原子分子の5種，メタンなど基本的有機分子15種ほどについて構造最適化と出力データ（生成熱，フロンティア軌道など）の解読と利用法を記す。またn-ブタンの結合軸回転による分子の動きの配座解析，構造異性体間の熱安定性・反応性の違いの判断法，ブタジエンを例とした光吸収・励起と電子吸収スペクトルの解析，そして有機化学反応と試薬の分類法と，ノーベル化学賞の福井謙一教授のフロンティア軌道論とウッドワード・ホフマン（WH）則を解説する。さらに現代合成化学でもよく利用されているディールス・アルダー（DA）反応の動的（活性化エネルギーと遷移状態構造）解析の手順と，酢酸や核酸塩基のアデニン-チミン（A-T）などの水素結合形成の手続き，そして得られるエネルギーと構造データの正確さの評価例などを段階的に説明する。

　使用するMOPACプログラムのWinMOPAC（及びその後継のSCIGRESS MO Compact）ソフト（富士通）は，原子価電子（価電子）が計算対象であり，考え方と利用法が簡便で教育・経済・

表示上優れている．原子数制限の限定版ソフト（MOCOM）を本書に付録し，添付した付記の自習でマスターできる．MOPAC2002, 2009 など（ホームページ：http://www.MOPAC2009.com）（PM5, PM6 レベル）ではスチュワート（Stewart）博士により近似の改善と利用拡大が図られている．その向上した正確さ，標準誤差を一部紹介する．なお教育用は無料となる計算化学ソフト Winmostar（テンキューブ研究所）の活用（PM6 法など）の方法もある．

著者は有機光化学反応の選択性や不斉化などに興味をもち，実験とその MO 法利用による原因解析，応用研究を行ってきた．その間ヒュッケル MO 法や NMR 解析のプログラム作成を行い，また研究室学生達と『計算化学実験』（堀憲次・山崎鈴子著，丸善（1998））などをゼミで採り上げ，MO 法を教育・研究に利用した．また大学院のテキストとして名著『フロンティア軌道法入門──有機化学への応用』（I. フレミング著（福井監修，竹内，友田訳），講談社（2008 年第 21 刷））を用いた．それらを着実に理解し，研究やコミュニケーション手段として活用するためにはソフトの利用法に習熟することが必要である．著者らの MO 法利用例は 10 章と 11 章の文献項に示す．MOPAC そして Gaussian プログラム（主に全電子対象）などの計算力増強で，各種反応や相互作用などの分子シミュレーションによる高度な解析が可能になる．最近高レベルの計算ソフト利用解説書や有機量子化学テキスト，フロンティア軌道論解説書などが次々に出版されており，それらを末尾に紹介する．

本書の目的は前述したように，基本的分子の性質や反応性の MO 解析例数種を段階的に示し，ソフトの利用法をマスターして「化学現象の本質を考える能力」をつけ，個々の具体的問題の解明と展開に活用できるよう配慮すること，である．即ち有機化学の基礎と発展的思考能力を，MO ソフト利用により得られるようにすることである．そのため詳しくは次のような 1 章～11 章の内容とし，各章末に演習問題約 4 題とその解答例を付した．

① 有機量子化学の歴史における原子軌道（AO）の重要性を，原子による変化を含めて簡単に示す（1, 2 章）．

② 原子軌道（AO）の結合による分子軌道（MO）の形成が，パソコンを用いると容易にできることを示す．二原子分子数種，メタン，n-ブタン，エチレン，ブタジエンを入力し，生成熱（HOF），イオン化エネルギー（IP），フロンティア軌道（Highest Occupied MO: HOMO と Lowest Unoccupied MO: LUMO）情報など出力データの意味と活用法を，それらの正確さとともに示す．なお生成熱の日本の高等学校での教え方の特殊性についても述べた．またヒュッケル MO 法の情報との違いも示す．さらに光吸収と光励起，そして電子吸収（UV）スペクトルの理解の仕方も含む（3～7 章）．

③ 芳香族化合物，反芳香族化合物，生体分子と医薬品に多く見られる複素環化合物などの特徴を述べる．また置換基効果について，従来の原子価結合（VB）法や有機電子論・共鳴理論と MO 法につき表現法や利用法の比較をし，MO 法の適格性・定量性をアピールする（8 章）．

④ 有機化学反応の整理・分類と，反応基質と試薬の評価法，そして典型的な求核置換（Nucleophilic Substitution: S_N）反応の解析などをフロンティア軌道（HOMOとLUMO）情報を用いて行う（9章）。

⑤ ノーベル賞のフロンティア軌道論とウッドワード・ホフマン（WH）則の意味と有用性，そして関係を具体的反応例で説明する（10章）。

⑥ ディールス・アルダー反応の動的シミュレーションによる反応選択性解析（遷移状態構造探索，活性化エネルギーの算出）と，カルボン酸の水素結合による二量体形成，および核酸塩基間水素結合（A-T，G-C）の解析（錯体形成探索）のプログラム手順を丁寧に示す。また解析プログラムによる正確さ（Accuracy）の比較を行い，PM6法などが非経験的MO法と遜色なく，有用になっていることを示す（11章）。

有機化学鮮明化のため，本書を主にMOPACソフト習得に用いる場合は，末尾の付記から入り，3.2節以降を丁寧に学習し，9，10，11章へと進み，活用して頂きたい。

以下本書執筆までの経緯を記す。

本書は，鹿児島大学工学部化学系の「有機量子化学」用テキストを練り直して作成した。内容的には大学院用「有機化学特論」のテキストにしていた前述のI. フレミング著『分子軌道法入門』からも，8〜11章に計算化学対応にして取り入れた。

本書を著すのに大学院同門の時田澄男埼玉大学名誉教授・放送大学教授に大変お世話になった。一部を担当した前著『パソコンで考える量子化学の基礎』（裳華房（2005））の作成時同様，本書全体の原稿査読を何度もお願いして，丁寧な多くのご教示と修正を頂いた。そのお導きで本書の出版が可能になったと深く感謝している。

著者のこのような方向を見守り，お導き頂いた鹿児島大学の竹下寿雄教授，故隈元実忠教授，東京大学の故永井芳男教授，九州大学の松尾拓教授と故柘植乙彦教授はじめご支援の皆様にお礼申し上げる。Maryland大学 P. S. Mariano教授およびStrasburg大学 J. -M. Lehn教授には長期研修で大変お世話になった。また研究室同僚の下茂徹朗先生と植村寿子先生および水主高昭君はじめ関係学生のご協力に感謝する。研究室（現在大学院専攻事務支援室担当）の山﨑朋子（旧姓大戸）さんには本書および関係の研究論文作成などで，大変お世話になった。パソコンの利用面で鹿児島大学学術情報基盤センター相羽俊生様に種々教えて頂いた。著者の進路を見守ってくれた両親，教育と研究の間，健康維持など心身両面で支えてくれた妻和歌子に大変感謝する。

Stewart博士にはE-メールでの質問に丁寧に応えて頂いた。富士通株式会社計算科学ソリューション統括部高橋篤也部長には，MOPAC2009採用のSCIGRESS MO Compact 1.0.6の本書用限定版ソフト：MOCOMの作成と添付許可を頂いた。また財団法人九州大学出版会の査読頂いた先生方と編集担当の野本敦様には丁寧なお世話を頂いた。記して感謝申し上げる。

最後に，著者の思い込みからまだ間違いと問題な表現のあることが懸念される。ご教示を頂

き，修正し，新しい展開ができれば幸いである。本書が有機化学発展のため，分子軌道法普及の一助になるよう願っている。

2013 年 2 月

染 川 賢 一

目　次

はじめに …………………………………………………………………………………… i

1 章　原子および分子の理解の歴史 ……………………………………………………… 1
　1.1　有機化学と有機量子化学　　1
　1.2　水素原子のスペクトルとボーアの量子論まで　　5
　演習問題　　7

2 章　水素原子とシュレーディンガー方程式 …………………………………………… 9
　2.1　シュレーディンガー方程式　　9
　2.2　水素原子　　10
　2.3　多電子原子　　14
　演習問題　　15

3 章　二原子分子の分子軌道（MO）法と結合の性質 ………………………………… 17
　3.1　水素分子の分子軌道と計算法の概略　　17
　3.2　量子化学計算法の種類と MOPAC　　24
　3.3　MOPAC での分子の入出力と水素分子の分子軌道データ　　27
　3.4　分子の生成熱（Heat of Formation: HOF）等と反応性について　　35
　3.5　等核二原子分子の分子軌道と N_2 および O_2 分子の性質：酸素の磁性と反応性　　38
　3.6　HF 分子と HCl 分子（極性分子）：共有結合におけるイオン性　　44
　3.7　フロンティア軌道（HOMO と LUMO）情報の活用　　46
　演習問題　　48

4 章　アルカン（飽和炭化水素メタン，ブタンなど）の構造と性質 ………………… 49
　4.1　メタンの表現　　49
　4.2　エタンの構造と性質　　54
　4.3　n-ブタンのコンフォーメーション（配座）解析　　56
　演習問題　　59

5 章　エチレンなどπ結合のヒュッケル分子軌道法と MOPAC による取扱い …… 61
　5.1　原子軌道の重なりにより生成する結合の種類と定義　　61
　5.2　ヒュッケル分子軌道（HMO）法によるπ結合の簡便な取扱い　　63
　5.3　π結合の分子情報（結合次数と電子密度など）　　70
　5.4　HMO 法などソフトウェアの使用　　73
　5.5　MOPAC でのエチレンの取扱いと出力データ　　74

演習問題　76

6 章　分子軌道データを用いた分子情報の活用と置換基の効果 ……………………… 79

6.1　結合距離（R），イオン化エネルギー（IP）および生成熱（HOF）の計算の正確さ　79
6.2　生成熱（HOF）の性格とブタジエン C_4H_6 異性体の安定性比較などへの活用　81
6.3　C_4H_6 構造異性体の比較　84
6.4　エチレンおよびブタジエンに対する置換基の効果　86
演習問題　92

7 章　π 電子系の光吸収と電子吸収スペクトルの MO 解析 …………………………… 93

7.1　有機分子の光吸収と電子吸収スペクトル　93
7.2　1,3-ブタジエンの励起エネルギーと電子吸収スペクトルのシミュレーション　95
演習問題　100

8 章　芳香族化合物および複素環化合物の性質と置換基効果 ………………………… 101

8.1　ベンゼンおよび環状共役化合物の性質　101
8.2　ヒュッケル則の HMO 法による説明　103
8.3　ベンゼンとナフタレンの MOPAC での解析　104
8.4　反芳香族化合物の性質の MOPAC による説明　109
8.5　芳香族性と反芳香族性の指標　110
8.6　ニトロベンゼンとアニリンなどにおける置換基効果　113
8.7　ピリジンとピロールなど複素環の性質　118
8.8　核酸塩基の性質について　121
演習問題　124

9 章　有機化学反応の分類とイオン的反応の分子軌道法による理解 ………………… 125

9.1　有機反応の分類と軌道相互作用　125
9.2　反応試薬の分類と反応性　128
9.3　求核置換（S_N）反応における両性求核試薬の反応の分子軌道法での理解　135
演習問題　138

10 章　フロンティア軌道論とウッドワード・ホフマン（WH）則 ………………… 141

10.1　フロンティア軌道論とペリ環状反応に対する WH 則　141
10.2　電子環状反応　143
10.3　付加環化反応　148
10.4　[4π+2π] 付加のディールス・アルダー（DA）反応　150
演習問題　153

11 章　分子の接近による遷移状態および水素結合の解析 ……………………………… 155

11.1　分子の接近による変化の解析　155
11.2　ブタジエンとエチレンとのディールス・アルダー（DA）反応の遷移状態解析　157

11.3	シクロペンタジエンと無水マレイン酸の DA 反応における立体選択性	164
11.4	分子の接近による酢酸（CH_3COOH）の水素結合による二量体の解析	168
11.5	核酸塩基間水素結合（A-T, G-C）の MOPAC での解法	171
演習問題		179

演習問題解答例……………………………………………………………………181

参　考　書…………………………………………………………………………195

索　　　引…………………………………………………………………………197

付記 計算化学プログラム MOPAC シリーズと添付ソフト MOCOM の使用について………203

1章 原子および分子の理解の歴史

本章では，19世紀後半のベンゼン構造へのケクレ（Kekulé）の仮説およびファントホッフ（van't Hoff：1901年第1回ノーベル化学賞）らの炭素原子価の四面体説から，20世紀前半の水素原子構造とスペクトルの数理的解明，中頃の化学結合本質の理解そして有機化学への量子化学解析・思考の導入，即ち有機量子化学の展開，と続く有機化学関係歴史の概略を示す。

1.1 有機化学と有機量子化学

有機化合物の化学が有機量子化学へと繋がる，原子および分子の理解の歴史を表1.1に示した。シュレーディンガー（Schrödinger：1933年ノーベル物理学賞）らにより水素原子をはじめとする原子理論が数理的に解明され，原子軌道と原子によるその変化が明らかとなった。次いでポーリング（Pauling：1954年ノーベル化学賞）らにより化学結合の本質が明らかにされた。結合は原子軌道の重なり・作用によって成立する。表1.2の元素の周期表には各元素の基底状態の電子配置に最外殻の原子価電子（価電子）を分けて示したが，これにより各元素の性質がある程度予測できる。分子における化学結合の様子は，価電子を点で表すルイス（Lewis）構造式で表現すると理解しやすい。また示された各元素のポーリングの電気陰性度から，関与する化学結合のイオン性（の程度）が計算できる。有機化学にその後原子価結合法，共鳴理論そして近年には有機電子論が導入された。ロビンソン（Robinson：1947年ノーベル化学賞）らの有機電子論では有機化学反応を，反応物質の電子密度や結合状態の変化に注目して，できるだけ統一的に解釈しようとする。一方で赤外（infrared: IR），紫外可視（ultraviolet: UV）および核磁気共鳴（nuclear magnetic resonance: NMR）などの有機化学に強力な機器分析法の発達もあり（図1.1），簡便でより深い系統的理解がなされ，多方面の有機関連研究と合成高分子などの実用面の発達がもたらされた。今日の有機化学教科書の大多数は国内外とも主に有機電子論による記述になっている。わかりやすいが定性的であり，また理解に限界がある。例えば10章，11章に示すペリ環状反応の機構説明や定量的，空間的理解はできない。また図1.2のπ共役系軌道のエネルギー準位と光吸収極大位置との関係などの本質も有機電子論では説明できない。量子化学（計算化学）では被占軌道と空軌道の存在が解析的に説明される。また計算レベルにより光吸収と発光などの定性的および定量的理解が可能である（7.2節）。

有機化学を量子化学（主に分子軌道（Molecular Orbital: MO）法）で記述する有機量子化学は，福井・ホフマン（Hoffmann）（1981年ノーベル化学賞）らにより化学反応過程のMO法解釈の有効性が発見され，またコーン（Kohn），ポープル（Pople）（1998年同賞）らにより量

表 1.1 原子や分子の理解の歴史（有機量子化学関係分）

	歴史(年)	発明・発見者	内容(ノーベル賞受賞年(*印))
1	1666	ニュートン Newton	プリズムを用い，太陽光などの白色光を虹色のスペクトルに分解し，白色光に様々な色の光が含まれることを発見
2	1865	ケクレ Kekülé	ベンゼン C_6H_6 のケクレ構造を提唱
3	1869	メンデレーエフ Mendeleev	周期表に関する論文を発表
4	1874	ファントホッフら van't Hoff	炭素原子価4の正四面体説で立体化学現象を説明(1901*)
5	1885	バルマー Balmer	水素原子スペクトルの可視光(380〜800nm)輝線スペクトルに関する法則を発見
6	1890	リュードベリら Ryudberg	紫外部および赤外部を含めた輝線スペクトルに関する一般則を発見
7	1900	プランク Planck	光に対しエネルギー量子(単位)h(6.62×10^{-84} J·s)を提唱(1918*)
8	1905	アインシュタイン Einstein	光の光量子説を提唱。光は光速 $c=\nu\lambda$、エネルギー $E=h\nu$ をもつ (1921*)
9	1911	ラザフォード Rutherford	原子について，正電荷の原子核と，その周囲をまわる負電荷の原子から構成されるモデルを提案(1908*)
10	1913	ボーア Bohr	水素原子のスペクトル間隔の原因を量子論で説明(1922*)
11	1920	ロビンソン Robinson	有機電子論の提唱および天然物アルカロイドの研究(1947*)
12	1926	シュレーディンガー Schrödinger	波動方程式から出発した方程式により水素原子等のスペクトル、エネルギーを説明(1933*)
13	1927	ハイトラーとロンドン Heitler, London	水素分子が水素原子2つの結合により安定化することを説明
14	1928	ディールスとアルダー Diels, Alder	Diels-Alder 反応の発見とその応用(1950*)
15	1931	ポーリング Pauling	化学結合の本性、ならびに複雑な分子の構造研究(1954*)
16	1931	マリケン Mulliken	分子軌道法による分子の電子構造の研究(1966*)
17	1952 と 1965	福井とホフマン Fukui, Hoffman	化学反応過程の理論的研究(1981*)
18	1954 と 1970	コーンとポープル Kohn, Pople	密度汎関数法の発展および量子化学における計算化学的方法の開発(1998*)

子化学計算法の発展がなされ，急速に普及しつつある。解説的成書も数種出版されている。近年重要度を増した光励起・発光などの概念はMO法で説明されるので，MO法の駆使は有機化学知識の展開に不可欠となっている。

　有機化学で大切なスペクトルによる分離・分析法を図1.1の□内に示した。その全てのスペクトルが計算化学で解析できる。UV・Vis（電子吸収）スペクトル解析は7.2節で詳しく述べる。分子情報は最近では分子軌道法プログラム（MOPAC, Gaussianプログラムなど）を用いて，計算化学で解析・評価できる。この本では主に最近のMOPAC（PM5とPM6レベル）を用いた説明とソフト（カラー表示）利用説明，そして計算演習を行う。

表 1.2 元素の周期表（電子配置・原子価電子（外殻電子）と電気陰性度）（第 6 周期以降省略）

族\周期	1	2	3	4	5	6	7	8	9	10	11	12	13	14	15	16	17	18
1	1 **H** $1s^1$ 2.1																	2 **He** $1s^2$ -
2	3 **Li** He $2s^1$ 1.0	4 **Be** He $2s^2$ 1.5											5 **B** He $2s^2 2p^1$ 2.0	6 **C** He $2s^2 2p^2$ 2.5	7 **N** He $2s^2 2p^3$ 3.0	8 **O** He $2s^2 2p^4$ 3.5	9 **F** He $2s^2 2p^5$ 4.0	10 **Ne** He $2s^2 2p^6$ -
3	11 **Na** Ne $3s^1$ 0.9	12 **Mg** Ne $3s^2$ 1.2											13 **Al** Ne $3s^2 3p^1$ 1.5	14 **Si** Ne $3s^2 3p^2$ 1.8	15 **P** Ne $3s^2 3p^3$ 2.1	16 **S** Ne $3s^2 3p^4$ 2.5	17 **Cl** Ne $3s^2 3p^5$ 3.0	18 **Ar** Ne $3s^2 3p^6$ -
4	19 **K** Ar $4s^1$ 0.8	20 **Ca** Ar $4s^2$ 1.0	21 **Sc** Ar $3d^1 4s^2$ 1.4	22 **Ti** Ar $3d^2 4s^2$ 1.5	23 **V** Ar $3d^3 4s^2$ 1.6	24 **Cr** Ar $3d^5 4s^1$ 1.7	25 **Mn** Ar $3d^5 4s^2$ 1.5	26 **Fe** Ar $3d^6 4s^2$ 1.8	27 **Co** Ar $3d^7 4s^2$ 1.9	28 **Ni** Ar $3d^8 4s^2$ 1.9	29 **Cu** Ar $3d^{10} 4s^1$ 1.9	30 **Zn** Ar $3d^{10} 4s^2$ 1.6	31 **Ga** $Ar3d^{10}$ $4s^2 4p^1$ 1.6	32 **Ge** $Ar3d^{10}$ $4s^2 4p^2$ 1.8	33 **As** $Ar3d^{10}$ $4s^2 4p^3$ 2.0	34 **Se** $Ar3d^{10}$ $4s^2 4p^4$ 2.4	35 **Br** $Ar3d^{10}$ $4s^2 4p^5$ 2.8	36 **Kr** $Ar3d^{10}$ $4s^2 4p^6$ -
5	37 **Rb** Kr $5s^1$ 0.8	38 **Sr** Kr $5s^2$ 1.0	39 **Y** Kr $4d^1 5s^2$ 1.2	40 **Zr** Kr $4d^2 5s^2$ 1.3	41 **Nb** Kr $4d^3 5s^2$ 1.6	42 **Mo** Kr $4d^5 5s^1$ 2.2	43 **Tc** Kr $4d^5 5s^2$ 2.1	44 **Ru** Kr $4d^6 5s^2$ 2.2	45 **Rh** Kr $4d^7 5s^2$ 2.3	46 **Pd** Kr $4d^8 5s^2$ 2.2	47 **Ag** Kr $4d^{10} 5s^1$ 1.9	48 **Cd** Kr $4d^{10} 5s^2$ 1.7	49 **In** $Kr4d^{10}$ $5s^2 5p^1$ 1.9	50 **Sn** $Kr4d^{10}$ $5s^2 5p^2$ 1.9	51 **Sb** $Kr4d^{10}$ $5s^2 5p^3$ 2.0	52 **Te** $Kr4d^{10}$ $5s^2 5p^4$ 2.1	53 **I** $Kr4d^{10}$ $5s^2 5p^5$ 2.7	54 **Xe** $Kr4d^{10}$ $5s^2 5p^6$ 2.6

凡例:
原子番号 … 6 **C** … 元素記号
電子配置 (He / $2s^2 2p^2$) … 内殻電子 / 外殻電子
電気陰性度 … 2.5

原子番号 … 35 **Br** … 元素記号
電子配置 ($Ar3d^{10}$ / $4s^2 4p^5$) … 内殻電子 / 外殻電子
電気陰性度 … 3.0

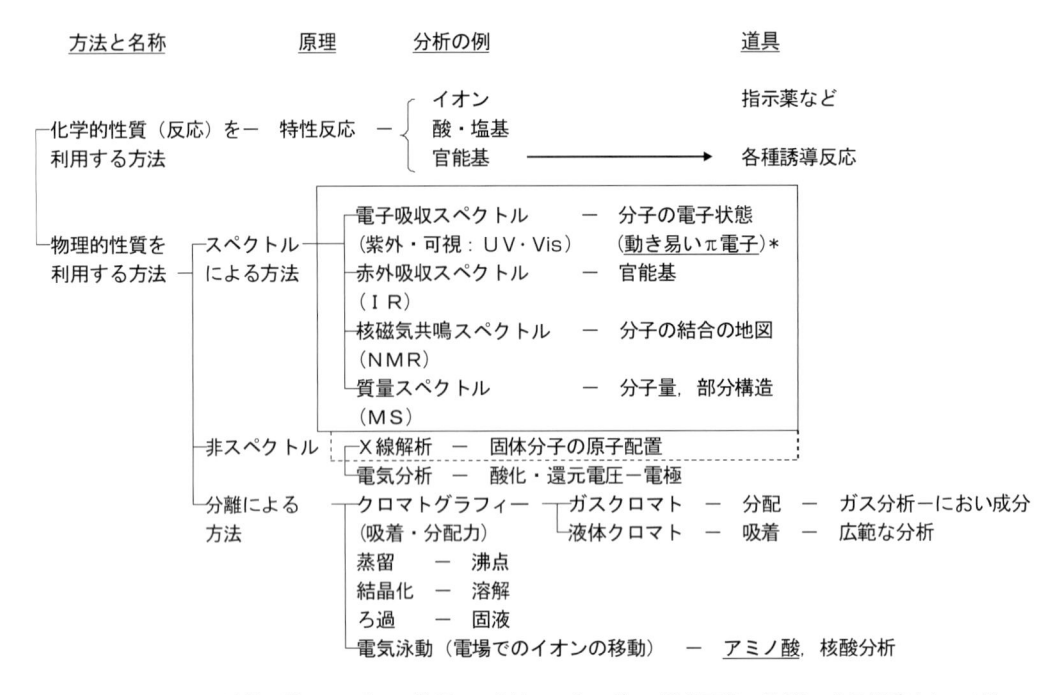

```
方法と名称            原理        分析の例                    道具

化学的性質（反応）を ― 特性反応 ─┬ イオン              指示薬など
利用する方法                    │ 酸・塩基
                               └ 官能基  ──────────→  各種誘導反応

物理的性質を ─┬ スペクトル  ┌─ 電子吸収スペクトル  ─ 分子の電子状態
利用する方法  │ による方法  │   （紫外・可視：UV・Vis）  （動き易いπ電子）*
              │            ├─ 赤外吸収スペクトル   ─ 官能基
              │            │   （IR）
              │            ├─ 核磁気共鳴スペクトル ─ 分子の結合の地図
              │            │   （NMR）
              │            └─ 質量スペクトル       ─ 分子量，部分構造
              │                （MS）
              ├ 非スペクトル ┌ X線解析 ─ 固体分子の原子配置
              │              └ 電気分析 ─ 酸化・還元電圧─電極
              └ 分離による  ┌ クロマトグラフィー ┬ ガスクロマト ─ 分配 ─ ガス分析―におい成分
                方法        │ （吸着・分配力）   └ 液体クロマト ─ 吸着 ─ 広範な分析
                            │ 蒸留     ─ 沸点
                            │ 結晶化   ─ 溶解
                            │ ろ過     ─ 固液
                            └ 電気泳動（電場でのイオンの移動） ─ アミノ酸，核酸分析

           ○計算化学 ─ 分子の性質，反応性，エネルギー（化学現象の予測）：分子軌道法（MO法）
```

図 1.1　分離（化学）と分析（化学），とくに機器分析について

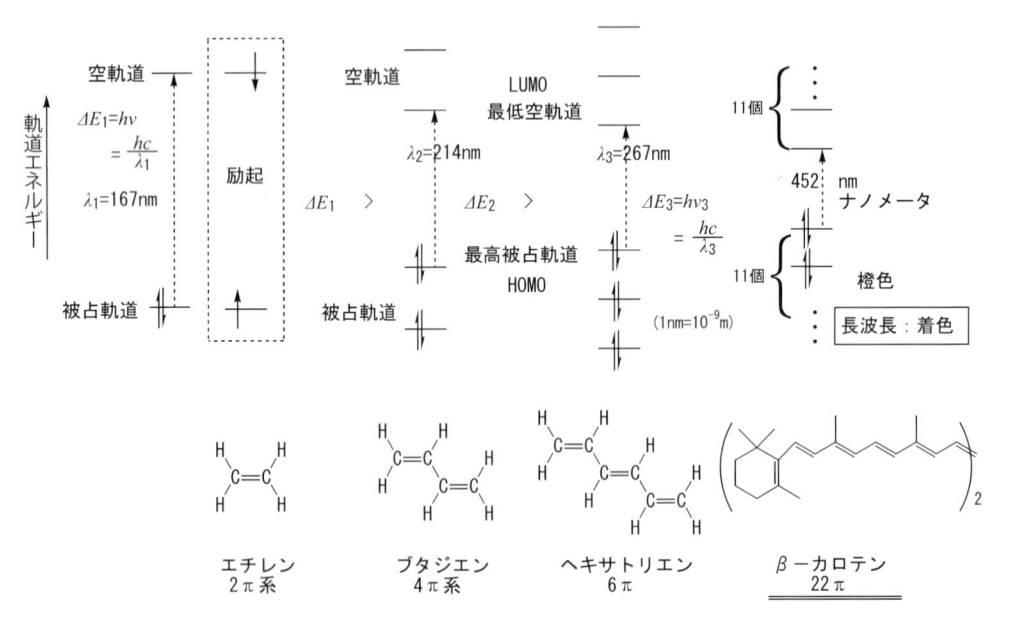

図 1.2　π（電子）共役系のエネルギー準位と光吸収

次節と 2 章では先ず分子を構成する原子が，理解されていったその歴史を簡単に述べる。

1.2　水素原子のスペクトルとボーアの量子論まで

1)　水素原子のスペクトルなど

大昔から虹が観察され，夕日に輝く色の変化など多くの光や色の現象があった。科学者達はそれまで説明できていなかった現象の原因を分析し，法則を次々に明らかにしていった。科学史概略の表1.1中スペクトルに関し，図1.3に白熱電球と元素のスペクトル例（可視部）を示した。白熱電球は太陽光と同じく連続スペクトルとなり，虹の色彩をもつ。一方水素原子の線（輝線）スペクトルの波長とエネルギー準位（n_1, n_2）の関係の説明と色を図1.4に示した。

その486 nm（青緑）と656 nm（赤）の線スペクトルはバルマー式により説明された。

2)　ボーアの前期量子論

1913年ボーア（Bohr）は水素原子などの示す複雑なスペクトル現象の説明のために次の仮説をおいた。このような量子化学誕生直前の前期量子論状況については前著[2]に詳しい。

① 原子中の電子は不連続なエネルギー $E_1, E_2, ..., E_n$ の状態をとる。
② 原子からの光の発光（と吸収）は E_m と E_n の間での電子の移動による。
　（エネルギーの量子化）

$$h\nu = E_n - E_m \tag{1-1}$$

③ 電子は円運動していて，そのエネルギー E_n と半径 r_n は，遠心力 ＝ 向心力から(1-2)と(1-3)式で示される。

$$E_n = \frac{-2\pi^2 k_0 m_e e^4}{n^2 h^2} \quad (n = 1, 2, 3...) \tag{1-2}$$

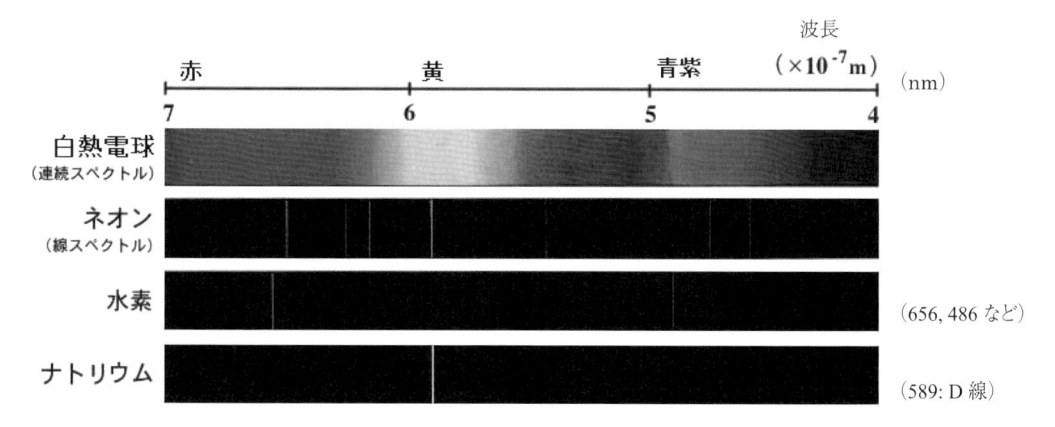

図1.3　白熱電球と原子のスペクトル（可視部）[1]

水素原子スペクトルの観測波長と計算波長（可視領域：バルマー系列）

観測波長 (nm)	計算波長 (nm)	軌道 n (from)	軌道 2 (to)	色
397.01	397.04	7	2	紫
410.17	410.21	6	2	青紫
434.05	434.08	5	2	青
486.13	486.17	4	2	シアン（青緑）
656.28	656.34	3	2	赤

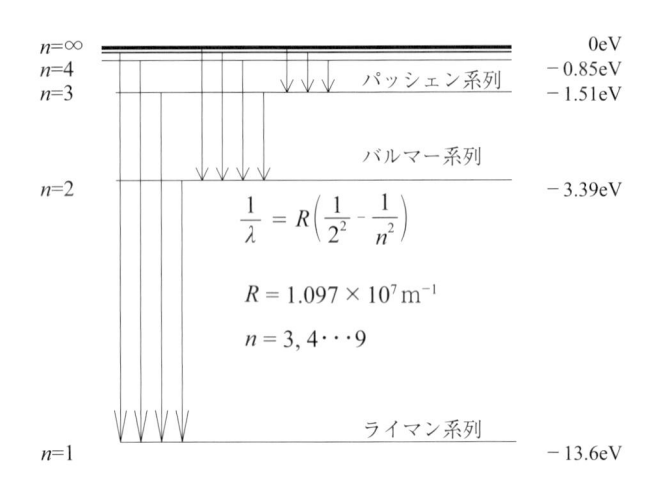

図 1.4 水素原子のスペクトルとエネルギー（可視部はバルマー系列）

$$r_n = \frac{n^2 h^2}{4\pi^2 m_e e^2 k_0} \qquad (n = 1, 2, 3...) \tag{1-3}$$

k_0 は真空誘電率 ε_0 から求められ，m_e は電子の質量，e は電気素量，h はプランクの定数である。

即ち，$m_e = 9.11 \times 10^{-31}$ kg, $e = 1.60 \times 10^{-19}$ C, $h = 6.63 \times 10^{-34}$ J·s, $k_0 = 8.98 \times 10^9$ N·m²·C⁻², 1J = 1kg·m²·s⁻² = 1N·m = 6.24×10^{18} eV を用いる。

各定数を入れると，(1-4) と (1-5) 式が得られる。

$$E_n = \frac{-13.6}{n^2} \text{ eV} \qquad (n = 1, 2, 3...) \tag{1-4}$$

$$r_n = n^2 a_0 \qquad (n = 1, 2, 3...) \tag{1-5}$$

（$n = 1$ では $r_1 = a_0 = 0.053$ nm $= 53$ pm：ボーア半径という）

r_1, r_2, r_3 および $E_1 \sim E_4$, $E_{n+1} - E_n$ などを用いて図 1.5 [2] を示した。バルマー系列などとのよい対応（図 1.4）を示し，水素原子のスペクトルを明快に説明することができている。但し，実

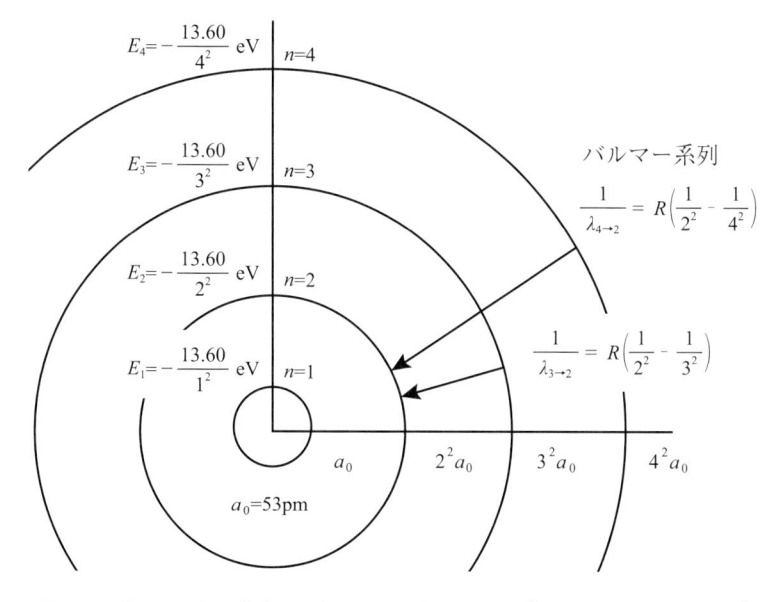

図1.5 ボーアによる水素原子中の電子の軌道半径（$n^2 a_0$）と，エネルギー E_n^2

際には電子はその後の理論で不確定性原理に支配されていることがわかったので，この取扱いは電子の波動性を考えていない点で正しくない。

文　献

1. 科学技術振興機構（学術監修：時田澄男，寺谷敬介），「理科ねっとわーく：マルチメディアで見る原子・分子の世界」化学 I（1）物質の構成（Part 2），（2001）．
2. 時田澄男，染川賢一，パソコンで考える量子化学の基礎，裳華房（2005），p.29．

演習問題

[1.1] 次の原子の基底状態の電子配置を示せ。表1.2を参考にして，1s軌道からの配置をしめすこと。
  a. リチウム　b. 窒素　c. 酸素　d. ケイ素　e. 鉄

[1.2] 次の分子の化学結合について，原子価電子（価電子）を用いたルイス（Lewis）構造式（点電子式）を例にならって描け。価電子の数は表1.2に示してある。
  例 メタン　　a. アンモニア　b. メタノール　c. 塩化アンモニウム
  　　　　　　d. 窒素分子　e. 塩化アルミニウム

[1.3] 光の種類と性質を示す次の表1.3のaに波長 λ の数値，b, cにエネルギー E の数値，d〜gに電磁波の名称を記入せよ。ただし N はアボガドロ数（6.022×10^{23} mol^{-1}），h はプランク定数（6.626×10^{-34} J s）である。

[1.4] 水素原子の可視光スペクトル情報（観測波長とエネルギー，およびその関係式）は，本文図1.4中の表と式に示してある。388.9 nmの観測値につき，その $1/\lambda$ の関係式を用いて波長の計算値（小数点2桁まで）を求めよ。

表 1.3　光の波長と性質

波長	10^{-5}nm	10^{-3}nm	10nm	(a)nm	380nm	780nm	3μm	30μm	300μm	(波長)
			(b)		598.5		(c)		4.101	0.398	kJ mol^{-1}
	ガンマ線	(d)	遠紫外線	(e)	(f)	近赤外線	(g)	遠赤外線	マイクロ波

$$E = Nh\nu = Nhc/\lambda$$

[1.5] 光と色，およびその波長の関係については「カラーサークル」なるものがある。「カラーサークル」を調べて，その関係を簡単に述べよ。

2章　水素原子とシュレーディンガー方程式

　この章では，先ずボーアの仮説による水素原子スペクトル波長の説明以後，1926年シュレーディンガーが波動方程式を用いて，そのスペクトルの完全解析を行った，その数理的解析手順の概略を述べる。それによりs軌道，p軌道などの形状とエネルギーが明らかとなる。次に1電子の水素類似原子および多電子原子系の原子軌道のエネルギー差とその原因を記す。

2.1　シュレーディンガー方程式

　ボーアの仮説による水素原子（スペクトル）のエネルギーの不連続性（量子化）は，1926年提出されたシュレーディンガー（Schrödinger）の波動方程式を解析的に解くことで，見事に説明された[1,2]。
　彼は，ギターなどの弦の振動（波長 λ (cm)）の一次元の波 $f(x)$ の波動方程式 (2-1) に，

$$\frac{d^2 f(x)}{dx^2} + \frac{4\pi^2}{\lambda^2} f(x) = 0 \tag{2-1}$$

ド・ブロイ（de Broglie）の物質波における波長と速さの関係を示す式，(2-2) 式を用い，λ を m_e（電子の質量），v（速度），h（プランク定数）で置換した。

$$\lambda = \frac{v}{\nu} = \frac{h}{m_e v} \tag{2-2}$$

また，$f(x)$ を波動関数 φ で表す (2-3) 式を用いた。

$$\frac{d^2 \varphi}{dx^2} + \frac{4\pi^2 m_e^2 v^2}{h^2} \varphi = 0 \tag{2-3}$$

ここで系の全エネルギー E は，運動エネルギー $T\left(=\frac{1}{2} m_e v^2\right)$ とポテンシャルエネルギー V の和であるので変形し，(2-3) 式から (2-5) 式を得る。

$$E = T + V = \frac{1}{2} m_e v^2 + V; \quad \frac{1}{2} m_e v^2 = E - V, \quad そこで\ m_e^2 v^2 = 2 m_e (E - V) \tag{2-4}$$

$$\frac{d^2 \varphi}{dx^2} + \frac{8\pi^2 m_e}{h^2} (E - V) \varphi = 0 \tag{2-5}$$

これを変形すると，1次元のシュレーディンガー方程式の (2-6) 式が得られる。

$$\left[-\frac{h^2}{8\pi^2 m_e}\frac{d^2}{dx^2}+V\right]\varphi=E\varphi \tag{2-6}$$

これは 3 次元に拡張すると (2-7) 式のようになる。

$$\left[-\frac{h^2}{8\pi^2 m_e}\left(\frac{\partial^2}{\partial x^2}+\frac{\partial^2}{\partial y^2}+\frac{\partial^2}{\partial z^2}\right)+V\right]\varphi=E\varphi \tag{2-7}$$

[ ] 内は右辺のエネルギー項に対応する微分演算子 $\hat{H}$ を用いて，(2-8) 式のように表す。$\hat{H}$ はハミルトニアンと呼ばれる。

$$\hat{H}\varphi=E\varphi \tag{2-8}$$

量子化学計算（例：2.2 節　水素原子）では先ず系の V を記述する式を与えてハミルトニアン演算子を完成させたのち，(2-7) 式を解くことによりエネルギー $E(E_1, E_2, ..., E_m)$ を求め，次いで各エネルギー値 E の軌道関数 $\varphi(\varphi_1, \varphi_2, ..., \varphi_m)$ を算出する。なお通常原子軌道関数には χ，分子軌道関数には φ が用いられるので，次節では φ を χ に置き直す。

2.2　水素原子

2.2.1　波動方程式の解

水素原子は $+e$ の電荷をもつ陽子と，$-e$ の電荷をもつ電子からできており，その間の距離が r であるとすると，図 2.1 のように表現される。このことにより $\hat{H}$ が完全に得られる。ここでポテンシャルエネルギー V は，$V=-k_0\dfrac{e^2}{r}$ となり，(2-7) 式に代入すると (2-9) 式が得られる。

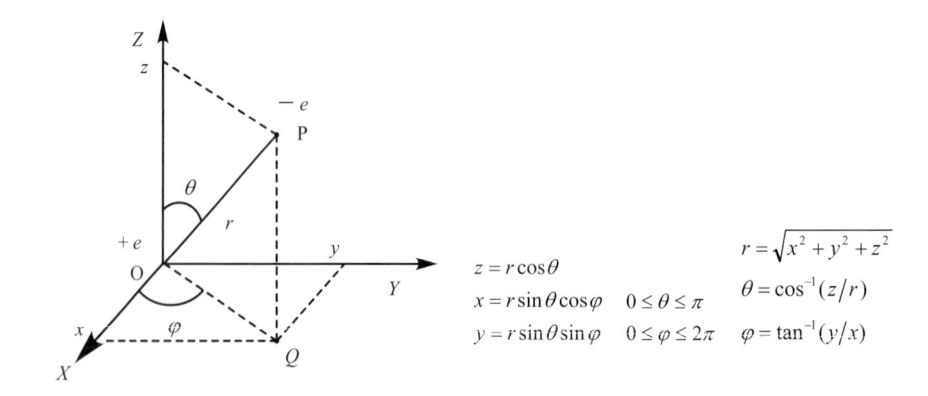

図 2.1　水素原子の原子核（原点 O）と電子（点 P）のデカルト座標(x, y, z)と極座標(r, θ, ϕ)の関係

$$\left[-\frac{h^2}{8\pi^2 m_e}\left(\frac{\partial^2}{\partial x^2}+\frac{\partial^2}{\partial y^2}+\frac{\partial^2}{\partial z^2}\right)-k_0\frac{e^2}{r}\right]\chi=E\chi \tag{2-9}$$

但し φ を χ で置き直した。また k_0 は誘電率に依存するクーロン定数で，1.2節で示した。

そこで $\chi(r,\theta,\varphi)$ を求めていくことになる。その変数分離法と，水素原子についての数学を用いた完全解の説明は大岩[1]と原田[2]の著書に詳しい。用いられる変数分離(1)にはじまり(8)で終了する解析手順の概略を示す。

(1) $\chi(r,\theta,\varphi)=R(r)\cdot\Theta(\theta)\cdot\Phi(\varphi)$ (2-10)

　(2-9)に(2-10)を代入して整理し，(2-11)，(2-12)，(2-13)式が導かれる。

(2) $\dfrac{1}{\Phi}\cdot\dfrac{\partial^2\Phi}{\partial\varphi^2}=-m^2$ （定数：m：磁気量子数） (2-11)

(3) $-\dfrac{h^2}{8\pi^2 m_e}\left\{\dfrac{1}{\Theta\sin\theta}\cdot\dfrac{\partial}{\partial\theta}\left(\sin\theta\cdot\dfrac{\partial\Theta}{\partial\theta}\right)-\dfrac{m^2}{\sin^2\theta}\right\}=-\beta$ （定数） (2-12)

(4) $-\dfrac{h^2}{8\pi^2 m_e}\left\{\dfrac{1}{R}\cdot\dfrac{\partial}{\partial r}\left(r^2\cdot\dfrac{\partial R}{\partial r}\right)-e^2 r-Er^2-\beta\right\}=0$ (2-13)

　(2-11)式を解くと

(5) $\Phi_m=\dfrac{1}{\sqrt{2\pi}}e^{\pm im\varphi}$ (2-14)

　ここで $m=0,\pm 1,\pm 2,...$ (2-15)

(2-11)式で磁気量子数 m が導入され，その値は(2-15)式で表せる。

(6) 次に $\Theta(\theta)$ の(2-12)式，$R(r)$ の(2-13)式が解かれる。Θ が有限との条件で方位量子数 l が導入される。そして(2-15)式の m との関係は(2-16)式となる。

　$l\geqq|m|$ (2-16)

(7) 次に $R(r)$ が有限との条件で主量子数 n が導入され，l との関係は(2-17)式となる。

　$n\geqq l+1$ (2-17)

(8) 水素原子のエネルギー E は，(2-13)式の各項に上で求めた定数を入れて E を解くことで(2-18)式のように求められる。すでに紹介した(1-2)式である。

　$E_n=\dfrac{-2\pi^2 k_0 m_e e^4}{n^2 h^2}$ 　（$n=1,2,3...$） (2-18)

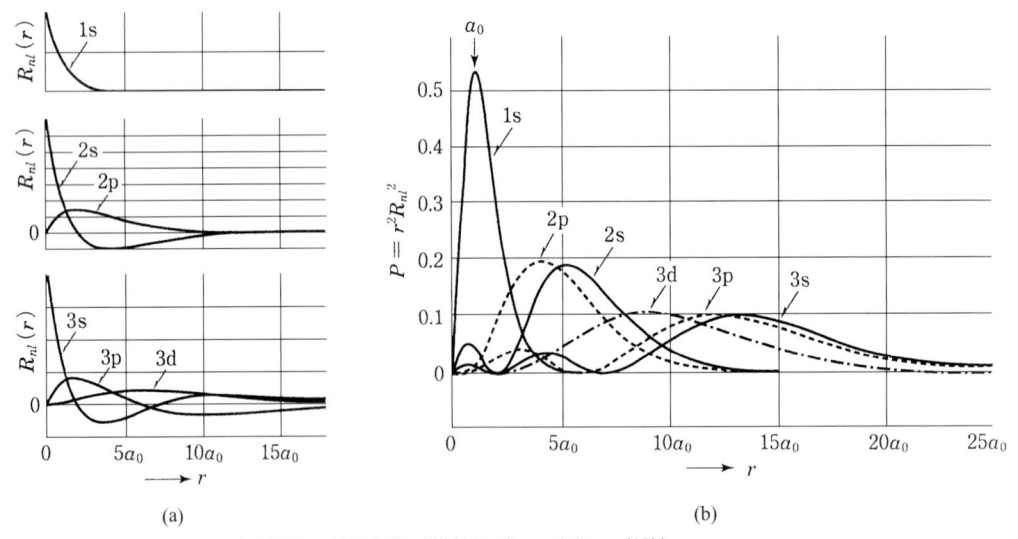

図 2.2 水素原子の波動関数（横軸はボーア半径 a_0 単位）
 (a) 動径部分 $R_{nl}(r)$ （$n=1,2,3$）
 (b) 半径 $r \sim r+dr$ の範囲の球殻上に電子を見出す確率 $4\pi r^2 R_{nl}^2(r)$ [3]

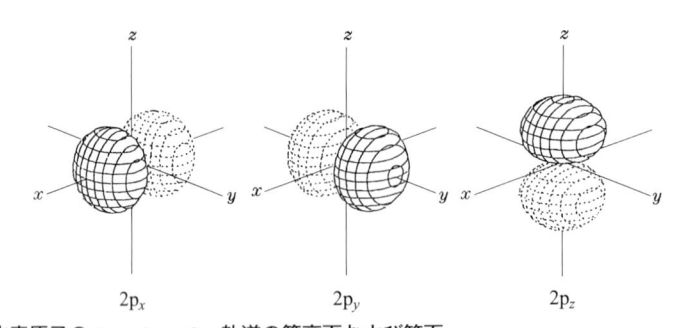

図 2.3 水素原子の $2p_x$, $2p_y$, $2p_z$ 軌道の等高面および節面
 （等高線：実線は位相（軌道係数）が ＋，破線は － を示す。節面：原点を含む対称面）[4]

定数を入れると

$$E_n = -\frac{13.6}{n^2}(\text{eV}) \qquad (n = 1, 2, 3 \ldots) \tag{2-19}$$

(2-18) と (2-19) 式はボーアの求めた (1-2) と (1-4) 式と同等である。軌道のエネルギーは主量子数 n によって決まる。但し軌道の形（s, p, d など）の複雑さはシュレーディンガー方程式の解ではじめて説明される。$R(r)$ を動径部分，$\Theta(\theta) \cdot \Phi(\varphi)$ を角部分と呼び，別々に表示してある場合も多い。原子軌道 1s と 2s（球状），2p などの形の違いを説明するのに都合がよい（図 2.2 と図 2.3）。

2.2.2 波動関数（軌道）の表示法と形

上述の計算で $\chi(r, \theta, \varphi)$ は3種の量子数 n, l, m で区別されること，また $R(r)$ は n と l，$\Phi(\varphi)$ は m によって決まることがわかった．即ち，

$$\chi_{n,l,m}(r, \theta, \varphi) = R_{nl}(r) \cdot \Theta_{lm}(\theta) \cdot \Phi_m(\varphi) \tag{2-20}$$

(2-20)式に (2-15)，(2-16)，(2-17) 式の n, l, m の条件を考えながらそれぞれの値を入れると次のような原子軌道が得られる．また $l = 0$ に対して s，$l = 1$ に対して p，$l = 2$ に対して d という記号を与える．波動関数の説明は，安積によるものが詳しい[4]．

原子核の電荷が $+Ze$ であり，そのまわりに1個の電子のある水素と水素様原子（Li^+, He^{2+} など）について記す．

$n = 1$

$$\chi_{1,0,0} = \chi_{1s} = \frac{1}{\sqrt{\pi}} \left(\frac{Z}{a_0}\right) e^{-\rho/2} \tag{2-21}$$

$n = 2$

$$\chi_{2s} = \frac{1}{4\sqrt{2\pi}} \left(\frac{Z}{a_0}\right)^{3/2} (2-\rho) e^{-\rho/2} \tag{2-22}$$

$$\chi_{2pz} = \frac{1}{4\sqrt{2\pi}} \left(\frac{Z}{a_0}\right)^{3/2} \rho e^{-\rho/2} \cos\theta \tag{2-23}$$

$$\chi_{2px} = \frac{1}{4\sqrt{2\pi}} \left(\frac{Z}{a_0}\right)^{3/2} \rho e^{-\rho/2} \sin\theta \cos\varphi \tag{2-24}$$

$$\chi_{2py} = \frac{1}{4\sqrt{2\pi}} \left(\frac{Z}{a_0}\right)^{3/2} \rho e^{-\rho/2} \sin\theta \sin\varphi \tag{2-25}$$

ここで $\rho = (Z/a_0) r$ である．

$n = 3$ 以上の式はここでは省略する．

$n = 5$（s, p, d, f 軌道）までの式，電子配置については前著（時田，染川，パソコンで考える量子化学の基礎，裳華房（2005））に記した．各軌道の電子の分布に関する例は有機化学が主な対象の本書の目的から，図2.2と図2.3で主にs軌道とp軌道について示す．

s軌道（1s, 2s, 3s軌道（$l = 0$））は原子核からの距離だけの関数で，先に述べた角部分を含んでいない．従って原子核から r の距離にある電子の存在確率は，その軌道の微小体積の存在確率 $(\chi_{n,0,0})^2$ に球の表面積 $4\pi r^2$ をかけると，$4\pi r^2 (\chi_{n,0,0})^2$ と求められる．すなわち，その表面の存在確率は n により図2.2 (a) と (b) のように変化し，s軌道の形状は球対称をしている[3]．1s～3sの3個の軌道は節面（位相の符号が逆転する面）の数と電子運動の広がりで大きな違いがある．

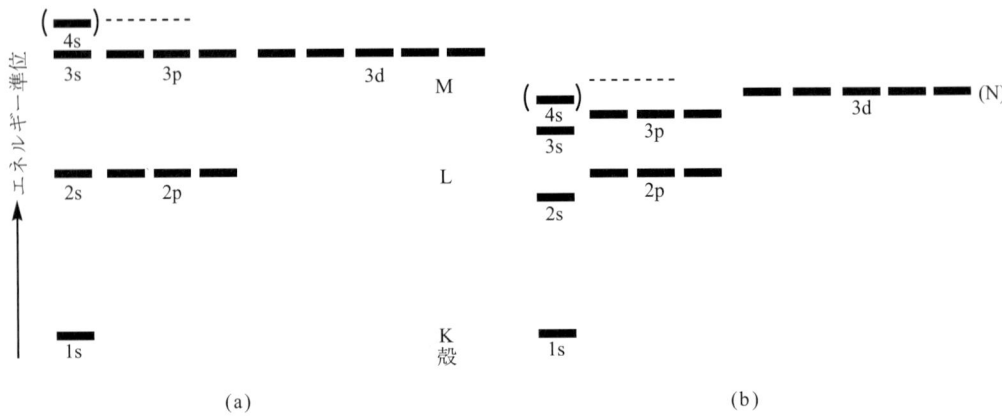

図 2.4 水素原子（および水素様原子）(a) と多電子原子(b) の原子軌道エネルギー

2p ($l=1$) の3個の軌道 $2p_x, 2p_y, 2p_z$ は，x, y, z の各軸に回転対称で，図 2.3 のような，位相が原点で逆転し，2p 軌道の電子の存在確率等高面をもつ形をしている。各々原点をふくむ節面が 1 個存在する[5]。

これらの水素原子の軌道のエネルギー準位は，(2-19) 式から n の値により決まり，図 2.4 (a) で示される。原子核と電子 1 個の He^+，Li^{2+} などの水素様原子（イオン）も同様である。しかし通常の多電子原子のエネルギーは主として内側電子の遮蔽効果のため n と l の和に影響され，(b) となり (2.3 節)，電子収容のエネルギーは (2-26) 式で示される。

$$1s<2s<2p<3s<3p<(3d, 4s)<4p<(4d, 5s) \tag{2-26}$$

複数の軌道が同じエネルギーをもつとき，その系は縮重（縮退）しているという。水素原子では縮重が多くみられる。

2.3 多電子原子

前節で水素原子（陽子と電子）と水素様原子（原子核（$+Ze$）と電子 1 個（$-e$））（He^+，Li^{2+} など）のことを述べた。

ここでは多電子原子の最小のものである He の 2 電子系（図 2.5）を述べる。ハミルトニアン演算子は，水素原子の (2-6) 式に対応して (2-27) 式となる。

$$\hat{H} = -\frac{h^2}{8\pi^2 m_e}(\nabla_1^2 + \nabla_2^2) - \frac{k_0 Z e^2}{r_1} - \frac{k_0 Z e^2}{r_2} + \frac{k_0 e^2}{r_{12}} \tag{2-27}$$

ここで $\nabla_i^2 = \frac{\partial^2}{\partial x_i^2} + \frac{\partial^2}{\partial y_i^2} + \frac{\partial^2}{\partial z_i^2}$ のラプラス演算子で，∇_1, ∇_2 は電子 1, 2 に対するものを示す。

結論として電子間反発項 $\left(\frac{e^2}{r_{12}}\right)$ のため解析的解はなく，完全解（エネルギー固有値と波動関

図 2.5 ヘリウム原子の座標系

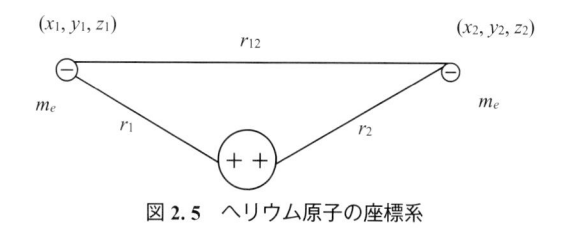

数)は厳密には得られない(表 3.1 参照)。そのため近似法(変分法または摂動法)が用いられる。その数学的扱いも先の大岩と原田の著書[2,3]で詳しく記されている。

他の多電子原子ではさらに複雑な $\hat{H}$ となる。他の電子が原子核の陽電荷を遮蔽しながら運動するので,(2-26)式の原子全体のエネルギーがより安定になるように,そのエネルギーと電子配置の順序が決まる。その際 s 軌道電子は球対称な軌道をもつので系の安定化に寄与する性質があり,同じ $(n+l)$ の値の場合 n の大きい軌道から電子が入る傾向となる。このことが( )内 2 軌道の逆転を生む。その他電子配置の規則があり,遷移金属元素群の出現を生む[2]。

なお多電子の原子および分子系では m_s で表されるスピン量子数(α スピン($m_s=1/2$)と β スピン($m_s=-1/2$))の性質が関与する。n 個のスピンを s_i ($i=1, 2, ..., n$) とするとき,全スピン量子数 S は $S=\sum_{i=1}^{n} s_i$ で表される。$2S+1$ をスピン多重度という。水素原子の場合は,$m_s=1/2$,従って $S=1/2$ であるから $2S+1=2\times 1/2+1=2$ となって,二重項(doublet)となる。ヘリウム原子では,2 つの電子はフントの法則によりスピンは反平行になるので $S=1/2-1/2=0$,$2S+1=1$ となって,一重項(singlet)となる。一般の分子は基底配置ではスピン反平行の系であるから,一重項である。しかし,酸素分子の基底電子配置は 3.5 節で述べるように平行で,$s_1=1/2$,$s_2=1/2$ であるから,$S=1$ となり,$2S+1$ は 3 であるため三重項(triplet)となる[6]。このことについては 3.1 節と 10.3 節(光化学関係)でさらに詳しく述べる。

文 献

1 大岩正芳,初等量子化学,化学同人(1965),p.31;初等量子化学 第 2 版(1988),p.65.
2 原田義也,量子化学 上巻,裳華房(2007),p.33, 118.
3 原田義也,量子化学 上巻,裳華房(2007),p.127.
4 安積徹,学部学生のための量子化学講義ノート 前編,分子科学会 Archives(http://j-molsci.jp/archives/(2015 年 7 月 17 日アクセス)),AC0005(2008),p.246.
5 菊池修,基礎量子化学,朝倉書店(1997),p.15.
6 時田澄男(光化学協会編),光と化学の辞典,丸善(2002),p.41.

演習問題

[2.1] ボーア(Bohr)の式で得られる水素原子の電子の軌道と,シュレーディンガー(Schrödinger)の方程式で得られる 1s 軌道の差異を記せ。

[2.2] ①水素原子（H），②水素分子イオン（H$_2^+$），および③ヘリウム原子（He）について，
 1) 原子核と電子の平面的な位置関係を示す図を書け。
 2) ハミルトニアン演算子の違いがわかるように書け。

[2.3] (A) 水素様原子（H, He$^+$, Li^{2+} など）と (B) 多電子原子（He, C など）のエネルギー準位について，
 1) 違いが分るように書け。
 2) その違いが原因である現象を図 2.4 などを用いて述べよ。

3章　二原子分子の分子軌道（MO）法と結合の性質

この章では最も簡単な分子である二原子分子 5 種（H_2, N_2, O_2（三重項），HF, HCl）の構造と性質の差を，分子軌道（MO）法を用いて理解する。MO 法では，分子軌道をこれまで述べた原子軌道の和（線形結合）で表す。

先ず水素分子につき，各電子の 1s 軌道の線形結合による MO 法の表現と，経験的方法による分子軌道エネルギーと軌道関数の求め方を示す。次に電子スピンに対するパウリ（Pauli）の原理を満たす半経験的方法などでの取扱いの手順を簡単に示す。また主に 3 種に大別される量子化学計算法の種類（経験的方法，半経験的方法，非経験的方法）とその対象および特徴を挙げた上で，半経験的方法の MOPAC (PM5) プログラム（原子価電子対象）の利用法と，具体的解析手順と結果を述べる。また得られる生成熱（HOF），イオン化エネルギー（IP），軌道エネルギーと軌道係数，原子電荷などの意味と，その数値の差で各分子の性質を理解する。本書では SCIGRESS MO Compact（富士通，2009）の本書限定の体験版 CD-R（MOCOM）を添付したが，その使用例でもある。

3.1　水素分子の分子軌道と計算法の概略

水素分子は水素原子 2 個が化学結合し，結合エネルギーが 458 kJ mol^{-1}（表 3.1），原子間は 74 pm の平衡核間距離で安定化している（図 3.1 (a)）。しかしその多変数ハミルトニアン (3-1) 式の系のシュレーディンガー方程式（図 3.1 (b) の (3-2) 式）には数学的な解析解はない。そこで次節表 3.1 に示すように，なるべく正確な解を与える近似法が開発されている。ここでは経験的方法と半経験的方法の概略的事項を示す。

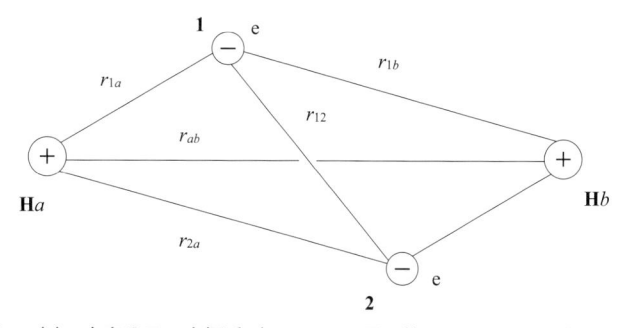

図 3.1(a)　水素分子の座標系（Ha, Hb は原子核, 1, 2 は電子（の座標））

量子化学によると2つの水素原子軌道の結合により，2つの新しい分子軌道 φ_1, φ_2 が生じる。φ_1 は結合性軌道，φ_2 は反結合性軌道で，結合により2個の電子はエネルギー的により安定な φ_1 軌道に入るので水素分子は安定化する。このような分子軌道形成は概略的に図3.2のように表される。φ_1 の安定化は原子軌道の重なり（図中の斜線部）によって生じる。

そこで水素分子の波動関数やエネルギー準位は，水素原子のそれを基本として種々のレベルの近似法で求められる。

水素分子の場合，電子間反発項 (e^2/r_{12}) が存在するが，取扱いは水素分子イオン H_2^+ の1電子系と同様，先ず水素分子の1電子について，水素原子の1s軌道を χ_1 と χ_2 とし，分子軌道

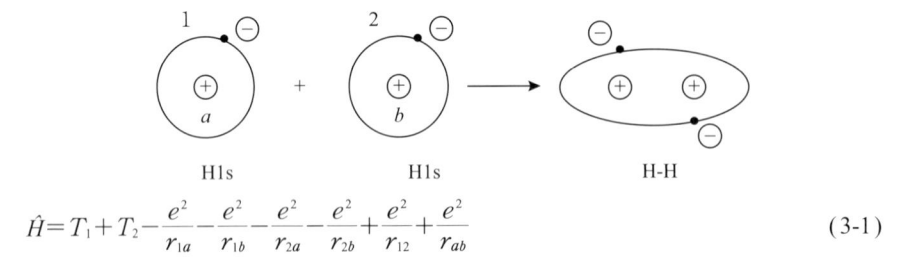

$$\hat{H} = T_1 + T_2 - \frac{e^2}{r_{1a}} - \frac{e^2}{r_{1b}} - \frac{e^2}{r_{2a}} - \frac{e^2}{r_{2b}} + \frac{e^2}{r_{12}} + \frac{e^2}{r_{ab}} \tag{3-1}$$

T_1, T_2 は電子1, 2の運動エネルギーに対する演算子

$$\hat{H}\Phi = E\Phi \tag{3-2}$$

Φ は水素分子の全波動関数，E はそのエネルギー（固有値）

図3.1(b)　水素分子の構成とシュレーディンガー方程式

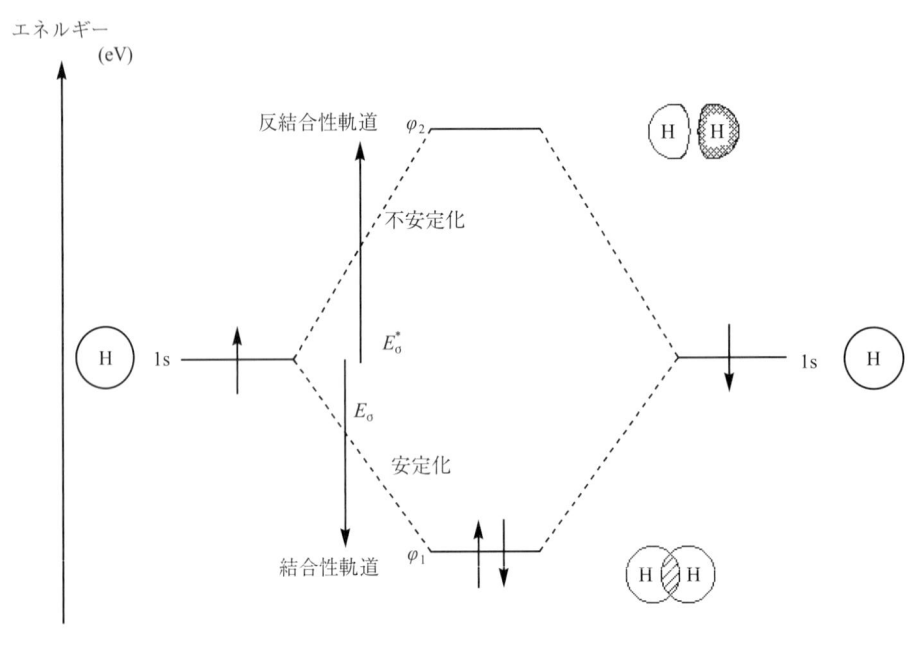

図3.2　水素分子の分子軌道

φ を，(3-3) 式で表す[1]。分子軌道とは，分子における 1 電子波動関数のことである。

$$\varphi = C_1\chi_1 + C_2\chi_2 \tag{3-3}$$

このように分子軌道（molecular orbital：MO）を構成原子の原子軌道の線形結合（linear combination of atomic orbitals：LCAO）で作る方法を LCAO-MO 法という。

なお (3-3) 式の波動関数 φ は (3-18) と (3-19) 式で示すように 2 種あるので一般的には φ_μ と ($\mu=1, 2$) を用い (3-4) 式で表す。$\mu=1 \sim N$ の場合の一般式は (3-30) 式に示す。

$$\varphi_\mu = C_{1\mu}\chi_1 + C_{2\mu}\chi_2 \qquad (\mu=1,2) \tag{3-4}$$

ここで先ず定性的理解に有用な経験的分子軌道法（5.2 節に示す π 電子系のヒュッケル（Hückel）分子軌道法（HMO 法）もその一つ）での H_2 の解析例を示す。

(3-1) 式の全ハミルトニアン $\hat{H}$ において電子反発項 (e^2/r_{12}) を数学上無視すると，$\hat{H}$ は 1 電子有効ハミルトニアン $\hat{h}_i$ ($i=1,2$) の和とみなされ，また等核系なので (3-5) 式のように $2\hat{h}$ とおけるであろう。

$$\hat{H} \fallingdotseq \hat{h}_1 + \hat{h}_2 = 2\hat{h} \tag{3-5}$$

そこで 1 電子波動関数 φ_μ はそのエネルギー ε_μ との間で (3-6) 式が成立し，これを変分法で解くことになる。但し以後添え字 μ を省略して記す。また $\hat{h}$ も h と略す。

$$\hat{h}\varphi_\mu = \varepsilon_\mu \varphi_\mu \qquad (\mu=1,2) \tag{3-6}$$

先ず φ と複素共役の φ^* を (3-6) 式の両辺に左側から掛けて，エネルギー ε の固有値の性質を利用する。即ち $\int \varphi^* h\varphi d\tau = \int \varphi^* \varepsilon\varphi d\tau = \varepsilon \int \varphi^* \varphi d\tau$ として (3-7) 式を導く。

$$\varepsilon = \frac{\int \varphi^* h\varphi d\tau}{\int \varphi^* \varphi d\tau} = \frac{\int (C_1\chi_1 + C_2\chi_2) h (C_1\chi_1 + C_2\chi_2) d\tau}{\int (C_1\chi_1 + C_2\chi_2)^2 d\tau} \tag{3-7}$$

ここで次の置換を行う。

$h_{ab} = \int \chi_a \hat{h} \chi_b d\tau \quad a=b \quad h_{aa} = h_{bb} < 0$ （クーロン積分：原子核と電子との作用の安定化エネルギー）

$\qquad\qquad\qquad a \neq b \quad h_{ab} = h_{ba} < 0$ （共鳴積分：原子核 2 個と中間電子との安定化エネルギー）

$S_{ab} = \int \chi_a \chi_b d\tau \quad a=b \quad S_{aa} = S_{bb} = 1$ （規格化条件）

$\qquad\qquad\qquad a \neq b \quad S_{ab} = S_{ba}$ （重なり積分）

次に変分法を用いてエネルギー ε が最小になるようにパラメータ C_1, C_2 を求める。

(3-7) 式は先ず次のようになる。

$$\varepsilon = \frac{C_1^2 h_{aa} + 2C_1 C_2 h_{ab} + C_2^2 h_{bb}}{C_1^2 S_{aa} + 2C_1 C_2 S_{ab} + C_2^2 S_{bb}} = \frac{C_1^2 h_{aa} + 2C_1 C_2 h_{ab} + C_2^2 h_{bb}}{C_1^2 + 2C_1 C_2 S_{ab} + C_2^2} \tag{3-8}$$

変分法でエネルギー ε の極小値を求める条件から，$\delta\varepsilon/\delta C_1 = 0$ を求める。さらに変形すると

$$C_1 (h_{aa} - \varepsilon) + C_2 (h_{ab} - \varepsilon S_{ab}) = 0 \tag{3-9}$$

また $\delta\varepsilon/\delta C_2 = 0$ から

$$C_1 (h_{ba} - \varepsilon S_{ba}) + C_2 (h_{bb} - \varepsilon) = 0 \tag{3-10}$$

(3-9) と (3-10) 式で C_1 と C_2 が同時に 0 でない条件から，次の永年方程式が成立する。

$$\begin{vmatrix} h_{aa} - \varepsilon & h_{ab} - \varepsilon S_{ab} \\ h_{ba} - \varepsilon S_{ba} & h_{bb} - \varepsilon \end{vmatrix} = 0 \tag{3-11}$$

ここで (3-4) 式に対応する永年方程式の一般式は (3-12) となる。(3-12) 式は，半経験的方法における (3-28) 式と対比される。経験的方法は π 電子共役系の定性的理解に有効であり，5.2 節で詳しく述べる。

$$\sum_{s=1}^{N} (h_{rs} - \varepsilon_\mu S_{rs}) C_{rs} = 0 \qquad (\mu, r = 1, 2, ..., N) \tag{3-12}$$

(3-11) を解くと ε の 2 つの解が得られる。なお $h_{aa} = h_{bb}$, $h_{ab} = h_{ba}$, $S_{ab} = S_{ba}$ とおいた。

$$\varepsilon_1 = \frac{h_{aa} + h_{ab}}{1 + S_{ab}} \tag{3-13}$$

$$\varepsilon_2 = \frac{h_{aa} - h_{ab}}{1 - S_{ab}} \tag{3-14}$$

h_{aa} と h_{ab} は負で安定化エネルギー，また $0 \leq S_{ab} < 1$ である。従って ε_1 が結合性軌道，ε_2 が反結合性軌道のエネルギーである。また $h_{aa} = h_{bb} = \alpha$, $h_{ab} = h_{ba} = \beta$, $S_{ab} = S_{ba} = S$ とおいて次のように表すこともある。但し計算の対象の波動関数で α, β の内容は異なる。ここでは 1s 軌道電子が関わり，5 章の π 電子を扱う HMO 法では 2p 軌道電子が関わるものとなる。

$$\varepsilon_1 = \frac{\alpha + \beta}{1 + S} \tag{3-15}$$

$$\varepsilon_2 = \frac{\alpha - \beta}{1 - S} \tag{3-16}$$

次に ε_1 と ε_2 に対する分子軌道 φ_1 と φ_2 を求める。

(ⅰ) $\varepsilon = \varepsilon_1$ の場合の分子軌道

(3-15) を (3-9) と (3-10) に代入し，整理すると $C_1 = C_2$ となる。一方，規格化条件の全空間に電子を見いだす確率の，$\int \varphi^2 d\tau = 1$ から

$$C_1^2 + C_2^2 + 2C_1C_2S = 2C_1^2 + 2C_1^2S = 2(1+S)C_1^2 = 1$$

$$C_1 = \frac{1}{\sqrt{2(1+S)}} \quad (+\text{の方のみ採用}) \tag{3-17}$$

よって
$$\varphi_1 = \frac{1}{\sqrt{2(1+S)}}(\chi_1 + \chi_2) \tag{3-18}$$

(ⅱ) $\varepsilon = \varepsilon_2$ の場合の分子軌道

同様にして $C_1 = -C_2$ となり，

$$\varphi_2 = \frac{1}{\sqrt{2(1-S)}}(\chi_1 - \chi_2) \tag{3-19}$$

なお (ⅰ) と (ⅱ) で $S = 0$ （重なり積分の無視）と近似すると，

$$\varphi_1 = \frac{1}{\sqrt{2}}(\chi_1 + \chi_2) = 0.707\chi_1 + 0.707\chi_2 \tag{3-20}$$

$$\varphi_2 = \frac{1}{\sqrt{2}}(\chi_1 - \chi_2) = 0.707\chi_1 - 0.707\chi_2 \tag{3-21}$$

となる。この結果は先に示した図 3.2 で表される。

上記の，電子反発項の無視，重なり積分の無視の方法を単純な経験的分子軌道法（HMO 法）という。(3-2) 式に記した全エネルギー E は，図 3.2 の基底状態の 2 電子分であるから，(3-15) 式で $S = 0$ とおき，それを単純に 2 倍した (3-22) 式で算出される。

$$E = 2 \times \{(\alpha + \beta)/(1+S)\} = 2\alpha + 2\beta \tag{3-22}$$

α と β の値は H_2 分子の後述するイオン化エネルギー（IP）等のデータから経験値があてはめられる（5.2 節）。

一方 (3-2) 式の全波動関数 Φ は基底状態では，電子 1 と 2 による関数の積の (3-23) 式で与えられる。しかし 2.3 節に述べた電子スピンの性質を無視しているという問題がある。

$$\Phi \fallingdotseq \varphi_1(1)\varphi_1(2) \tag{3-23}$$

そこで次に電子スピンの法則であるパウリ (Pauli) の原理を取り入れた半経験的分子軌道法 (以上) による水素分子の取扱いの概略を示す[2,3]。詳しい説明は提示した参考書にある。

2.2 節で電子の波動関数は 3 種の量子数 (n, l, m) で区別されることを記した。1s 軌道の量子数は (1, 0, 0) であるが，さらに電子にはスピン量子数 m_s による ($m_s = 1/2$ および $m_s = -1/2$) の区別がある。一般に前者を空間軌道，後者をスピン軌道（スピン関数）という。図 3.2 の基底状態では結合性軌道にはフントの法則でスピンを逆にした電子を入れた。水素分子の 2 個の電子では，図 3.2 の逆向きスピン状態は合計スピン数 S = 1/2 + (−1/2) = 0，そのスピン多重度は 2S + 1 = 0 + 1 = 1，即ち一重項（singlet）である。

分子軌道 φ_μ とスピン関数の積であるスピン軌道関数は，パウリの原理で電子の交換で反対称（符号が逆転すること）にならなければならない。この要請を満たす H_2 分子の基底状態のスピン関数は (3-24) 式となる。

$$\frac{1}{\sqrt{2}}\{\alpha(1)\beta(2) - \alpha(2)\beta(1)\} \tag{3-24}$$

(3-24) 式が反対称であることは電子 1 と 2 を入れ替えた (3-25) 式の符号が逆転することから理解できる。

$$\frac{1}{\sqrt{2}}\{\alpha(2)\beta(1) - \alpha(1)\beta(2)\} \tag{3-25}$$

上記のスピン関数の要請から，H_2 分子の基底状態（一重項）の空間軌道関数は，電子の入れ換えに対称な式となる。また全エネルギーは軌道エネルギーの単なる和とはならない[2]。一重項と三重項でエネルギーが異なる。具体例は 3.5 節と 8.4 節に示す。

そのような条件を満たす水素分子のエネルギー固有値 E と全波動関数 Φ の求め方として，原子価結合（valence bond : VB）法（Heitler-London 法ともいう）と分子軌道（MO）法およびその改良法が開発された。分子軌道法では，分子内の電子が分子全体に拡がった分子軌道に属すると考えるのに対し，原子価結合法では各原子に局在する原子軌道関数（または混成軌道関数）に電子が属すると考えて全体の波動関数を (3-26) 式のようにつくりあげる。$\varphi(n)$ としては 2.2 節の (2-21) 式で表される水素原子 1s 軌道関数の重ね合わせが用いられる。

$$軌道部 : \frac{1}{\sqrt{2}}\{\varphi_a(1)\varphi_b(2) + \varphi_a(2)\varphi_b(1)\} \tag{3-26}$$

(3-26) 式は 2 電子系のもので軌道関数の積和となっており，単純分子軌道法の (3-23) 式の積表現と異なる。第一項は電子 1 と 2 の原子軌道の接近，そして第二項は電子交換を意味している。(3-26) 式を用いた (3-6) 式によるエネルギー E の計算では，多くの種類の積分（クーロン積分，交換積分など）計算が必要である。主に変分法と電子相関による近似の改良で多くの

表 3.1 水素分子の結合エネルギー De と平衡核間距離 Re[2]

	De/eV	Re/Å
VB 法（Heitler-London）	3.14	0.87
VB 法（Heitler-London，改良）	3.78	0.74
MO 法	2.65	0.85
MO 法（改良）	3.49	0.73
Kotos-Wolniewicz	4.747	0.741
実測値	4.747	0.741

開発がなされ，原子間距離や結合エネルギーの再現性がよくなっている．表 3.1 に水素分子の計算結果を示す[2]．表 3.1 中の平衡核間距離 Re は，水素原子核間距離 R の関数である水素分子の一重項エネルギー Es が，極小になるときの R である．

異なった電子配置の線形結合を用いて変分法で近似を高めることを，配置間相互作用（Configuration Interaction: CI）を考慮するという（7.2 節）．MO 法では (3-3) 式の分子軌道 φ を空間軌道として用い，それぞれにスピン関数（α または β）をかけることでパウリの原理を満たす良い波動関数 ψ が構成され，得られた 2 個の分子軌道が CI 法に利用される．即ち (3-24) 式のスピン軌道と (3-26) の空間軌道をかけ合わせたスピン軌道関数 $\phi(i)$ を用いる水素分子の電子系の全波動関数 Ψ は (3-27) 式となり，行列式で表せる．それは電子 1 と 2 の入れ換えに反対称でスレーター行列式と呼ばれる．

$$\Psi = \frac{1}{\sqrt{2}} \{\phi_1(1)\phi_2(2) - \phi_1(2)\phi_2(1)\} = \frac{1}{\sqrt{2}} \begin{vmatrix} \varphi_1(1)\alpha(1) & \varphi_1(1)\beta(1) \\ \varphi_1(2)\alpha(2) & \varphi_1(2)\beta(2) \end{vmatrix} \tag{3-27}$$

多原子分子を取り扱う際は VB 法はコンピュータのプログラムに適さない．水素分子の近似をあげた計算では電子相関を正しく評価する多くの計算法と長い時間が使われる[2]．

多電子分子の全波動関数 Ψ も MO 法ではパウリの原理を満たすスレーター行列式で表される．その際の (3-3) 式に相当する近似の分子軌道 $\varphi_\mu(i)$ とそのエネルギー ε_μ（μ は分子軌道番号，i は電子番号）の算出ではハートリー・フォック（Hartree-Fock: HF）の永年方程式 (3-28) 式を解かねばならない．その形式は (3-12) の行列式と同じであるが，その中のフォックの行列要素と呼ばれる F_{rs} は，(3-8) 式の h_{rs} と異なり分子軌道係数 $C_{s\mu}$ の関数となっているので，自己無撞着場（Self-consistent field: SCF）法と呼ばれる，コンピュータを用いる解法が必要である．コンピュータを用いる SCF 計算のスキームと高い近似の分子軌道法の概要は廣田らにより示され，近似法の違いがまとめられている[4,5]．

$$\sum_{s=1}^{N} (F_{rs} - \varepsilon_\mu S_{rs}) C_{s\mu} = 0 \qquad (\mu, r = 1, 2) \tag{3-28}$$

半経験的分子軌道法とは，上記の一連の計算の過程で出てくる種々の積分の一部に経験値（実験値）を用いて計算の簡略化を図ったものである．分子軌道の基底関数やパラメータの取り方

などで数種の方法が提示されており，再現したい物理・化学的情報により使い分けされる[3]。

コンピュータの発達と低価格化で，*ab initio*（最初から）法とも呼ばれる非経験的分子軌道法が身近な存在となり，特に基底状態の物性値の再現性がよく，実用的に優れた方法との見方が定着しつつある。この方法では計算過程のすべての積分を理論的に求める。分子軌道に取り入れる基底関数系が大きいほど計算精度は高くなるが[4]，演算時間が長くなる。また後述するフロンティア軌道が曖昧になる。計算法による簡単な比較は次節で記す。またそのための計算プログラムのソフト（ウェア）を示す。

計算ソフトを使った計算は簡単には，マニュアルによる初期構造作成（Z-matrix 表示）とキーワード化された計算方法と出力記号の入力で開始され，計算結果（出力）が得られる。

3.2 量子化学計算法の種類と MOPAC

3.2.1 計算方法の種類

分子軌道の具体的計算法は，電子反発エネルギーや電子スピンの向きの考慮などの近似のレベルで，前著（量子化学の基礎，p.80）に示したが，およそ表 3.2 のように分類される。経験的パラメータを用いる経験的方法の単純な Hückel（ヒュッケル）法，半経験的方法の MOPAC プログラム，多くの非経験的（*ab initio*）方法が利用できる Gaussian プログラムなどが主に使われてきている。なお密度汎関数（density functional theory: DFT）法は分子などの基底状態を，それを構成する電子の密度分布を試行関数にして計算する方法で，各電子の分子全体に広がる波動関数を用いる分子軌道（MO）法と双璧をなす重要な非経験的方法である[5]。表 3.2 の計算法の適用範囲は市販計算ソフトのカタログと使用マニュアルで簡単に知ることができる。Gaussian プログラムを用いた計算化学実験の手順と実験例は，『Gaussian プログラムで学ぶ

表 3.2　量子化学計算法の種類と対象および特徴

手法の種類	プログラム名	取り扱う電子	特徴
経験的分子軌道法（empirical）	1) Hückel MO（HMO）法（Hückel） 2) 拡張 Hückel 法	π電子 価電子	最も単純，基礎的，定性的 σ結合電子も考慮
半経験的分子軌道法（semi-empirical）	1) PPP 法（Pople[*]ら） 2) MOPAC プログラム（Stewart）（AM1 → PM3 → PM5 → PM6 と改良）	π電子 価電子	平面分子の電子スペクトル計算 定量性向上に工夫あり 分子の構造，イオン化エネルギー等の構造データ，反応のエネルギー曲面
非経験的分子軌道法（*ab initio*：最初から）	HF（ハートリーフォック）法 CASSCF 法など/Gaussian プログラム（Pople[*]ら）	全電子	電子相関を無視　利用同上 電子相関，配置間相互作用導入で定量性向上　計算に長時間を要す。
密度汎関数法（DFT）	B3LYP 法/Gaussian プログラム（Kohn[*], Sham ら）	全電子	エネルギーや物性を電子密度から計算する。 計算時間短縮　定量性向上　利用の普及

[*]ノーベル化学賞

情報化学・計算化学実験』[6]に示されている。密度汎関数（DFT）法の一つ B3LYP 法の評価が定着し，それを搭載する Gaussian プログラムがよく利用されている。

本書では主に WinMOPAC（富士通）PM5 法を用いて記述する。また 6 章で PM5 法と PM6 法とによる計算値と実測値との比較を行い，11 章では B3LYP/6-31G (d) 法などとの正確さの比較例を示す。

本書に添付した計算ソフトは富士通から 2011 年にリリースされた SCIGRESS MO Compact 1.0.6 の元素数制限の本書限定版（Molecular Orbital Calculation of Organic Molecules and Its Applications: MOCOM）である。プログラム内容は WinMOPAC と同じであり，XYZ 軸の明視化と PM6 法が追加され利用しやすくなっている。

3.2.2 MOPAC など半経験的分子軌道（MO）法について

この項では半経験的 MO 法の取り扱う内容を少し詳しく述べる。なお本書末尾の付記に，その代表的な一つの MOPAC の最新版ソフト（含む PM6 法）の対象範囲と操作法，そして定量性のレベルの概略を記してある。

先ず前項の 2 電子系水素分子の計算説明から，n 個の電子系分子の場合 n 次のスレーター行列式の全波動関数を用い，それに対応するフォックの行列要素をもつハートリーフォック永年方程式を，SCF 法で解くことになる。その際多くの種類の積分計算を伴う。

MOPAC は分子内の原子価電子だけを扱う。これにより数千原子程度（タンパク質の一部）までの分子でも，短い計算時間でその分子特性や反応性を評価するのに用いられる。2 原子積分の微分重なりを無視し（NDDO 法），原子や典型的分子のイオン化ポテンシャル（IP），電子親和力（EA）等の実験値を積分計算の代わりにパラメータとして用い，計算量を大幅に減らしている。数年毎に改善版が出され[7]，2007 年発表の PM6 法は広範な有機分子の生成熱と IP 値の標準誤差では，評価のある B3LYP/6-31G (d) 法と遜色ない。

もう 1 つの半経験的方法の PPP 法は平面 π 電子系だけを扱い，その共役の長さや色素物質の色と構造との関係を解明するのに適する。電子間反発積分などの計算方法の改善が行われている。また一重項（singlet）と三重項（triplet）の励起エネルギーは異なること等が計算によってわかる。

次に PM6 法など MOPAC の原子価電子取扱いにおける基底関数の例を示し，次節でプログラム操作について説明する。

メタン CH_4 分子は，C から 2 個の 2s 軌道電子，2 個の 2p 軌道電子の計 4 個，H の 1s 軌道電子の 4 原子分，全体で計 8 個の価電子を含んでおり，四面体構造をしている。そこで水素分子の (3-3) 式に相当するメタンの 8 個の分子軌道 $\varphi_1 \sim \varphi_8$ は，8 個の原子軌道の線形結合の (3-29) 式で示される。各原子軌道の添え字は価電子 8 個の原子軌道を示す。（　）内の数字 1～5 は原子の番号で，炭素が 1 番，水素 4 個が 2 から 5 番である。

$$\varphi_\mu = C_{1\mu}\chi_{2\text{S}(1)} + C_{2\mu}\chi_{2\text{px}(1)} + C_{3\mu}\chi_{2\text{py}(1)} + C_{4\mu}\chi_{2\text{pz}(1)} + C_{5\mu}\chi_{1\text{S}(2)}$$
$$+ C_{6\mu}\chi_{1\text{S}(3)} + C_{7\mu}\chi_{1\text{S}(4)} + C_{8\mu}\chi_{1\text{S}(5)} \quad (\mu = 1, 2, ..., 8) \tag{3-29}$$

その一般式は (3-30) のように記される。N は取り扱われる原子軌道の数を示す。

$$\varphi_\mu = \sum_{r=1}^{N} C_{r\mu}\chi_r \quad (r = 1, 2, ..., N, \ \mu = 1, 2, ..., N) \tag{3-30}$$

従って全波動関数は 8 次スレーター行列式で表される。計算プログラムを用いると，そのハートリーフォック永年方程式が SCF 法で解かれる。MOPAC での入力と出力の操作は次節で述べる。

また窒素分子 N_2 では，原子価電子は各 N 原子で 5 であるから分子では計 10 個，原子軌道の数は各窒素で 4 個（2s と 2p の 3 個）の計 8 個である。従って分子軌道式は 8 個の原子軌道の線形結合の (3-31) 式となる。この場合も各原子軌道の添え字は価電子 8 個の原子軌道を示す。（ ）内の数字 1 と 2 は原子の番号で，原点窒素原子が 1 番，X 軸上の窒素原子が 2 番である。この場合の 2s, 2p 軌道は窒素原子のそれである。(3-31) 式は 3.5 節で用いる。N_2 の場合の分子軌道は $\varphi_1 \sim \varphi_8$ の 8 個であり，被占軌道数は 5 個である。具体的には 3.5 節で詳しく述べる。

$$\varphi_\mu = C_{1\mu}\chi_{2\text{S}(1)} + C_{2\mu}\chi_{2\text{px}(1)} + C_{3\mu}\chi_{2\text{py}(1)} + C_{4\mu}\chi_{2\text{pz}(1)} + C_{5\mu}\chi_{2\text{S}(2)}$$
$$+ C_{6\mu}\chi_{2\text{px}(2)} + C_{7\mu}\chi_{2\text{py}(2)} + C_{8\mu}\chi_{2\text{pz}(2)} \quad (\mu = 1, 2, ..., 8) \tag{3-31}$$

3.2.3 MOPAC による分子構造の表現

原子における原子核と電子の立体的関係の座標は図 2.1 に示した。水素分子における原子間距離などは図 3.1 (a) に示した。MOPAC でのメタンなど有機分子の立体的表現は，次の (1) 〜 (4) の約束により Z-matrix 表示で入力される。以下にそのあらましとメタン CH_4 における具体例を述べる。

(1) 最初の原子は原点
(2) 2 番目の原子は，X 軸方向に位置
(3) 3 番目の原子は XY 平面に位置し，結合距離と結合角から計算される。
(4) 4 番目以後の原子は，二面角を加えて指定される。

メタンでは，図 3.3 (a) のように C1 が原点，C1-H2 が X 軸（主軸）上に置かれ，次の C1-H3 を XY 平面（主平面）に配置後，C1-H4, C1-H5 を奥と手前に置いて表現される。これを Z-matrix では図 3.3 (b) のように表す。最初の列に原子の番号，その右は原子の種類，続いて結合距離，結合角，二面角，結合情報 NA, NB, NC が記入される。結合距離は，その行の原子（指定原子 A という）と NA で示される結合相手との距離を表している。結合角は，NA, NB の各行の三原子のなす角，二面角は図 3.3 (c) に示すように，その行（A）と NA（図の

(a) メタンCH₄の座標

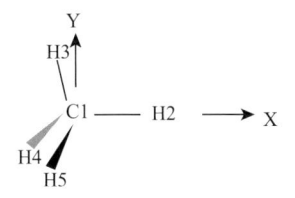

(b) メタンCH₄のZ-matrix（0は省略）

指定原子		結合距離		結合角		二面角		結合情報		
(No)	A	(Å)	Flag	(°)	Flag	(°)	Flag	NA	NB	NC
1	C									
2	H	1.09	1					1		
3	H	1.09	1	109.0	1			1	2	
4	H	1.09	1	109.0	1	120.0	1	1	2	3
5	H	1.09	1	109.0	1	−120.0	1	1	2	3

(c) 二面角の定義

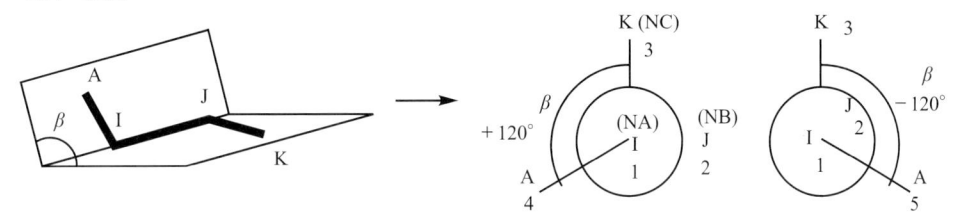

図 3.3　Z-matrix と二面角の定義

I），NB（図のJ）で決まる面と，NA, NB, NC（図のK）で決まる面のなす角である。

距離や角度の右の Flag というのは，それぞれの値を最適化するかどうか（1：最適化する，0：固定，−1：連続的に変化する（例図4.7））を示す。

例えば2行目のNo.2 水素原子（H2）ではNA = 1であるから，H2はC1と結合していて，その距離は1.09 Å というように読む。3番目のH3は，C1と1.09 Å で結合し，C1，H2と結合角109.0°，と入力されることを示す。また二面角というのは図3.3 (c) で表現される。

例えば H4 は H4-C1-H2-H3（即ち A-NA-NB-NC（K））と結んで K（NC）を奥に立てた時，A（H4）は左側に位置する。これを正の値（+120.0°）とする（その行の原子 A から見て右回り）。一方 H5-C1-H2-H3（K）では A-NA-NB 面と NA-NB-NC（K）面のなす（二面角）は右側に表されるのでこれを負の値（−120°）とすると定義される。

3.3　MOPACでの分子の入出力と水素分子の分子軌道データ

3.3.1　MOPAC PM5 法の利用法

付記に MOPAC プログラム使用法の概要を示した。一読して欲しい。添付した CD-R の使

用の手順を丁寧に記している。MO プログラムには，周期表の多くの原子の原子軌道情報が内蔵されている。図 3.4 に，添付 CD ソフトの初期画面と，機能を示すボタン（アイコン）の種類を示した。その使用に当たっては対象分子の初期構造図または，（結合距離，結合角及び二面角）の入力数値データ（DAT ファイル），化合物名，計算キーワード（構造最適化（EF），近似計算法（PM5）など）を入れ，[Calculation] アイコンをクリックすると計算が始まり，短い時間で計算結果（WMP ファイルなど）が得られる。図 3.4 は上段 4 列と下段 1 列の説明

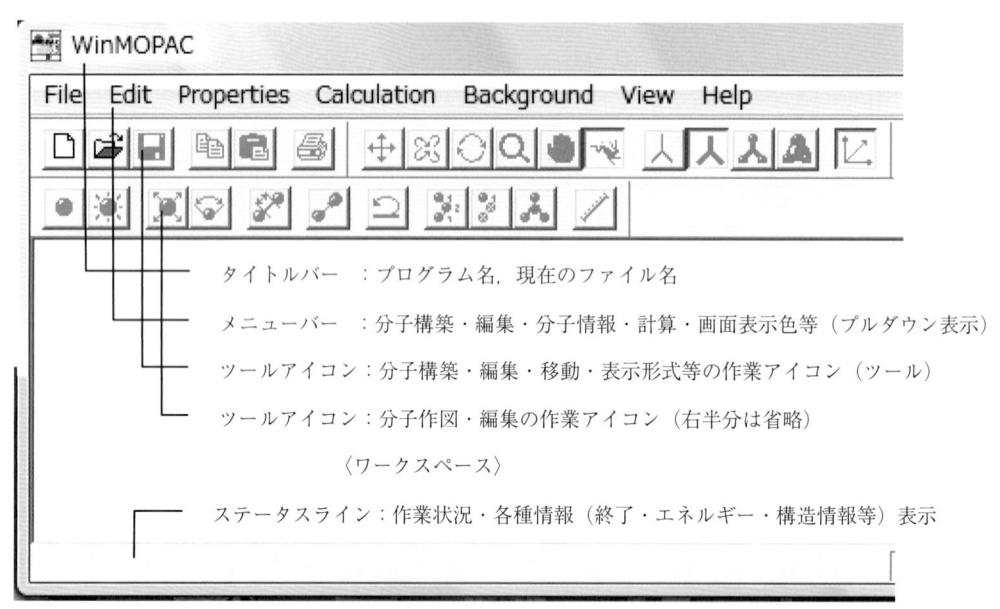

図 3.4 WinMOPAC プログラムの初期画面
（本書添付 CD に収録されているのは SCIGRESS MO Compact 限定版だが，画面構成は同じである）

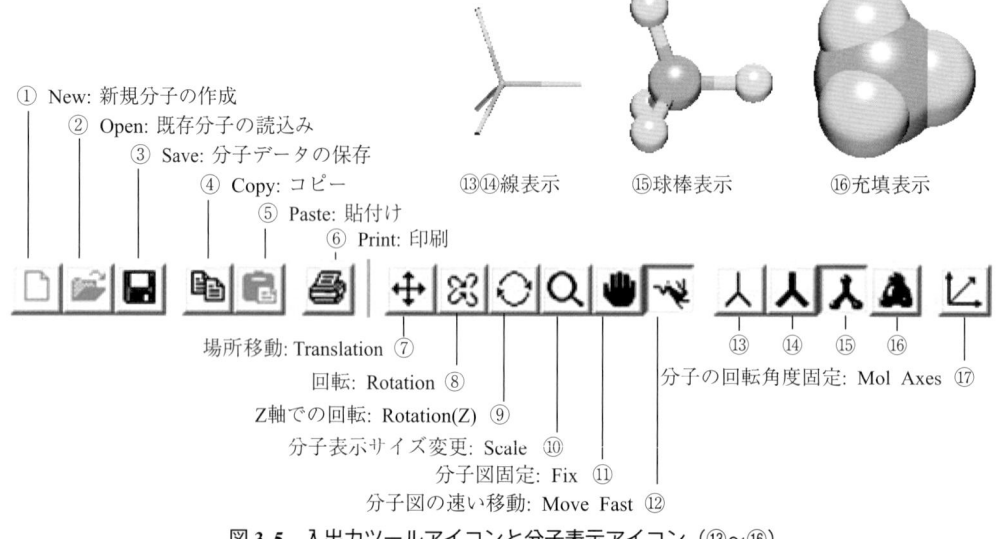

- タイトルバー ：プログラム名，現在のファイル名
- メニューバー ：分子構築・編集・分子情報・計算・画面表示色等（プルダウン表示）
- ツールアイコン：分子構築・編集・移動・表示形式等の作業アイコン（ツール）
- ツールアイコン：分子作図・編集の作業アイコン（右半分は省略）
- 〈ワークスペース〉
- ステータスライン：作業状況・各種情報（終了・エネルギー・構造情報等）表示

① New: 新規分子の作成
② Open: 既存分子の読込み
③ Save: 分子データの保存
④ Copy: コピー
⑤ Paste: 貼付け
⑥ Print: 印刷
⑬⑭ 線表示
⑮ 球棒表示
⑯ 充填表示

場所移動: Translation ⑦
回転: Rotation ⑧
Z軸での回転: Rotation(Z) ⑨
分子表示サイズ変更: Scale ⑩
分子図固定: Fix ⑪
分子図の速い移動: Move Fast ⑫
分子の回転角度固定: Mol Axes ⑰

図 3.5 入出力ツールアイコンと分子表示アイコン（⑬〜⑯）

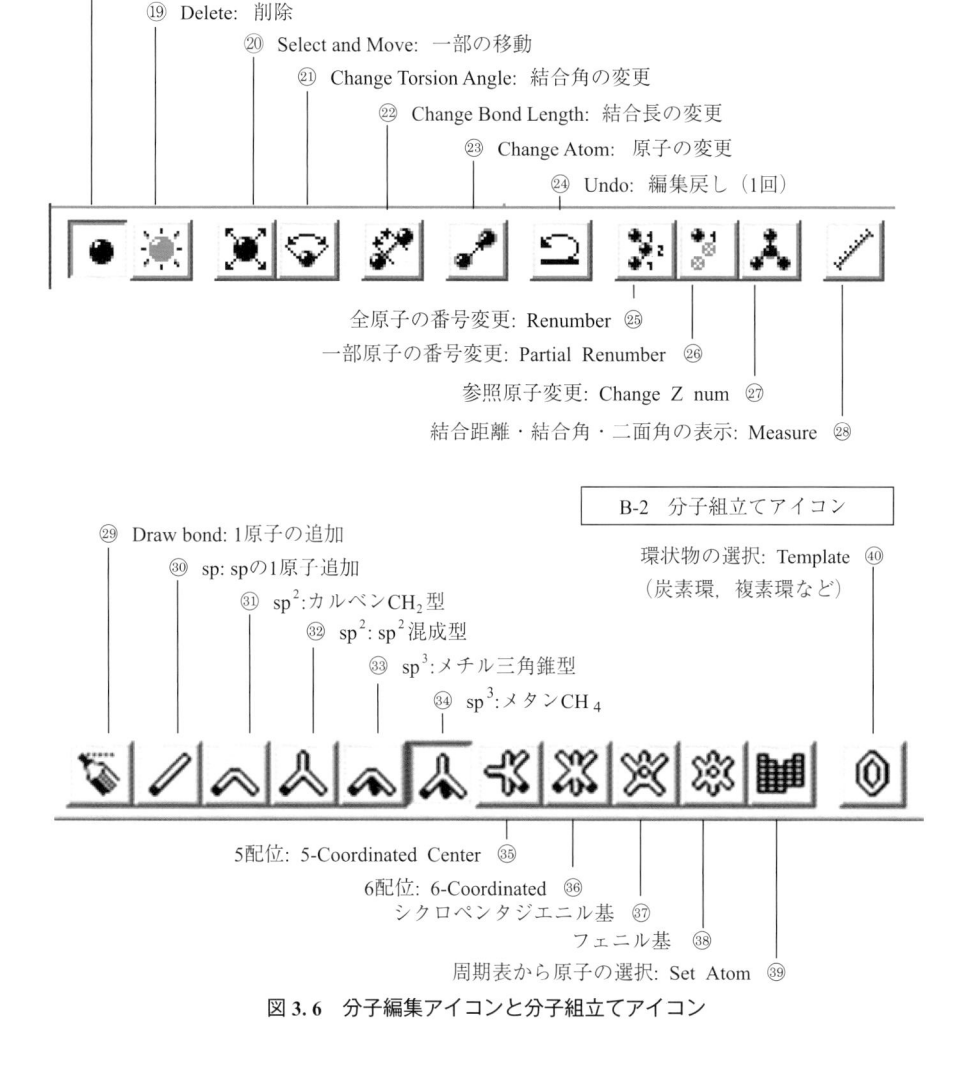

である．アイコンの図と説明は，図 3.5 と図 3.6 に示した．アイコンは 4 種類あり，入出力アイコン，分子表示アイコン，編集アイコン，組立てアイコンから成る．その各アイコンの番号と機能は前著（時田，染川『パソコンで考える量子化学の基礎』，裳華房（2005），p.113）に示したものとほぼ同じである．分子表示法としては⑬～⑯の結合（原子）や電子雲の表示と共に図 3.10 や図 3.18 などに示す分子軌道（HOMO や LUMO の形）や電子密度の線描などの表示法 5 種もあるが，付図では省略した．

また計算できる項目は，プログラムのカタログに約 19 種記載されている．例えば 1. 構造最適化（eigenvalue following: EF 法）から始まり，3. 反応追跡（遷移状態（TS）解析），9. 熱力学的諸量（生成熱（heat of formation: HOF）など）である．その計算指示は各キーワードを用いてなされる．例えば MOPAC プログラムの構造最適化キーワードには EF が使われる．EF 計算に当たっては，固有値つまり系のエネルギーが最小になるように分子構造を小きざみに変

⑱ Add: 分子の組立て
⑲ Delete: 削除
⑳ Select and Move: 一部の移動
㉑ Change Torsion Angle: 結合角の変更
㉒ Change Bond Length: 結合長の変更
㉓ Change Atom: 原子の変更
㉔ Undo: 編集戻し（1回）

B-1　分子編集アイコン

全原子の番号変更: Renumber ㉕
一部原子の番号変更: Partial Renumber ㉖
参照原子変更: Change Z num ㉗
結合距離・結合角・二面角の表示: Measure ㉘

B-2　分子組立てアイコン

㉙ Draw bond: 1原子の追加
㉚ sp: spの1原子追加
㉛ sp^2:カルベンCH_2型
㉜ sp^2: sp^2混成型
㉝ sp^3:メチル三角錐型
㉞ sp^3:メタンCH_4

環状物の選択: Template ㊵
（炭素環，複素環など）

5配位: 5-Coordinated Center ㉟
6配位: 6-Coordinated ㊱
シクロペンタジエニル基 ㊲
フェニル基 ㊳
周期表から原子の選択: Set Atom ㊴

図 3.6　分子編集アイコンと分子組立てアイコン

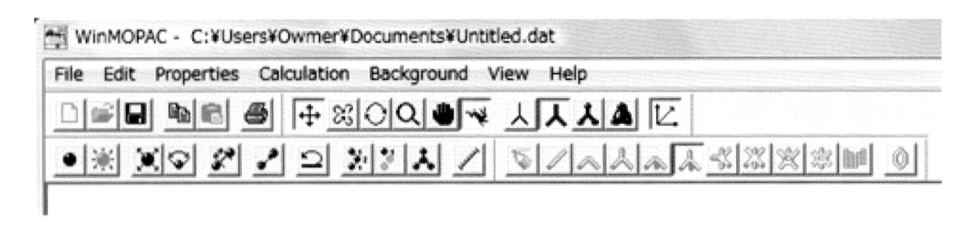

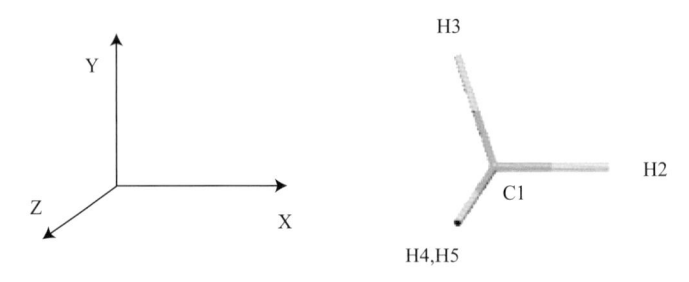

図 3.7 [File]→[New] からのメタン（sp³から）の線表示（MOPACのXYZ座標）

えて最適構造が求められる。

　WinMOPACでは図3.5，図4.1，図4.6，図4.9などに示すように軌道や結合の数種の表示法が用意され，使用の便がはかられている。図3.7のメタン構造では残り2個の水素は重なって見えるが，図3.5（および図3.7）の右端の三軸アイコン⑰でX軸を変化させると2個が判別される。回転アイコンの⑧と⑨を用いることもできる。メタンの分子軌道と入出力については4.1節で詳しく述べる。

3.3.2　水素分子の入力方法と出力データ

　H_2分子の入力法は，メタンの3個の水素を削除し，C1の炭素を水素に変えるなどいろいろあるが，例えば以下の方法でも可能である。Addアイコン⑱のクリックされた状況でメタン㉞2個を連結してエタンにした後，削除アイコン⑲にしてH6個を消し，Change atom アイコン㉓で出された周期表を用いてCをHに置換し，線状に描画する（図3.8(a)）。

　次にメニューバーのEditからEdit Z-matrix（分子構造を表すZ-行列の編集）にプルダウンして，図3.8(b)のダイアログ（対話型設定画面）を発生させる。そこで白抜きの部分に必要な情報を与える。Nameはuntitledから任意の分子名（例：H2mol.dat）に変更する。次にKeywords部で，Calculation typesにGeomerty Optimizationを選ぶとEFというキーワードが入り，MethodはPM5にする。直線分子のこの場合はXYZをキーボードから追加入力する。出力として軌道エネルギーと軌道係数が必要なときはVectors部にチェックを入れる（図3.8(b)，表3.3上段キーワード欄など）。Comments部には何も入れなくてよいが，メモ用にデータの種類などを入れるとよい（ここでは水素分子）。

　この時点でダイアログ上部のZ-MatrixボタンをクリックするとH-H間が1.50Åと，エタ

(a)　入力（.dat）（WinMOPAC）

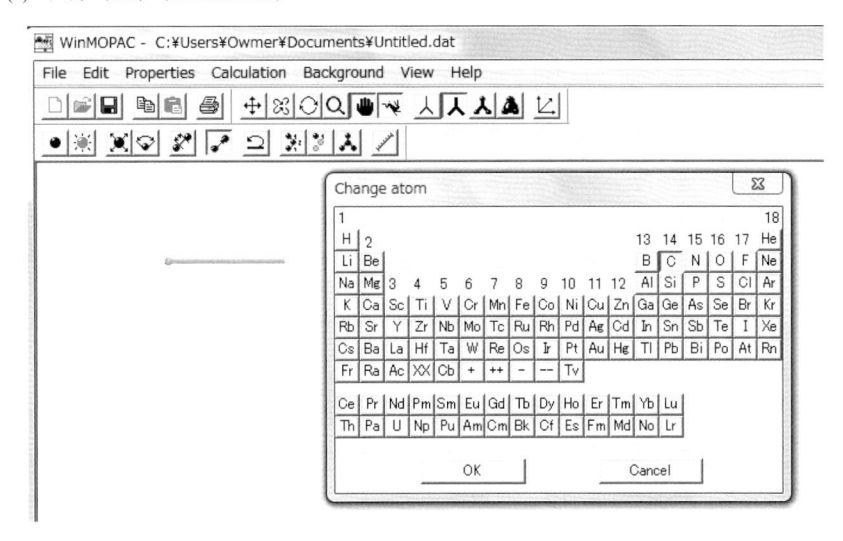

(b)　対話型設定画面・ダイアログ（Name，Keywords）

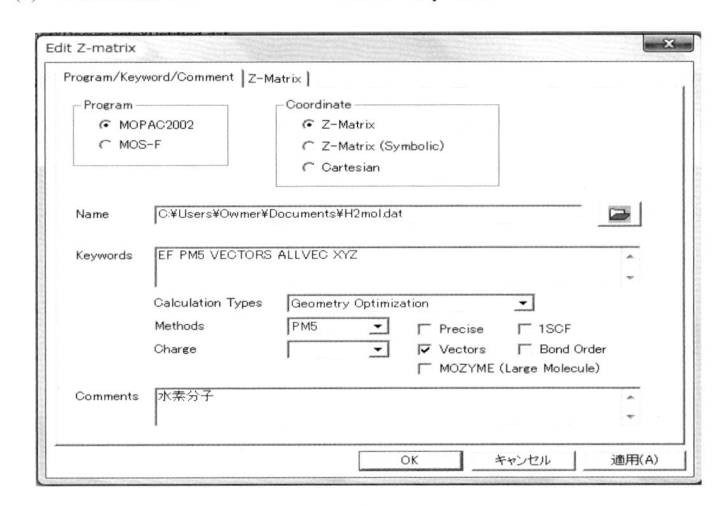

(c)　Z-Matrix

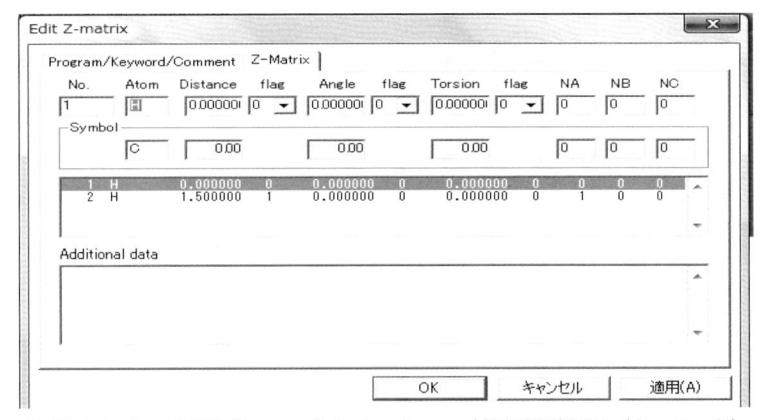

図 3.8　水素分子（H_2）の初期構造　(a) 入力（.dat），(b) 対話型設定画面（キーワード），(c) Z-Matrix.

ンの C-C 間隔で入力されたことがわかる（図 3.8 (c)）。

　OK をクリック後 Calculation から Start をプルダウンする。簡単な分子の計算は瞬時に進み，分子構造の変化があり，ワークスペース下段のステータスライン左端に，MOPAC done，右端に H.O.F = 8.72 （kcal mol⁻¹）（=36.45 kJ mol⁻¹）などが表示される（図 3.8 (d)）。分子図は，アイコン⑮（球棒）で分子名：H2mol として示した。また H-H 間はアイコン㉘で 0.71Å と指示される（実測値 0.74Å）。

　以上のデータは，図 3.8 の上段と下段（また図 3.9）のタイトル部から，パソコンのローカルディスク（C:￥Users￥Owmer￥Documents）部に H2mol.wmp の出力データとして収納されたことがわかる。入力は DAT ファイル（.dat），出力は WMP ファイル（.wmp）（及び OUT ファイル（.out）など数種）である。収納場所として，USB や CD-R も利用される。

　WMP ファイルは 11.2-11.4 節の 2 分子相互作用解析などで，図 3.5 ④ Open（既存分子読込み）のアイコンから取り込まれ，初期構造設定に利用される。

　表 3.3 に水素分子の MO データ（入力と出力の内容）を示す。表の右端に 1 から 10 の番号

(d) 出力（.wmp（結果））

(e) 出力：File Open（ファイル（.dat（入力）および .wmp（結果））の保存場所とファイル名）

図 3.8 水素分子の構造　(d) 出力（.wmp），(e) データ（.dat および .wmp）の保存場所.

を付した。1 番が入力データ，2 から 10 番が出力データを示す。表中のこれらの番号や日本語，および右下の図は説明のため著者が付加した。

図 3.9 に，メニューバー Properties に収納されている WinMOPAC で計算される情報の種類と出し方を示した。Outlist には表 3.3 に示すエネルギーと分子軌道などの数値データが入れてある。Molecular orbital を指示して軌道番号を決め「ENTER」を押すと，図 3.10 の被占軌道（HOMO: φ_1）と空軌道など（LUMO: φ_2）の軌道図が描かれる。図 3.2 の模式図を解析的に示したことになる。表 3.3 の右端に示す 7〜9 番の数値は軌道エネルギーと分子軌道係数として次のように整理される。なおここで 9 番目に書かれている最初の文字，S は s 軌道（テキストでは小文字が正しい），次の H は水素原子を示す。

$$\varepsilon_1 = -13.77\,\mathrm{eV} \qquad \varphi_1(\text{被占軌道}) = 0.7071\chi_1 + 0.7071\chi_2 \tag{3-20}$$

$$\varepsilon_2 = 4.02\,\mathrm{eV} \qquad \varphi_2(\text{空軌道}) = 0.7071\chi_1 - 0.7071\chi_2 \tag{3-21}$$

つまり 8 番に示す 1, 2 の番号が ε_1 や φ_1，ε_2 や φ_2 の添え字に相当している。8 番の数値は固有

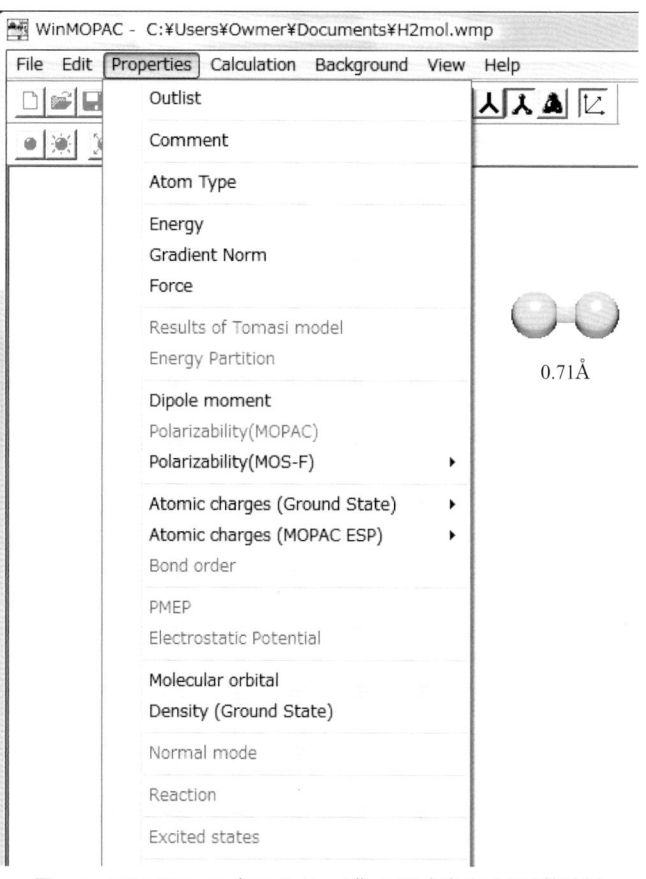

図 3.9　**WinMOPAC（PM シリーズ）での水素分子の計算情報**

表 3.3 水素分子の MO 入力と出力

```
********************************************************************************
**                              MOPAC2002 (c) Fujitsu
*  PM5          - THE PM5 HAMILTONIAN TO BE USED
*  WINMOPAC     - PERFORM OUTPUT FOR WINMOPAC GUI
*  XYZ          - CARTESIAN COORDINATE SYSTEM TO BE USED
*  EF           - USE EF ROUTINE FOR MINIMUM SEARCH
*  VECTORS      - FINAL EIGENVECTORS TO BE PRINTED
*  ALLVEC       - PRINT ALL EIGENVECTORS
********************************************************************************
(入力データ)
  EF PM5 VECTORS ALLVEC XYZ                                (キーワード)    -----1
  水素分子(H-H)                                            (コメント)
  ATOM  CHEMICAL      X           Y           Z            (Z-Matrix)
  NUMBER SYMBOL   (ANGSTROMS)  (ANGSTROMS) (ANGSTROMS)
     1     H       0.000000000  0.000000000  0.000000000
     2     H       1.480000000* 0.000000000  0.000000000

(出力データ)
  FINAL HEAT OF FORMATION (HOF) =   8.72 KCAL = 36.45 KJ  (kJ mol⁻¹) (生成熱) -----2
  TOTAL ENERGY                  = -26.22 EV   (eV)        (全エネルギー)
  ELECTRONIC ENERGY             = -38.99 EV   (eV)        (電子エネルギー)
  CORE-CORE REPULSION           =  12.77 EV   (eV)        (核間反発エネルギー)
  IONIZATION POTENTIAL (IP)     =  13.77 EV   (eV)        (イオン化エネルギー)--3
  NO. OF FILLED LEVELS          =   1                     (被占軌道数)
  MOLECULAR WEIGHT (MW)         =   2.01                  (分子量)
  MOLECULAR DIMENSIONS (Angstroms) (XYZ)                                  -----4
    Atom  Atom  Distance
    H 2   H 1   0.70844 (Å)                               (結合距離)
  SCF CALCULATIONS = 9                                                    -----5
  COMPUTATION TIME = 0.06 SECONDS
  ATOM  CHEMICAL     X           Y           Z
  NUMBER SYMBOL  (ANGSTROMS) (ANGSTROMS) (ANGSTROMS)                      -----6
     1     H      0.000000000 0.000000000 0.000000000
     2     H      0.708435171 0.000000000 0.000000000
                EIGENVECTORS                                              -----7
  Root No.      1         2
              -13.77     4.02  (eV)                       (軌道エネルギー) -----8
              ( φ₁ )   ( φ₂ )
  S   H  1    0.7071   0.7071                             (軌道係数)      -----9
  S   H  2    0.7071  -0.7071
           NET ATOMIC CHARGES  (原子の電荷  電子密度   σ割合)              ----10
  ATOM NO.  TYPE   CHARGE    No. of ELECS.   S-Pop
     1       H    0.000000      1.0000       1.00000
     2       H    0.000000      1.0000       1.00000
```

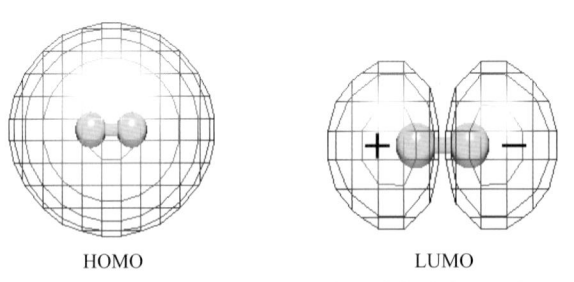

$H^1 — H^2$ ── $e_2 = 4.02$ eV

↑↓ $e_1 = -13.77$ eV

HOMO LUMO

図 3.10 水素分子の被占軌道 (HOMO) と空軌道 (LUMO) の図

値 (eigenvalue) といい,分子軌道 φ_1, φ_2 のエネルギー ε_1, ε_2 の計算結果(単位は eV)である。その下の 9 番にある 2 つの係数に原子軌道 χ_1, χ_2 をかけて上から下に加算したものが分子

軌道 φ_1, φ_2 の数式である。これらのことは表 3.3 の右下に記入した図と，(3-20)´と(3-21)´式で表現される。なお上式は本章 3.1 節で述べた (3-20) および (3-21) 式と同じになった。但しここでの結果は分子軌道 (3-3) 式に対する PM5 ハミルトニアンで計算した値であり，結果として軌道係数が一致したことを示す。

なお表 3.3 はアセチレンから Change atom ㉓ を用いて作成し（C-C 間距離 = 1.48 Å），水素分子計算を行った時のものである。エタンからのときと入力データは違うが（1 番），出力（2～10 番）は全て同じになった。結合距離の初期値は大ざっぱでも一定値（4 と 6 番：H-H 間距離 $r_{1,2}$=0.71Å など）に収束することがわかる。

出力データで，生成熱（HOF）など 4 項目のエネルギーのことは次の 3.4 節と 6 章で詳しく述べる。3 番のイオン化エネルギー（IP: 13.77 eV）は，その分子種から電子 1 個を無限遠に追い出すに要するエネルギーのことで，最高被占軌道（HOMO）のエネルギー（8 番）の逆符号値が用いられ，よく活用される。なお水素分子の被占軌道は φ_1 だけであるがそれを HOMO とした。その軌道エネルギー（ε_1 = −13.77 eV）と，1 章と 2 章で説明した水素原子の 1s 軌道の安定化エネルギー値（−13.6 eV）との関係などは次の 3.4.3 項で詳しく説明する。

3.4 分子の生成熱（Heat of Formation: HOF）等と反応性について

生成熱とは，「ある化合物がその成分元素の単体からつくられるときの反応熱」のことである。単体としては常温常圧で安定なものをとり，炭素ではグラファイト，硫黄では斜方硫黄とするなどの決まりがある。特に，1013 hPa（1 気圧）における生成熱を標準生成熱または標準生成エンタルピーという。以下生成熱の数値（実測値）は 25 ℃ における標準生成熱である。

3.4.1 高等学校教育における熱化学方程式と生成熱

1) 生成熱

3.3 節で生成熱（HOF）の算出方法を説明した。

日本の高校・化学テキストでは，化学式と反応熱（燃焼熱，生成熱，中和熱，溶解熱など）を一緒にして等式で結んだ，熱化学方程式（例 (3-32) ～ (3-34) 式など）が採用されている（熱量の単位は国際単位のジュール（J）を採用）。

$$\text{燃焼熱}: CH_4 + 2O_2 = CO_2 + 2H_2O + 891 \text{ kJ mol}^{-1} \tag{3-32}$$

$$\text{生成熱}: C（固）+ 2H_2（気）= CH_4（気）+ 74.4 \text{ kJ mol}^{-1} \tag{3-33}$$

$$\text{生成熱}: H_2（気）+ 1/2 O_2（気）= H_2O（液）+ 286 \text{ kJ mol}^{-1} \tag{3-34}$$
（水の生成熱または水素の燃焼熱）

即ち，生成熱の定義は，(3-33)式を用いると次のようである。

　生成熱：生成元素の単体から対象分子 CH₄ を 1 モル生成するときの標準生成熱。

　発熱のとき右辺が ＋，吸熱で － となる。従って熱化学方程式では，例えばメタン生成の(3-33)式では両辺のエネルギーの差を図 3.11 のように理解させる。ここで炭素（固）はグラファイト，水素は水素分子（25 ℃，気体）が基準となっている。即ち，メタン生成は基準系より安定化し，発熱することを示す。

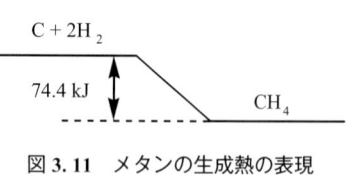

図 3.11　メタンの生成熱の表現

　燃焼熱や生成熱は様々な分子について求められており，一方でヘスの法則（熱量保存則）が発見され，熱の出入を含む多くの系に利用される。

2) 結合エネルギー

　分子を作っている 2 個の原子間の共有結合を切るのに必要なエネルギーを，結合解離エネルギーという。例えば水素分子 H₂ の H-H 結合解離エネルギーは 458 kJ mol⁻¹ (4.747 eV：表 3.1 参照)で，(3-35)式で表す。

$$H_2 = 2H - 458 \text{ kJ mol}^{-1} \tag{3-35}$$

吸熱反応で，2 個の水素原子（原子化）にするのに水素分子 1 モル当たり 458 kJ 必要であることを示す。n-ブタンのように結合手（原子価）が 2 個以上の原子の関与する結合では C-H 結合の結合解離エネルギーは 2 種以上の異なる値となる。例えばエタンの H₃C-CH₃ (368 kJ mol⁻¹)とトルエンの H₃C-C₆H₅ (417 kJ mol⁻¹)の C-C 結合の差は分子の熱安定性と関係する。結合解離エネルギーは原子（ラジカル）を基準とした化合物の安定性の目安となる。結合解離エネルギーの平均的な値は結合エネルギーと呼ばれている。結合エネルギー (kJ mol⁻¹) の例は次のようであり，イオン性や多重結合性の違いで変化することがわかる。

H-H：436	C-C（ダイヤモンド）：357	O-O（H₂O₂）：145
H-F：568	C-F（CF₄）：489	O=O（O₂）：498
H-Cl：432	C-O（CH₃OH）：329	S-S（S₈）：226
H-O（H₂O）：463	C=O（CO₂）：804	F-F（F₂）：158
	N≡N（N₂）：945	Cl-Cl（Cl₂）：243　(kJ mol⁻¹)

3.4.2　化学熱力学による世界共通の表現：生成熱（HOF）等について

　化学式と反応熱とは別物であることから，3.4.1 は採用されず，世界共通には熱力学的物理量であるエンタルピー H（熱関数）を用いる。即ち，反応前後のエンタルピー変化 ΔH を，(3-36)式で定義し，標準状態（25 ℃，1 気圧）での一般式で(3-37)式の表現となる。

$$\Delta H = （生成物質の持つエンタルピー）-（反応物質の持つエンタルピー） \tag{3-36}$$

$$\Delta H_r^0 = \Sigma n_i \Delta H_p（生成物）- \Sigma n_j \Delta H_R（反応物） \tag{3-37}$$

例えば (3-33) 式は，世界共通には (3-38) 式のように記される。ここで添え字の r は反応系の状態を示し，0 は標準状態，n_i, n_j は生成系と反応系のそれぞれの分子数である。即ち

$$\text{C（固）} + 2\text{H}_2\text{（液）} \rightarrow \text{CH}_4\text{（気）} \quad \Delta H_r^0 = -74.4 \text{ kJ mol}^{-1} \tag{3-38}$$

反応における熱含量エンタルピー H の減少は，ΔH_r^0 が負となることを示す。よってメタン CH_4 は負の ΔH をもち，これは標準状態で基準の（$C + H_2$）の反応系より熱含量が小，即ち熱力学的に安定であることを示す。これをメタンの生成熱 (HOF) は -74.7 kJ mol^{-1} という。熱の符号が日本の高校教育の (3-33) 式と逆であることに注意が必要である。

3.4.3 特にMOPACによる生成熱（HOF：ΔH^0）と全エネルギー（E_total）など

量子化学で用いる分子軌道計算法の種類は，表 3.2 に示した。有機分子を主な対象とし，価電子だけを算入する半経験的方法の MOPAC は，*ab initio* 法と比較すると精度は少し落ちるが計算時間が短く，また軌道概念が失われないので理解しやすい。計算の精度も改善されてきている（MOPAC2002 で PM5 法，MOPAC2009 で PM6 法など）。物性や反応評価などでよく用いられる生成熱については，MOPAC の場合，計算過程と計算値の意味などが大澤らによる訳本「計算化学ガイドブック」[8] に具体例を用いて詳しく記されている。

ここでは表 3.3 の水素分子についてのエネルギーデータ，3 番の生成熱 $\Delta H^0_{(\text{H2})}$ の意味と，ソフト内でどのような過程で算出されるかを説明する。表中 1 番のキーワード（PM5 など）と結合情報を入力し計算させると，水素分子の生成熱が，$\Delta H^0_{(\text{H2})} = 36.45$ kJ mol^{-1} と算出される。その計算内容は (3-39) 式のように表せる。生成熱は，その下の行の電子エネルギーと核間反発エネルギーの和の全エネルギーに，PM5 法などで独自に見積もられる構成元素の，実験値からの平均的原子化熱（$E_\text{atom(H)}$）を加えて算出される[8]。

単体の水素分子の生成熱は，(3-39) 式の原子化を経る 2 段階（吸熱と発熱）の熱収支である。従って理論上は，$\Delta H^0_{(\text{H2})} = 0.0$ kJ mol^{-1} である。36.45 kJ mol^{-1} は PM5 法の誤差である（6 章表 6.1）。以下 (3-39) 式の算出過程の，前半①と後半②の計算内容を説明する。

$$\text{H}_2 \rightarrow 2\text{H} \rightarrow \text{H-H} \quad \Delta H^0_{(\text{H2})} = 36.45 \text{ kJ mol}^{-1} \tag{3-39}$$

① H_2 と 2H（水素原子 2 個）の全エネルギー（$E_\text{total(H2)}$ と $E_\text{total(H)}$）を計算し，その差から水素分子の原子化熱（$E_\text{atom(H)}$）を算定する。$E_\text{total(H2)}$ は表 3.3 にある。$E_\text{total(H)}$ は図 3.8 (d) の水素分子から水素原子 1 個にし，水素分子と同様に計算し，その全エネルギーである（水素原子の $E_\text{total(H)} = -11.04$ eV（IP = 11.04 eV となる（実測値 13.6 eV：(2-19) 式）））。

$$E_{atom(H)} = -E_{total(H2)} + 2 \times E_{total(H)} = -(-26.22) + 2 \times (-11.04) = 4.14 \text{ (eV)}$$

なお得られる $E_{atom(H)}$（4.14 eV）は結合解離エネルギー（実測値：4.745eV（表3.1））に相当する。水素分子のIPは13.8 eV（PM6法で15.0 eV）（実測値：15.4 eV（表6.1））。

② ①の計算で得られる水素原子の生成熱 $\Delta H^0_{(H)}$ の2倍から原子化熱（$E_{atom(H)}$）を引くと水素分子の生成熱（$\Delta H^0_{(H2)}$）が算出される。

$$\Delta H^0_{(H2)} = \Delta H^0_{(H)} \times 2 - E_{atom} = (217.99) \times 2 - (4.14 \times 96.49) = 36.41 \text{ (kJ mol}^{-1})$$

以上のように，表3.3中の水素分子の生成熱36.45 kJ mol^{-1} の出所を再現し説明した。

同様にして算出される多くの分子のデータは，実測値とも表6.1に示す。

ab initio 法では大方全電子が対象であり，MOPACでは内殻電子は算入されないので全エネルギー等の内容は異なる。また全エネルギーに，PM5法などで独自に見積もられる構成元素の，実験値からの平均的原子化熱が算入され，その改善がなされている[9]。多くの有機分子の値がパラメーター化（parametric method: PM）して利用される。水素分子のPM5法でのHOF（36.4 kJ mol^{-1}）にはそのような有機分子を主とする平均的原子化熱の影響がある。HOF値などの計算値の標準誤差（average unsigned error: AUE）と利用法，および *ab initio* 法など他の方法との比較は6章と11章で詳しく述べる。

3.5　等核二原子分子の分子軌道と N_2 および O_2 分子の性質：酸素の磁性と反応性

3.5.1　等核二原子分子の分子軌道

簡単な等核二原子分子である水素分子 H_2 の分子軌道（MO）と軌道エネルギーは表3.3と図3.8～図3.10で表されることがわかった。簡単には図3.12（a）のように書ける。φ_1 は1s軌道間の相互作用（重なり）で安定化し，φ_2 はその反発で不安定化する。電子2個は φ_1 に入ってσ結合（結合軸方向の重なり形成：5.1節）を形成し，安定に存在する。一方ヘリウム He

(a) H_2 分子　　　　　　　　　　　　(b) He_2 分子（仮想）

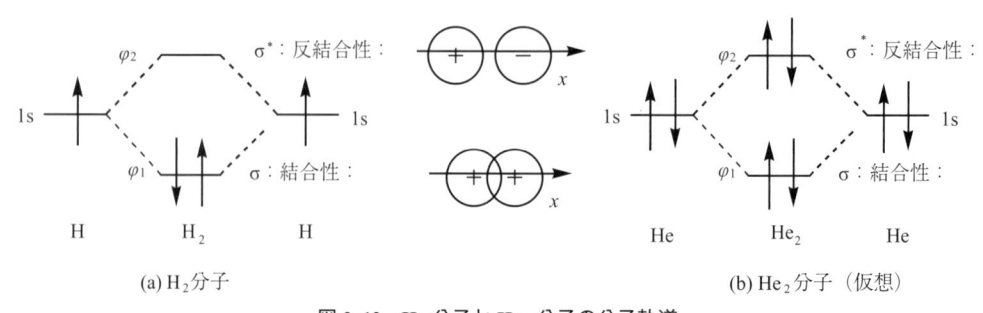

図3.12　H_2 分子と He_2 分子の分子軌道

では二原子分子 He₂ は安定には存在しないことがわかっている。その原因の説明として，図 3.12 (b) が用いられる。即ち He₂ 4 個の電子は結合性軌道 σ と反結合性軌道 σ* の両方に存在せねばならない。重なり積分 Sab を考慮すると (3-15) と (3-16) 式で 0 < Sab < 1 なので，結合性軌道の安定化よりも反結合性軌道の不安定化の方が大きくなる。この傾向は H₂ でも He₂ でも同じである。このため He₂ はキャンセルしきれずに不安定になる。このような結合性の強さを推定する定性的尺度として，結合の多重度 M を (3-40) 式で定義する[10]。

$$結合の多重度 M = ((結合性軌道の電子数) - (反結合性軌道の電子数))/2 \quad (3\text{-}40)$$

これは共有結合における一重結合～三重結合の概念に相当する。従って H₂ 分子の場合は，(2－0)/2 ＝ 1 から一重結合であり，He₂ の場合は，(2－2)/2 ＝ 0 となり，結合性のないことが示され，各結合の事実を説明できる。なお M は結合次数とも呼ばれる。

次に第二周期の，電子として 1s, 2s, 2p 電子をもつ原子の等核二原子分子（N₂, O₂ など：一般式 A₂ (A¹－A²)）の結合性について，原子価電子（2s と 2p）を対象とする MOPAC の観点から述べる。図 3.12 を参考にし，2s 軌道（点対称の球：符号が + か - かどちらか），と 3 種の 2p 軌道（各々回転対称で中心点に反対称な形：図 2.3）をもつ A¹-A² 分子の分子軌道を図 3.13 に示す。但しここでは図示しやすいよう，2s 軌道と 2p 軌道のエネルギーは十分離れており，また 2p 軌道において発生する σ と σ* の間は π と π* のそれより大きいとする。A¹ (2s, 2p$_{x,y,z}$) と A² (2s, 2p$_{x,y,z}$) の計 8 個の軌道相互作用で，下から σ$_{s,g}$ ＝ 2s¹+2s²，σ$_{s,u}$* ＝ 2s¹-2s²，σ$_{px,g}$ ＝ 2p$_x$¹-2p$_x$²（結合軸方向 (x) のため符号に注意），π$_{py,u}$ ＝ 2p$_y$¹+2p$_y$² と

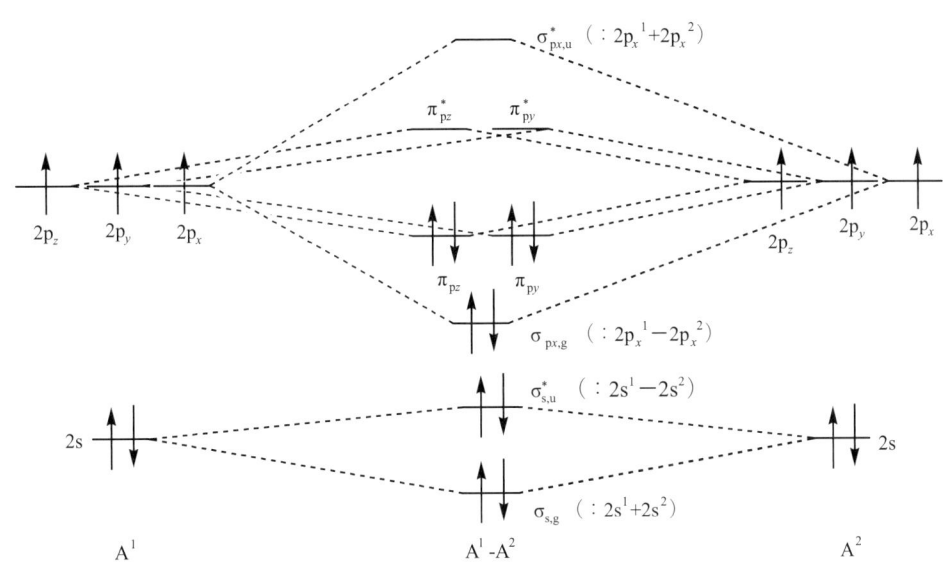

図 3.13 第 2 周期原子による等核二原子分子 **A¹-A²** の分子軌道（仮想）
（原子価電子分：(2s² + 2p³) × 2 （10 個）について）

(s, p：軌道表示。σ, π：結合表示。*：反結合性表示。g（対称）と u（反対称）：対称中心対称性表示。
x：結合軸方向。上付き 1 と 2：原子 A の番号)

$\pi_{pz,u} = 2p_z^1 + 2p_z^2$（縮重），$\pi_{py,g}$ と $\pi_{pz,g}$（縮重）そして $\sigma^*_{px,u}$ と分子軌道 8 種が存在する。例えば $A^1(2s^22p^3)$ - $A^2(2s^22p^3)$ の結合での 10 個の価電子は，より安定な $\sigma_{s,g}$ から $\pi_{pz,u}$ まで 2 個ずつ 5 個の軌道に電子配置されることになり，この結合は安定であることが考えられる。

ところでこの等核二原子分子の，身近で基本的な分子に N_2 と O_2 がある。N_2 は非常に安定で，一方 O_2 は三重項（triplet）で磁性を示す。また化学反応性が大きい，という大きな違いがある。その原因を電子配置から説明する。

3.5.2　N_2 分子

窒素原子は原子番号 7 で，その電子配置は $1s^2\,2s^2\,2p^3$ である。しかし MOPAC 計算では原子価電子 5 個を計算対象とし，またフントの規則により $2s^2\,2p_x^1\,2p_y^1\,2p_z^1$ の電子配置で，窒素 2 個（計 10 個の電子）の結合を取り扱うことになる。初期入力で必要なものは表 3.4 に示すようにキーワードと N 2 個と結合距離の 1.48 Å だけである。File→New にし，ワークスペースに例えばエタンを書く。Change atom ㉓をクリックして周期律表から N を選択し，炭素 2 個部をクリックして N に変更し，OK とする。次に Delete ⑲をクリックして後 6 個の H を消し N-N 結合とする。キーワード：EF PM5 PRECISE XYZ VECTORS（これで表 3.4 の入力部に ALLVEC も入る）。Z-matrix を確認して Calculation を開始する。

なお CH_4 の C と H1 個を N に変えて N_2 にしてもよい。キーワードに PRECISE を入れ，

表 3.4　窒素分子の MO の入力と出力

```
（入力データ）
    EF PM5 VECTORS ALLVEC XYZ                                      （キーワード）   -----1
窒素分子                                                           （コメント）
   ATOM  CHEMICAL      X              Y              Z
  NUMBER  SYMBOL   (ANGSTROMS)    (ANGSTROMS)    (ANGSTROMS)
     1       N    -0.740000000 *  0.000000000 *  0.000000000 *
     2       N     0.740000000 *  0.000000000 *  0.000000000 *

（出力データ）
   FINAL HEAT OF FORMATION (HOF) =   30.59 KCAL = 127.99 KJ  (kJ mol⁻¹)（生成熱）-----2
   IONIZATION POTENTIAL (IP)     =   12.87 EV  (eV)            （イオン化エネルギー）--3
   NO. OF FILLED LEVELS          =    5                        （被占軌道数）
   MOLECULAR WEIGHT              =   28.01                     （分子量）
   ATOM  CHEMICAL  BOND LENGTH   BOND ANGLE   TWIST ANGLE
  NUMBER  SYMBOL  (ANGSTROMS)   (DEGREES)    (DEGREES)
   (I)               NA:I       NB:NA:I      NC:NB:NA:I    NA  NB  NC
     1      N      0.0000        0.0000        0.0000
     2      N      1.1161 *      0.0000        0.0000      1   （結合距離）     -----4
                  EIGENVECTORS                              （軌道エネルギー）  -----5
  Root No.         1        2        3        4        5        6        7        8
 (σ/π, g/u)      1sig     1siu     1piu     1piu     2sig     1pig     1pig     2siu
                -37.211 -19.375  -16.007  -16.007  -12.878    0.019    0.019    3.437
 （軌道 原子番号 軌道係数）              φ₃              φ₅ HOMO   φ₆                -----6
   S    N  1    0.6036  -0.6473   0.0000   0.0000  -0.3684   0.0000   0.0000   0.2846
   Px   N  1    0.3684   0.2846   0.0000   0.0000   0.6036   0.0000   0.0000   0.6473
   Py   N  1    0.0000   0.0000  -0.5839  -0.3989   0.0000  -0.2825   0.6482   0.0000
   Pz   N  1    0.0000   0.0000  -0.3989   0.5839   0.0000   0.6482   0.2825   0.0000
   S    N  2    0.6036   0.6473   0.0000   0.0000  -0.3684   0.0000   0.0000  -0.2846
   Px   N  2   -0.3684   0.2846   0.0000   0.0000  -0.6036   0.0000   0.0000   0.6473
   Py   N  2    0.0000   0.0000  -0.5839  -0.3989   0.0000   0.2825  -0.6482   0.0000
   Pz   N  2    0.0000   0.0000  -0.3989   0.5839   0.0000  -0.6482  -0.2825   0.0000
       NET ATOMIC CHARGES  （原子の電荷    電子密度       σ割合    π割合）          -----7
  ATOM NO.  TYPE    CHARGE       No. of ELECS.     s-Pop     p-Pop
     1       N     0.000000        5.0000         1.8380    3.1619
     2       N     0.000000        5.0000         1.8380    3.1619
```

収束条件を厳しくすることで同じ表3.4の出力データとなる。

表3.4の2～7番に出力データ，図3.14に軌道エネルギー部を示した。なお6番のS, PはNの2s軌道と2p軌道を示す。HOF（生成熱）は127.99 kJmol^{-1}でかなり大きい。N_2は窒素の単体であるのでこれはH_2同様誤差を示すが，6.1節でその原因と対応を述べる。

MOPACの分子軌道の一般的表現は3.2節の(3-30)式に示した。N_2の軌道エネルギーε_μは$\mu=1$～8と8個あり，各軌道φ_μの係数$C_{a\mu}$はN^1とN^2に各々2s～$2p_z$の4個，計8個から構成される。次の(3-31)式で示されることは3.2.2項で示した。（ ）内数値は原子の番号である。

$$\varphi_\mu = C_{1\mu}\chi_{2s(1)} + C_{2\mu}\chi_{2px(1)} + C_{3\mu}\chi_{2py(1)} + C_{4\mu}\chi_{2pz(1)} + C_{5\mu}\chi_{2s(2)}$$
$$+ C_{6\mu}\chi_{2px(2)} + C_{7\mu}\chi_{2py(2)} + C_{8\mu}\chi_{2pz(2)} \quad (\mu=1,2,...,8) \tag{3-31}$$

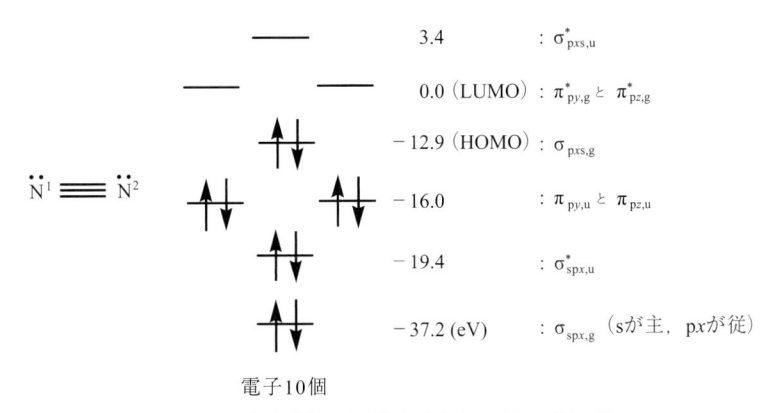

表3.4でNo. of filled levels（被占軌道数）は5であるので，図3.14のように10個の電子は下から2個ずつφ_1からφ_5まで充填される。各分子軌道の形は，図3.9中のPropertiesからMolecular orbitalを開くと見ることができる。φ_3とφ_4の軌道は同じエネルギーなので，これらは縮重しているという。前項と表中のデータを参考にして各軌道の性質は，図の右端のように性格付けできる。例えば最高被占軌道（highest occupied molecular orbital: HOMO）のφ_5（－12.9 eV）は，その係数から$2p_x$軌道6割と2s軌道だけで構成されるσ結合性（sp混成）が大きいと判断される。またN-N間にはさらにφ_3（$2p_y$成分）とφ_4（$2p_z$成分）の2個の安定な縮重したπ結合が加わる。結合距離は1.12Å（実測値1.10Å）と短い。なおσ結合とπ結合の定義は5.1節で述べるが，結合軸に対称か反対称の違いがある。ここで図3.14を図3.13と比較すると，2sと$2p_x$との軌道混成のσ性のφ_5が，π性（φ_3, φ_4）のエネルギー準位と逆転してHOMOとなっている。一般にσ結合はπ結合より安定化が大きいので，N_2分子の安定なことが示唆される。また(3-40)式からN_2分子の結合の多重度は，(8－2)/2 = 3，即ち三重結合と算定される。原子価電子の八偶説による結合表現（ルイス式）では図3.14中のN_2式と

$$\begin{array}{ll}
\underline{\qquad} & 3.4 \qquad : \sigma^*_{pxs,u} \\
\underline{\qquad}\ \underline{\qquad} & 0.0\ (\text{LUMO}) : \pi^*_{py,g}\ と\ \pi^*_{pz,g} \\
\uparrow\downarrow & -12.9\ (\text{HOMO}) : \sigma_{pxs,g} \\
\uparrow\downarrow\ \uparrow\downarrow & -16.0 \qquad : \pi_{py,u}\ と\ \pi_{pz,u} \\
\uparrow\downarrow & -19.4 \qquad : \sigma^*_{spx,u} \\
\uparrow\downarrow & -37.2\ (\text{eV}) \quad : \sigma_{spx,g}\ (\text{sが主，p}x\text{が従}) \\
\end{array}$$

$\ddot{N}^1 \equiv \ddot{N}^2$

電子10個

図3.14 窒素分子の価電子の電子配置とエネルギー

なる。ここではφ_1と反結合性のφ_2の電子は計4個で，結合の安定化にはキャンセルし合い，おおむね両N上のn電子対（5.1節参照）2個に相当する。

3.5.3 O_2分子

酸素原子は原子番号8で，その電子配置は$1s^2 2s^2 2p^4$，価電子は6個である。またN_2の場合と同様の理由から$2s^2 2p_x^2 2p_y^1 2p_z^1$の電子配置で，酸素2個の結合をMOPACで計算する。なお我々がかねてから接している酸素分子は常磁性であり，三重項であることがわかっている。そこでKeywordsにXYZのほかにTRIPLET BIRADICALを入れて計算した結果を表3.5に示す。電子配置とその性質およびエネルギーは図3.15のように示される。

HOF（生成熱）＝ -40.80 kJ mol^{-1}は，O_2が単体であるので0.0からの誤差である。なおN_2分子と同じキーワードでO_2を一重項として計算した時のHOF値よりも140.90 kJ mol^{-1}も低い。これは分子軌道法を使って初めて解き明かされる自然の摂理である。これによりO_2分子が一重項よりも常磁性の三重項で存在することが証明される。また三重項O_2の軌道としては，計12個の価電子を下から詰めていくと，縮重したφ_4とφ_5のπ結合（zとy軌道成分：-16.9 eV）があり，またπ^*性のφ_6とφ_7の縮重した（zとy：-6.5 eV）単占被占軌道（singly occupied molecular orbital: SOMO）をもつ。即ち一つの軌道に1個の電子が存在する軌道，2個をもつ。その電子2個はフントの法則で同じスピンをもち，三重項となる。SOMO

表3.5 酸素分子の入力と出力

```
（入力データ）
    EF PM5 TRIPLET BIRADICAL VECTORS ALLVEC XYZ        （キーワード）    -----1
酸素分子 三重項                                         （コメント）
  NO.  ATOM      X            Y            Z
   1    O    -0.74000000   0.00000000   0.00000000
   2    O     0.74000000   0.00000000   0.00000000

（出力データ）
      FINAL HEAT OF FORMATION (HOF) =  -9.75 KCAL = -40.76 KJ  (kJ mol⁻¹)  -----2
      IONIZATION POTENTIAL （IP）   =   6.49 eV          （イオン化エネルギー）--3
      NO. OF FILLED LEVELS          =   5               （被占軌道数）
      NO. OF OPEN LEVELS            =   2               （単占被占軌道数）
      MOLECULAR WEIGHT              =  31.99
      ATOM   CHEMICAL      X           Y           Z
     NUMBER  SYMBOL    (ANGSTROMS) (ANGSTROMS) (ANGSTROMS)
        1      O      -0.579387 *  0.000000 *  0.000000 *              -----4
        2      O       0.579387 *  0.000000 *  0.000000 *
                        EIGENVECTORS                （軌道エネルギー）-----5
  Root No.        1        2        3        4        5        6        7        8
  (σ/π, g/u)    1sig     1siu     1piu     1piu     2sig     1pig     1pig     2siu
              -38.057  -30.793  -17.086  -16.931  -16.931   -6.496   -6.496    1.427
                (φ₁)    (φ₂)    (φ₃)    (φ₄)    (φ₅)    (φ₆)    (φ₇)    (φ₈)  -----6
      S   O  1  -0.6295  0.6852 -0.3220  0.0000  0.0000  0.0000  0.0000 -0.1748
      Px  O  1  -0.3220 -0.1748  0.6295  0.0000  0.0000  0.0000  0.0000 -0.6852
      Py  O  1   0.0000  0.0000  0.0000  0.5266  0.4719  0.5346  0.4629  0.0000
      Pz  O  1   0.0000  0.0000  0.0000  0.4719 -0.5266  0.4629 -0.5346  0.0000
      S   O  2  -0.6295 -0.6852 -0.3220  0.0000  0.0000  0.0000  0.0000  0.1748
      Px  O  2   0.3220  0.1748 -0.6295  0.0000  0.0000  0.0000  0.0000 -0.6852
      Py  O  2   0.0000  0.0000  0.0000  0.5266  0.4719 -0.5346 -0.4629  0.0000
      Pz  O  2   0.0000  0.0000  0.0000  0.4719 -0.5266 -0.4629  0.5346  0.0000
      NET ATOMIC CHARGES （原子の電荷    電子密度       σ割合    π割合）-----7
      ATOM NO.  TYPE        CHARGE     No. of ELECS.    s-Pop    p-Pop
         1       O          0.0000        6.0000       1.93887  4.06113
         2       O         -0.0000        6.0000       1.93887  4.06114
```

3章 二原子分子の分子軌道（MO）法と結合の性質

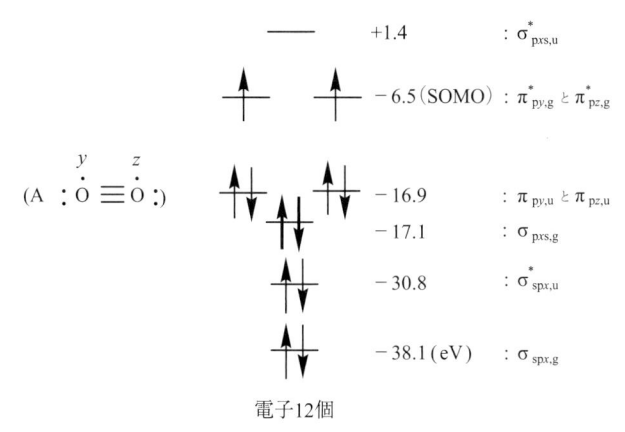

```
                  ─────      +1.4          : σ*_{pxs,u}

                   ↑          ↑      -6.5(SOMO) : π*_{py,g} と π*_{pz,g}

          y  z
(A :Ö≡Ö:)         ↑↓         ↑↓     -16.9        : π_{py,u} と π_{pz,u}
                         ↑↓          -17.1        : σ_{pxs,g}

                         ↑↓          -30.8        : σ*_{spx,u}

                         ↑↓          -38.1(eV)    : σ_{spx,g}

                       電子12個
```

図 3.15 酸素分子の価電子の電子配置とエネルギー

のレベルは比較的に高く，ビラジカルであるから，酸素分子の通常の高い化学反応性も示唆する。結合距離は 1.16Å である（実測値 1.21 Å）。これら $\varphi_1 \sim \varphi_8$ の結合性 (σ, π)，対称性 (g, u) は表の中ほどと図 3.15 の右端に記した。その性質は図 3.13 と比べて，N_2 では中間の σ_g と π_u の逆転があるが，O_2 には逆転はない。また (3-40) 式による結合の多重度は，$(8-4)/2 = 2$ と求められる。すなわち二重結合である。N_2 を参考にすると，図中の二重結合性と矛盾する A の電子式は適当でない。$\varphi_1 \sim \varphi_7$ の性質に二重結合とビラジカル性および高い反応性を考慮して，(3-41) 式の電子式 B が提示される。すなわちまず結合性の φ_1 と反結合性の φ_2 の 2 軌道の 4 電子は窒素分子同様，結合安定化にはキャンセルし合い，両酸素上の 2 対の n 電子対となる。σ 結合性大な φ_3 と π_y 性大な φ_4 は二重結合成分となる。π_z 性大で結合性の φ_5 の 2 電子と，反結合性の φ_6 と φ_7 の平行スピン電子 2 個は結合安定化にはキャンセルし合い，前者は π_z 性 n 電子対となり，後者は局在した平行スピンのそのままである。以上の計 12 個の価電子の電子式は (3-41) 式の左辺のものとなる。ここで酸素原子の価電子は 6 個であるので左側酸素の形式荷電は ⊖，右酸素は ⊕ となる。一方で π_y 性大な φ_4 と π_z 性大な φ_5 は縮重しているので，φ_4 と φ_5 の役割を入れ換えた右辺電子式も同等である。

$$\text{酸素分子の電子構造 B} \quad :\overset{\ominus}{\ddot{\text{O}}}::\overset{\oplus}{\ddot{\text{O}}}: \longleftrightarrow :\overset{\oplus}{\ddot{\text{O}}}::\overset{\ominus}{\ddot{\text{O}}}: \tag{3-41}$$

従って価電子が合計 12 個の酸素分子は，(3-41) 式の電荷が逆の電子式の共鳴混成体で示される。三重項状態は SOMO の電子に同一スピンを示す表現が考えられ，ピメンテルの巣箱表示や線表示法などがあり，SOMO の分子軌道にその表示がなされている[11]。その表示は図 3.15 の 2 個の SOMO の平行スピン表示と同じ内容である。

なお酸素分子の IP 値 6.49 eV は実測値（12.1 eV）と誤差が大きい。そこでラジカルなど不対電子をもつ活性系の近似計算で用いられる開殻系計算法（unrestricted Hartree-Focks:

UHF 法）により，キーワードに TRIPLET UHF OPEN (2,2)（2 個の軌道に，電子を 1 個ずつ配置する指令）を入れた計算を行うと，IP ＝ 11.61 eV となり，実測値の近似が得られる。

N_2 および O_2 分子の HOF は実測値とかなり違っていた。MOPAC は原子価電子の軌道と NDDO（Neglect of diatomic differential overlap：二原子間微分重なり無視）法[12]の近似法を採用している。MOPAC で低分子の場合の正確さを上げるための工夫などは 6.1 節で述べる。

3.6　HF 分子と HCl 分子（極性分子）：共有結合におけるイオン性

3.6.1　HF 分子

HF 分子の場合，H の $1s^1$ 電子と F の $2s^2 2p^5$ ($2p_x^2 2p_y^2 2p_z^1$) 電子の結合を計算することになる。出力結果を表 3.6 に示す。HOF（生成熱）の -280.69 kJ mol^{-1}（実験値：-273.4 kJ・

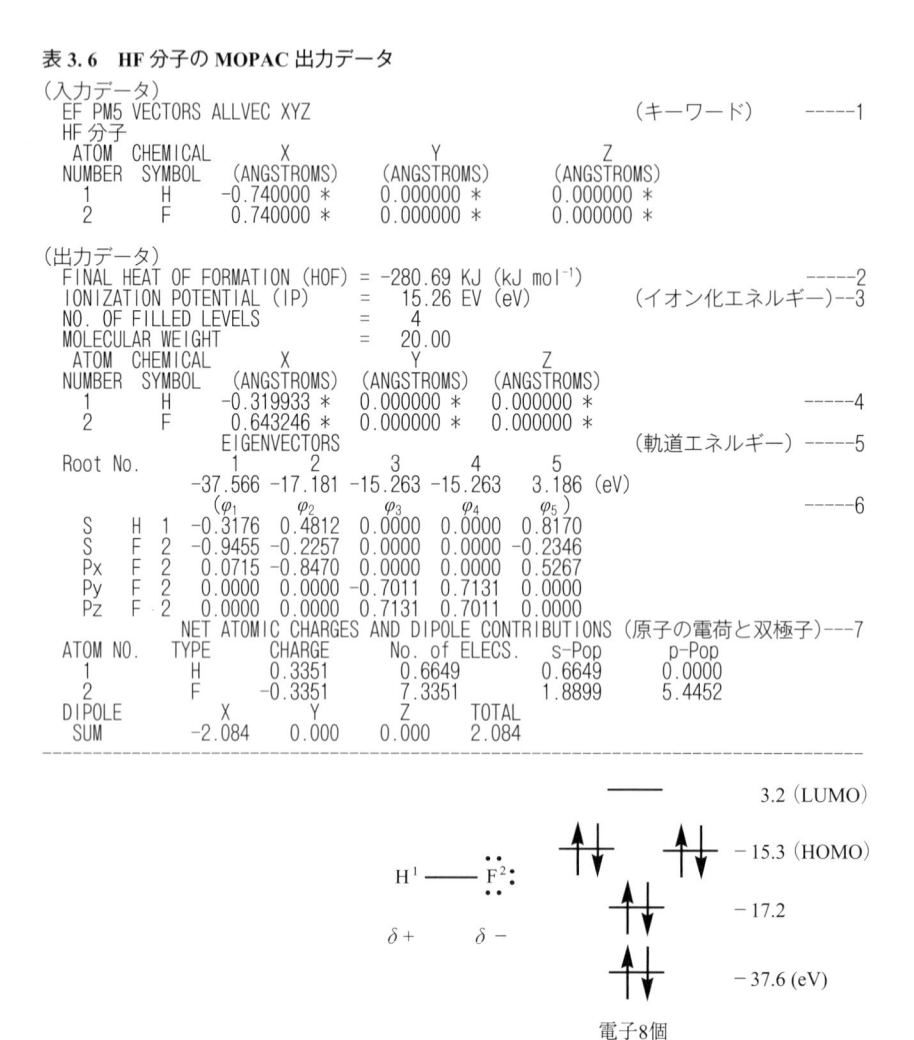

表 3.6　**HF 分子の MOPAC 出力データ**

```
（入力データ）
   EF PM5 VECTORS ALLVEC XYZ                              （キーワード）     -----1
HF 分子
 ATOM CHEMICAL      X            Y            Z
NUMBER SYMBOL  (ANGSTROMS)  (ANGSTROMS)  (ANGSTROMS)
    1    H     -0.740000 *   0.000000 *   0.000000 *
    2    F      0.740000 *   0.000000 *   0.000000 *

（出力データ）
   FINAL HEAT OF FORMATION (HOF) = -280.69 KJ (kJ mol⁻¹)              -----2
   IONIZATION POTENTIAL (IP)     =   15.26 EV (eV)   （イオン化エネルギー）--3
   NO. OF FILLED LEVELS          =       4
   MOLECULAR WEIGHT              =   20.00
 ATOM CHEMICAL      X            Y            Z
NUMBER SYMBOL  (ANGSTROMS)  (ANGSTROMS)  (ANGSTROMS)
    1    H     -0.319933 *   0.000000 *   0.000000 *
    2    F      0.643246 *   0.000000 *   0.000000 *                   -----4
               EIGENVECTORS                         （軌道エネルギー）-----5
Root No.        1        2        3        4        5
             -37.566  -17.181  -15.263  -15.263    3.186  (eV)
              (φ₁)    (φ₂)     (φ₃)     (φ₄)     (φ₅)                  -----6
   S   H  1  -0.3176   0.4812   0.0000   0.0000   0.8170
   S   F  2  -0.9455  -0.2257   0.0000   0.0000  -0.2346
   Px  F  2   0.0715  -0.8470   0.0000   0.0000   0.5267
   Py  F  2   0.0000   0.0000  -0.7011   0.7131   0.0000
   Pz  F  2   0.0000   0.0000   0.7131   0.7011   0.0000
           NET ATOMIC CHARGES AND DIPOLE CONTRIBUTIONS （原子の電荷と双極子）---7
ATOM NO.   TYPE    CHARGE    No. of ELECS.    s-Pop    p-Pop
    1       H      0.3351       0.6649       0.6649   0.0000
    2       F     -0.3351       7.3351       1.8899   5.4452
DIPOLE         X         Y         Z       TOTAL
 SUM        -2.084     0.000     0.000     2.084
```

```
                                              ───         3.2 (LUMO)

                                         ↑↓       ↑↓     -15.3 (HOMO)
          H¹ ─── F²:
                                              ↑↓         -17.2
           δ+    δ-
                                              ↑↓         -37.6 (eV)

                                              電子 8 個
```

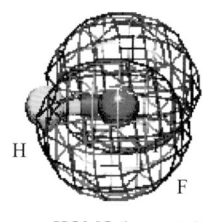

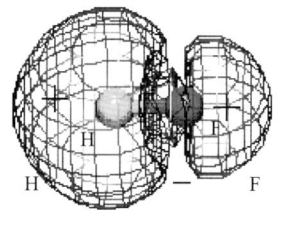

HOMO (φ_3, φ_4)　　　　LUMO (φ_5)

図 3.16　HF 分子の HOMO と LUMO の軌道図

mol^{-1}) はかなり低く，IP = 15.3 eV（実測値：16.0 eV）の大きいこともあり，この分子が構成分子の H$_2$ と F$_2$ よりも安定な結合と，大きな求電子性をもつことを示す。結合距離は 0.96 Å で実測値に等しい。

HOMO は 2 つあり（−15.3 eV で縮重），π 性であり，F 原子に局在化している（図 3.16）。また F の p$_x$ 軌道は 2s と混成し，H との結合（σ 結合性）で F の係数が大きい。反結合性の LUMO（φ_5）では，H の係数が大きい。これらのことから H-F 結合は Net Atomic Charge（AC：原子の電荷）で 34%，静電ポテンシャル（electrostatic potential: ESP）表示で 40%，イオン化していることになる。これらはポーリング（Pauling）の電気陰性度の差（4.0−2.1）から算出される気体での結合イオン性 40%，と近い値である。

3.6.2　HCl 分子

HCl 分子を水に溶かしたものを塩酸というが，ここでは気相の HCl 分子の計算である。HCl 分子では，H の 1s^1 電子と Cl の 3s^{2}3p^5（3p$_x^2$3p$_y^2$3p$_z^1$）電子の結合を計算する。HCl の HOF（生成熱）は −127.07 kJ mol^{-1}（実測値：−92.4 kJ mol^{-1}）は HF のそれと同じく負であるが，ゼロの方に近い。また IP = 11.83 eV（実測値：12.7 eV）は HF よりもかなり小さい。HCl の結合安定化および求電子性は HF より低いことを示唆する。

軌道エネルギーと係数の関係は電気陰性度と HF の結果から推定されるものである。HCl のイオン性は 21 %，結合距離は 1.23 Å（実測値 1.27 Å）と算出される。

図 3.17 に HCl の HOMO（φ_4）と LUMO（φ_5）および双極子能率（電子密度の片寄り）を示す。また MOPAC では電子密度や静電ポテンシャル（ESP: 電荷の分布を電子豊富（青）と電子不足（赤）の領域を色分け）表示し，電荷の片寄りを示す（なお逆に電子豊富を赤で，電子不足部を青で表示するテキストもある）。静電ポテンシャル（ESP）を発生させるにはキーワードに ESP を追加するとよい。最近の有機化学テキストでは ESP の電荷分布を等高線で多色や濃淡表示した静電ポテンシャルマップが用いられ，反応点や相互作用の静電的判断に有用である[13]。

ただし 9.2 節などに示すが，有機化学反応の基質や試薬の作用には静電的効果と軌道効果の

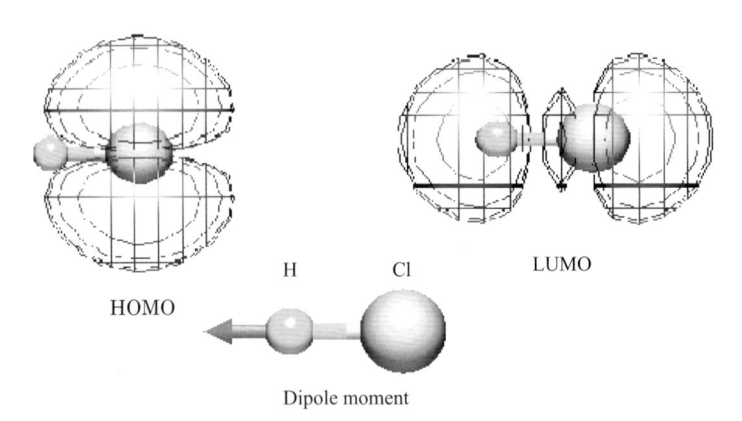

図 3.17 HCl 分子の HOMO と LUMO の軌道図および双極子

二面からの考慮が必要であり，特に HOMO と LUMO のフロンティア軌道効果の考慮が欠かせない．

3.7　フロンティア軌道（HOMO と LUMO）情報の活用

3.7.1　フロンティア（Frontier）軌道論

1981 年ノーベル化学賞の福井謙一教授は，1952 年さまざまな化合物の物性や化学反応においては，そのフロンティア軌道（HOMO と LUMO）の性質が重要な役割を演じることを，量子化学を用いて提案した．それは，有機化学上重要なウッドワード・ホフマン則（Woodward-Hoffmann（WH）則：10 章）の理論的根拠にもなっている．ここでは分子の性質の理解に用いる 3 件を紹介する．

3.7.2　イオン化エネルギー IP と電子親和力 EA

1A 族のリチウム Li，ナトリウム Na などのアルカリ金属は，(3-42) 式のように電子 1 個を放出して 1 価の陽イオンになりやすい．このような性質をもつものは分子にもある．そこで原子または分子 M から電子 1 個を放出して，M^+ イオンが生成する時に必要なエネルギーを，イオン化エネルギー（ionization potential: IP）という．

$$M \rightarrow M^+ + e^- \tag{3-42}$$

原子や分子の IP は最高被占分子軌道，HOMO のエネルギー ε_{HO} に負号をつけた (3-43) 式

$$IP = -\varepsilon_{HO} \tag{3-43}$$

で与えられ，これをクープマンスの定理という．IP が小さいほど陽イオンが生成し易い．

また原子や分子が電子を受け取って1価の陰イオン（例：Cl + e⁻ → Cl⁻）となる時に放出されるエネルギーを，電子親和力（electron affinity: EA）という。

エネルギー放出の時を正，吸収で負と定義する。EAは，電子を受け入れることのできる最も低い軌道の最低空軌道，LUMOのエネルギー ε_{LU} を用いて，(3-44)式で近似される。

$$EA = -\varepsilon_{LU} \tag{3-44}$$

3.7.3 電気陰性度

化学結合をしている原子が電子を引く尺度を，電気陰性度（Electronegativity）といい，原子の基本的性質である。表1.2に示したポーリングの電気陰性度（H:2.1, C:2.5, O:3.5など）がよく用いられる。それによる結合のイオン性は(3-45)式による。

$$イオン性（\%）= 1 - \exp\{-0.25 \times （原子A,Bの電気陰性度の差）^2\} \tag{3-45}$$

マリケンは，IPとEAを用いて電気陰性度を(3-46)式で表すことを提案した。

$$電気陰性度 = (IP + EA)/2 = |\varepsilon_{HO} + \varepsilon_{LU}|/2 \tag{3-46}$$

ポーリングの電気陰性度とほぼ比例関係にあり，フロンティア軌道が利用される。

3.7.4 試薬（分子）の硬さ（ハードネス）η の定義と利用

ピアソンは化学反応性を整理し，硬い酸と硬い塩基，並びに軟らかい酸と軟らかい塩基，に分類できること，そして硬い酸は硬い塩基と，一方軟らかい酸は軟らかい塩基と反応しやすい，というHSAB（hard and soft, acids and bases）理論を提出した。各試薬の硬さ（ハードネス）η（イータ）は次式で与えられる。

$$\eta = |\varepsilon_{LU} - \varepsilon_{HO}|/2 \tag{3-47}$$

各試薬，分子の η 値は，分子の安定性の目安や反応選択性予測などに使われるので，フロンティア軌道情報は重要である。

これらの具体的利用法については，9.2節反応試薬の項などで紹介する。

文　献

1　大岩正芳，初等量子化学，化学同人（1988），pp.127-158.
2　原田義也，量子化学上，裳華房（2007），pp.253-285.
3　時田澄男（光化学協会編），光と化学の事典，丸善（2002），pp.431-435.
4　廣田穣，分子軌道法（化学新シリーズ），裳華房（1999），pp.158-190.
5　日本化学会編（古賀伸明編集），第5版実験化学講座12―計算化学―，丸善（2004），p.34, 48.
6　堀憲次，山本豪紀，Gaussianプログラムで学ぶ情報化学・計算化学実験，丸善（2006）.

7　日本化学会編（古賀伸明編集），第5版 実験化学講座12—計算化学—，丸善（2004），p.54.
8　T. Clark（大澤，田辺，杉江，水野訳），計算化学ハンドブック，丸善（1988），p.160.
9　MOPAC2009 Home Page, http://openmopac.net/Mopac2009.html.
10　友田修司，基礎量子化学，東京大学出版会（2007），p.173.
11　ピメンテル（千原，大西訳），化学結合，東京化学同人（1974），p.101.
12　廣田穣，分子軌道法（化学新シリーズ），裳華房（1999），p.184.
13　J. McMurry, E. Simanek（伊東，児玉訳），マクマリー有機化学概説（第6版），東京化学同人（2007），p.18, 394 など．

演習問題

[3.1]　水素分子の結合解離エネルギーは457.7 kJ mol^{-1} と求められている．
　　すなわち　H$_2$ → 2 H　　ΔH^0 = 457.7 kJ mol^{-1}・・・①
　また②アンモニアの生成熱は45.9 kJ mol^{-1}，③窒素分子 N$_2$ の分解熱は711.4 kJ mol^{-1} である．これらを用いて次の問に答えよ．
(1)　N-H の結合エネルギーを算出せよ．
(2)　C-H 結合の結合エネルギーは413.8 kJ mol^{-1}という．H-H，C-H，N-H 結合エネルギーの差を，原子の電子配置のちがいから考察せよ．
(3)　多重結合の結合エネルギーの性質を調べよ．

[3.2]　量子化学計算法について，下記の（　）内のa〜lに記すべき用語を入れよ．
　　量子化学を有機化学に適用する分子軌道（MO）法には，まず簡便な経験的方法の（　a　）があり，主に（　b　）だけを扱い，共役分子の理解に使われる．半経験的方法に位置付けられるPPP法は（　c　）スペクトルの計算に適し，（　d　）材料などの理解に使われる．この（　e　）方法には別に MOPAC-PM5 法（2002年発売）などがあり，ほとんどの分子の（　f　）結合（　g　）結合そして n 電子などの（　h　）電子を扱う．分子の構造や反応性，分子間相互作用などを理解するのに役立つ．
　　（　i　）方法 *ab initio* 法は多くの場合（　j　）電子を扱う．計算の精度を上げるためには基底関数を多く取り入れるが，大きな永年方程式を解くことになる．そのため（　k　）は増大する．（　l　）の進歩でこの方法の計算が容易になった．

[3.3]　量子化学計算ソフトの MOPAC に使われている，アイコンの英語名とその和訳名（または用語）の対応表につき，（　）のa〜kに適語を入れよ（参考：本文　図3.5，図3.8など）．
　　　File (New)　　　File (Open)　　　Rotation　　（　d　）　　Ball and Stick　　（　f　）
訳　新規分子・作成（　a　・　b　）（　c　）　データ測定（　e　）　　空間充填模型

　　　Properties　　　（　h　）　　　　（　i　）　　　Templates　Edit Z-matrix
訳　（　g　）　　　編集後の計算　　原子の変更　（　j　）　　（　k　）

[3.4]　O$_2$ 分子は N$_2$ 分子と異なり，常磁性（三重項）である原因をその価電子の電子配置とエネルギーから説明せよ．また全電子の数は O$_2$ 分子，N$_2$ 分子でそれぞれいくつか．

4章 アルカン（飽和炭化水素メタン，ブタンなど）の構造と性質

　飽和炭化水素アルカン類の基本的分子メタン CH_4 を例として，その分子構造の表現を原子価結合（Valence bond: VB）法と分子軌道（Molecular orbital: MO）法で示す。またメタン，エタンおよび n-ブタンを例にしてMO法の利用法を述べる。即ちMO法の入力と構造最適化，出力の見方，生成熱，回転エネルギーについて記す。MO法による数量と図的表示，そして動的表現が分子についての実際的イメージをはっきりしたものにする。

4.1　メタンの表現

4.1.1　飽和炭化水素アルカンの表示法
　メタン CH_4 の分子構造の表示法4種を図4.1に示した。エタンの例も示した。それぞれ意味があり，(3)では結合に使われる sp^3 混成軌道の性質が分かり，(4)と(e)は軌道の広がりを示し実際の姿に近い。MOPACでは(d)に相当する球棒表示や(e)の充填表示など4種の表示法，図3.5が用意されている。

4.1.2　メタンの sp^3 混成による表示：原子価結合（valence bond: VB）法による表示
　メタン CH_4 形成（図4.1(3)）に至る説明を図4.2に示す。炭素は基底電子配置が $1s^22s^22p^2$

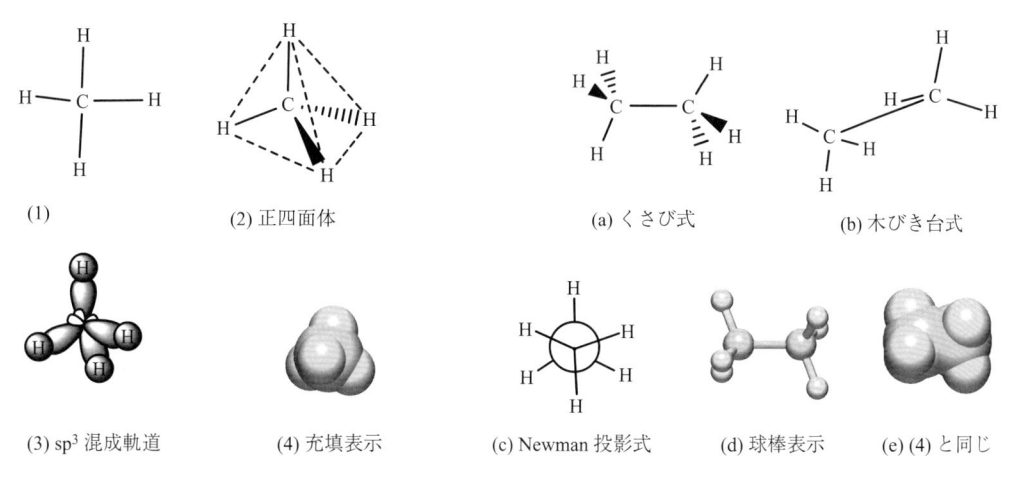

(1)　　(2) 正四面体　　(a) くさび式　　(b) 木びき台式

(3) sp^3 混成軌道　　(4) 充填表示　　(c) Newman投影式　　(d) 球棒表示　　(e) (4)と同じ

メタンの表し方　　　　　　　　　　　エタンの表し方

図4.1　メタンとエタンの種々の分子構造表示法

図 4.2 炭素の sp³ 混成と CH₄ 結合

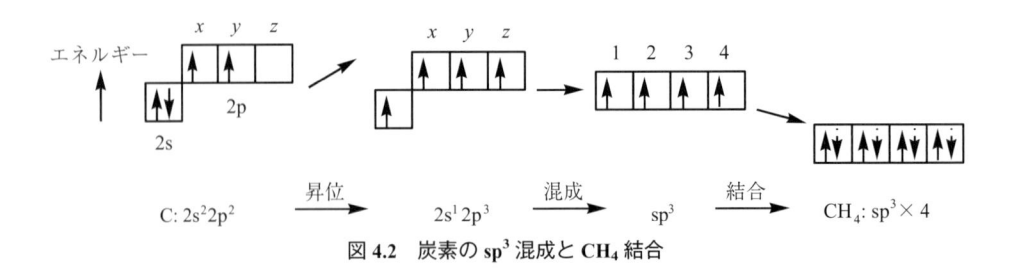

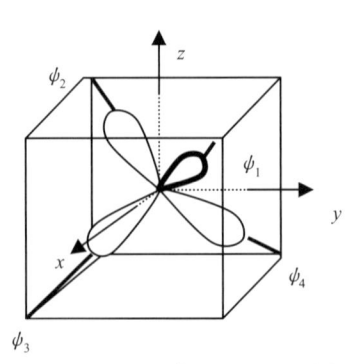

図 4.3 炭素の sp³ 混成と CH₄ 結合

であるので，2価の CH₂，CCl₂ 等として存在できるが，原子価の八偶説から予想されるように，このカルベン類は反応性が高い．即ち炭素は CH₄，CH₂＝CH₂，CH≡CH 等を生成し，大部分の安定な分子の炭素原子は4価である．最も単純な CH₄ は平面ではなく，その結合手を正四面体の頂点に向けていることはよく知られている．その説明は，2s²2p²→2s¹2p³→sp³ 混成化はエネルギー的に不利であるが，水素2個よりも水素4個との結合により大きな安定化（C-H 結合エネルギーは約 420 kJ mol⁻¹）が得られるため，とされる．

その正四面体頂点方向の等価な4結合手は図 4.3 で表示でき，数式では4組の式 (4-1) で表される．

$$\phi_1 = \frac{1}{2}(s + p_x + p_y + p_z)$$

$$\phi_2 = \frac{1}{2}(s - p_x - p_y + p_z)$$

$$\phi_3 = \frac{1}{2}(s + p_x - p_y - p_z) \tag{4-1}$$

$$\phi_4 = \frac{1}{2}(s - p_x + p_y - p_z)$$

これは各結合の等しい性質を示す．

4.1.3 メタンの分子軌道（MO）法による表現：特に MOPAC について

3.2 節で MOPAC では図 3.3 (a) のような主軸（X），主平面（XY）の定義のもとに，メタン CH_4 分子を (b) の Z-matrix で表現する（Z-matrix の設定）ことを述べた。(c) のように二面角の正負を定義することも示した。また CH_4 の分子軌道 φ_μ ($\mu = 1\sim8$) は，MOAPAC では原子価電子が対象であるので，3.2 節で示したように炭素の価電子の軌道 4 個に水素 4 個の軌道が加わり，(3-29) 式のように表される。（）内は原子の番号を示す（表 4.1 参照）。

$$\varphi_\mu = C_{1\mu}\chi_{2s(1)} + C_{2\mu}\chi_{2px(1)} + C_{3\mu}\chi_{2py(1)} + C_{4\mu}\chi_{2pz(1)} + C_{5\mu}\chi_{1s(2)} + C_{6\mu}\chi_{1s(3)}$$
$$+ C_{7\mu}\chi_{1s(4)} + C_{8\mu}\chi_{1s(5)} \quad (\mu = 1, 2, ..., 8) \tag{3-29}$$

以下 MOPAC プログラムでの計算過程を示すが，3.5 節二原子分子のときと同じである。入力では図 3.4 の File（ツールバー）→ 図 3.5 の① New（メニューバー）のクリックにより初期画面とする。図 3.6 下段の図のツールバーの Csp^3 ㉞が選択されているので，画面をクリックするとメタンの四面体表示の図 3.7 右図が描画される。左図は MOPAC の座標系を示す。図の大きさや移動，回転また原子における番号調べ等は⑦～⑫，⑭，⑱等のツールアイコンで行うことができる。図 3.7 最上段の Edit のプルダウンメニューから対話型設定画面（図 4.4）に移り，Name 欄に H:¥methane.dat などと，ファイル名 methane を入れる。計算条件の Keywords 欄には，Calculation Types で Geometry Optimization を選択して EF を，Method では PM5 を入れる。近似計算の収束条件を厳しくするとき Precise にチェックを入れる。ま

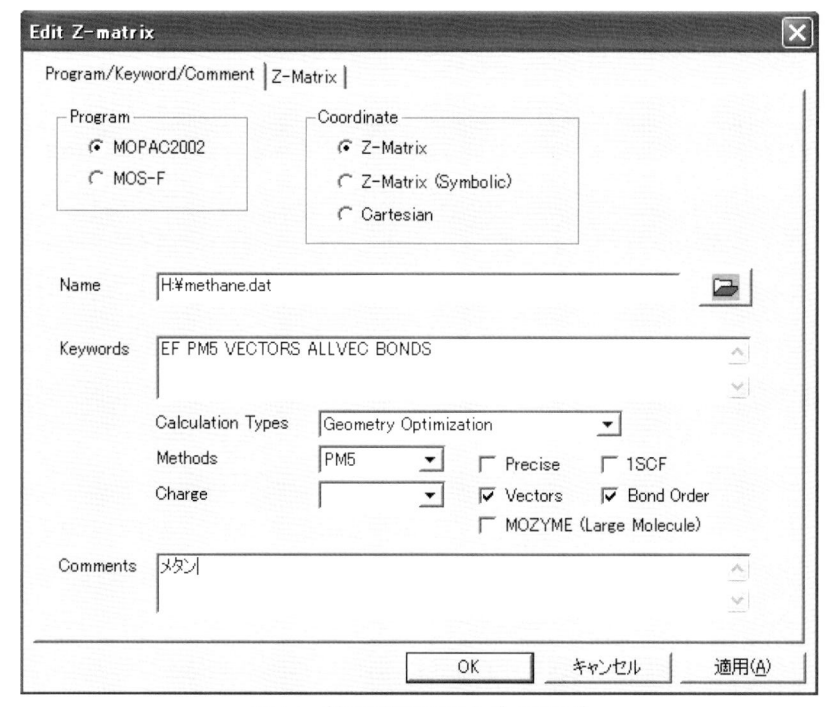

図 4.4　対話型設定画面：ダイアログ

た Vectors, Bond order 等にチェックして出力の内容を決める. Comments 欄には何も入れなくてよいが, メタン, などと記録のためデータの種類などを入れる. またデータは後でも USB などメモリー (リムーバブルディスク：ここでは H) に保存するとよい.

上段の Z-matrix を押してみると, 図 3.3 (b) の内容となっている. 1 列目は原子の番号, 2 列目は原子の種類, 3 列目が結合距離, 5 列目が結合角, 7 列目が二面角, 4, 6, 8 列目は flag (フラッグ), 9, 10, 11 列目は結合情報であり, その定義などは 3.2.3 項で述べた. ワークスペースにメタンを作図することにより, プログラムが用意していた結合距離などのデータが入力される. 着目する原子を決めてその行 (横方向) を highlight (着色) することにより, 結合距離などの条件を変更できる.

メニューバーの Calculation→Start で計算が行われ, ほとんどの場合瞬時に計算が終了し, 図 3.4 最下段のステータスラインに MOPAC done (MO Compact では MO-G done) と表示される. 結果は図 3.9 の Properties から種々見ることができる. Properties のプルダウンメニューから Outlist をクリックすると, メタン分子の出力 (.out) が表示される. 表 4.1 にその一部を示した. (a) 部にキーワード, (b) に初期構造 (図 3.3 (b) 相当), (d)〜(k) に計算結果 (出力) が示されている. (d) に HOF 値, (f) に IP 値, (g) に分子構造データ, (h) に分子軌道エネルギー ε_μ の 8 個 (横列), (i) に各分子軌道の軌道係数 $C_{i\mu}$ (縦列), (j) に各原子の電荷 (Atomic charge: AC) そして (k) に計算時間 (0.05 秒) が記されている.

C-H 結合は入力 1.09 Å=0.109 nm から出力 0.10956 nm に, 結合角は 109° から 109.47° になり (キーワードに PRECISE を入れないと 109.24° になる), 二面角は 120° から 120.00° の値になり, 実測値と近く (表 6.1), 正四面体構造であることを再現している.

生成熱 (HOF) = −41.78 kJ mol^{-1} (実測値：−74.8 kJ mol^{-1}), イオン化エネルギー (IP) = 12.7 eV (実測値：12.6 eV).

エネルギーなどの意味と正確さのことは 6 章で詳しく述べる. 分子軌道の No.2〜No.4 が等エネルギー (−12.7 eV) で三重に縮重した HOMO である. その各軌道の形は, Properties のプルダウンから Molecular Orbital を選択し, 発生した Select MO のダイアログ表でハイライトされた HOMO の 4 番 (φ_4) を OK とすると, 見ることができる. 立体的様子は図 3.5 ⑰番 (Mol axes) の XYZ 軸の操作による. 節面も分かる (節面：＋と－の境界面).

Net Atomic Charge (AC)：C;−0.37, H; +0.09. 炭素 C は水素 H 1 個から約 0.09 の電荷を受けていることを示す. なお AC は形式価電のことで, 中性原子の価電子数から実際の分子中の原子の電子密度 (5.3 節参照) を引いた値である. 周期表の右側原子の値が負となる.

以上のようにメタンの正四面体構造について, 原子価結合法では C (原子) の原子価を表す 4 個の原子軌道を (4-1) 式で表し, 一方 MOPAC 分子軌道法では CH$_4$ の 4 個の結合を φ_1〜φ_4 の被占軌道とそのエネルギー (及び空軌道情報) で表すことを述べた. 4 本の等価な結合を表すという意味では同じように見えるが, (4-1) 式は結合前の原子軌道であるのに対し, φ_1〜φ_4 は

表 4.1 メタン分子の MO の入力と出力（MOPAC-PM5）

（入力データ）
```
EF PM5 PRECISE VECTORS ALLVEC BONDS                   （キーワード）(a)
ATOM    CHEMICAL  BOND LENGTH   BOND ANGLE   TWIST ANGLE    （初期構造）(b)
NUMBER  SYMBOL    (ANGSTROMS)   (DEGREES)    (DEGREES)
(I)               NA:I          NB:NA:I      NC:NB:NA:I   NA  NB  NC
 1       C        0.0000        0.0000       0.0000
 2       H        1.0900 *      0.0000       0.0000       1
 3       H        1.0900 *    109.0000 *     0.0000       1   2
 4       H        1.0900 *    109.0000 *   120.0000       1   2   3
 5       H        1.0900 *    109.0000 *  -120.0000       1   2   3
```

（出力データ）   (c)
```
FINAL HEAT OF FORMATION (HOF)  =    -9.98 KCAL =   -41.77 KJ  (kJ mol⁻¹)   (d)
TOTAL ENERGY                   =  -176.24 EV   (eV)
ELECTRONIC ENERGY              =  -373.45 EV                               (e)
CORE-CORE REPULSION            =   197.21 EV
IONIZATION POTENTIAL (IP)      =    12.7  (eV)    （イオン化エネルギー） (f)
NO. OF FILLED LEVELS           =     4            （被占軌道数）
MOLECULAR WEIGHT               =    16.04         （分子量）
ATOM    CHEMICAL  BOND LENGTH   BOND ANGLE   TWIST ANGLE    （分子構造） (g)
NUMBER  SYMBOL    (ANGSTROMS)   (DEGREES)    (DEGREES)
(I)               NA:I          NB:NA:I      NC:NB:NA:I   NA  NB  NC
 1       C        0.0000        0.0000       0.0000
 2       H        1.09558 *     0.0000       0.0000       1
 3       H        1.09558 *   109.472 *      0.0000       1   2
 4       H        1.09558 *   109.472 *    119.99999      1   2   3
 5       H        1.09558 *   109.472 *   -120.00001      1   2   3

Root No.        1      2      3      4      5      6      7      8
          （EIGENVALUES 分子軌道エネルギー $\varepsilon_\mu$）           (h)
          （ 縮重3個   HOMO ） (LUMO)
         -27.60 -12.74 -12.74 -12.74   4.00   4.33   4.35   4.35 (eV)
          （EIGENVECTORS 分子軌道係数 $C_{i\mu}$）                      (i)
     （原子  $\varphi_1$   $\varphi_2$      $\varphi_4$ HOMO                      $\varphi_8$）
 S  C 1  -0.797  0.000  0.000  0.001  0.603  0.009  0.000  0.000
 Px C 1  -0.000 -0.000  0.000 -0.719 -0.010  0.694 -0.000  0.000
 Py C 1   0.000  0.642  0.323 -0.000  0.000  0.000 -0.317 -0.618
 Pz C 1   0.000 -0.323  0.642  0.000  0.000 -0.000 -0.618  0.317
 S  H 2  -0.302 -0.000  0.000 -0.602 -0.387 -0.629  0.000 -0.000
 S  H 3  -0.301  0.507  0.254  0.199 -0.402  0.200  0.268  0.522
 S  H 4  -0.301 -0.032 -0.566  0.200 -0.402  0.200 -0.586 -0.028
 S  H 5  -0.301 -0.474  0.311  0.204 -0.402  0.201  0.319 -0.493
          NET ATOMIC CHARGES(AC:原子の電荷)                            (j)
ATOM NO.   TYPE    CHARGE    No. of ELECS.   s-Pop    p-Pop
  1         C      -0.374       4.374        1.271    3.103
  2         H       0.092       0.907        0.907
  3         H       0.093       0.906        0.906
  4         H       0.093       0.906        0.906
  5         H       0.093       0.906        0.906
TOTAL CPU TIME:   0.05 SECONDS                                           (k)
```

結合後の分子軌道であるので本質的に異なる。分子について後者から得られる情報が多いのは言うまでもない。

4.2 エタンの構造と性質

エタン構造の入力では，図 3.6 のメタン CH_4 のアイコン㉞を用いてメタンを表示し，その1つの H，例えば H2 を再度クリックすると，CH_3-CH_3 の構造が作図される。

エタン CH_3CH_3 の入力と出力データ（一部省略）を表 4.2，図 4.5 および図 4.6 に示す。紙面の都合で，表 4.2 の Outlist データでは，分子構造は構造最適化後のみ示し，分子軌道データは縮重している2個のうちの1個目の LUMO まで，また H は H^6〜H^8 については省いた。電荷も H^6-H^8 分は省いたが H^3-H^5 データから分かる。

HOF＝−63.69 kJ mol^{-1}（実測値：−84.02 kJ mol^{-1}），IP＝11.2 eV（実測値：11.5 eV）。

No. of filled levels＝7，はエタンの価電子総数 14 個の被占軌道の数を示す。構造データから，r_{C-H}＝1.10 Å（＝0.110 nm），r_{C-C}＝1.51 Å，∠C-C-H＝111.4°，二面角 H^4-C^1-C^2-H^3＝120.0° と整理され，実測値をほぼ再現している。電荷も入れると図 4.5 が書ける。

表 4.2（c）の軌道（φ_μ）と軌道係数（$C_{i\mu}$）において，HOMO は φ_6 と φ_7 で，軌道エネルギー（−11.2 eV）が等しく，縮重している。水素3個の軌道係数も大きいので，C-H 結合に寄与していることを示す。C-C 結合軸は X 方向で，φ_5 がその結合電子の主な被占軌道であることを示す。しかし水素3個の係数も小さいが存在するので C-H 結合にも寄与している。図 4.6 に p_y 性を強くもつ φ_6（HOMO1）と p_z 性をもつ φ_7（HOMO2）そして φ_8（LUMO）の軌道図を例示する。図 3.9 の Properties から Molecular orbital を選び，例えばハイライトされた7番目の φ_7 を OK することでその軌道図が示される。このようにエタンは軌道混合により安定化

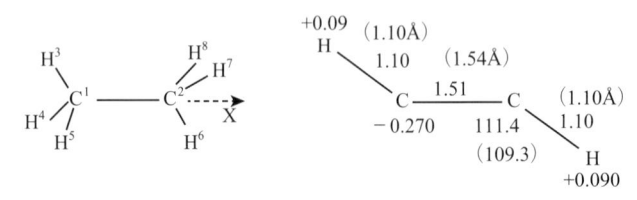

図 4.5 エタンの原子配置と結合距離（Å），結合角（°）および電荷（AC）の計算値
（結合距離と結合角の実測値はカッコ内に示す）

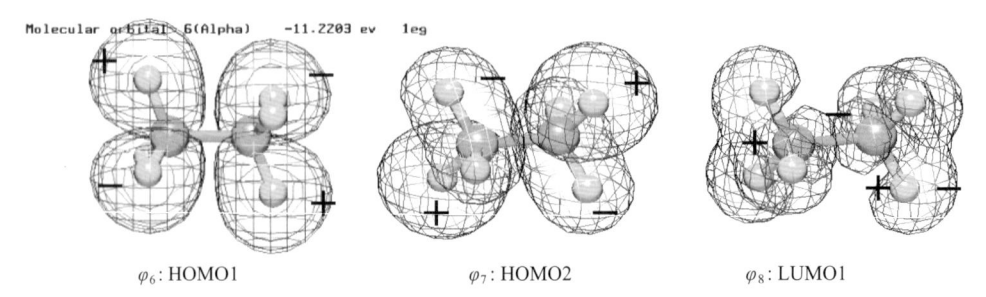

φ_6: HOMO1　　　φ_7: HOMO2　　　φ_8: LUMO1

図 4.6 エタンの HOMO と LUMO 軌道

表 4.2 エタン分子の MO 出力（一部省略）

(入力データ)
EF PM5 PRECISE VECTORS ALLVEC BONDS　　　　　　　　　　　　（キーワード）

(出力データ)
```
    FINAL HEAT OF FORMATION (HOF) =  -15.22 KCAL =  -63.89 KJ (kJ mol⁻¹)          (a)
    IONIZATION POTENTIAL (IP)     =   11.2 eV
    NO. OF FILLED LEVELS          =    7
    MOLECULAR WEIGHT              =   30.06
          MOLECULAR DIMENSIONS         （分子構造 構造最適化後のみ示す）
   ATOM   CHEMICAL  BOND LENGTH   BOND ANGLE   TWIST ANGLE                          (b)
  NUMBER   SYMBOL   (ANGSTROMS)   (DEGREES)    (DEGREES)
    (I)               NA:I         NB:NA:I     NC:NB:NA:I   NA  NB  NC
     1       C       0.0000        0.0000        0.0000
     2       C       1.5062 *      0.0000        0.0000      1
     3       H       1.1033 *    111.3548 *      0.0000      1   2
     4       H       1.1033 *    111.3547 *    119.9997      1   2   3
     5       H       1.1033 *    111.3547 *   -120.0003      1   2   3
     6       H       1.1033 *    111.3548 *    -59.9999      2   1   5
     7       H       1.1033 *    111.3547 *     60.0002      2   1   5
     8       H       1.1033 *    111.3548 *   -179.9998      2   1   5

 Root No.       1       2       3       4       5       6       7       8
         (EIGENVALUES 分子軌道エネルギー εμ)                                         (c)
                                                  (HOMO1   HOMO2   LUMO1)
               -31.312 -22.705 -14.189 -14.189 -12.827 -11.220 -11.220   3.682
         (EIGENVECTORS(固有ベクトル) 分子軌道係数 Cᵢμ)
     (原子)      φ₁                                   φ₆      φ₇    (φ₉〜φ₁₄は省略)
  S   C  1   -0.5993 -0.5202  0.0000  0.0000  0.0430  0.0000  0.0000  0.4766
  Px  C  1   -0.1265  0.2271  0.0000  0.0000  0.6382  0.0000  0.0000  0.1848
  Py  C  1    0.0000  0.0000 -0.4744  0.2470  0.0000 -0.4242 -0.2195  0.0000
  Pz  C  1    0.0000  0.0000  0.2470  0.4744  0.0000  0.2194 -0.4242  0.0000
  S   C  2   -0.5993  0.5202  0.0000  0.0000  0.0430  0.0000  0.0000 -0.4766
  Px  C  2    0.1265  0.2271  0.0000  0.0000 -0.6382  0.0000  0.0000  0.1848
  Py  C  2    0.0000  0.0000 -0.4744  0.2470  0.0000  0.4242  0.2194  0.0000
  Pz  C  2    0.0000  0.0000  0.2470  0.4744  0.0000 -0.2195  0.4242  0.0000
  S   H  3   -0.2040 -0.2435 -0.3350  0.1744 -0.1740 -0.3782 -0.1956 -0.2821
  S   H  4   -0.2040 -0.2435  0.0164 -0.3773 -0.1740  0.0196  0.4253 -0.2821
  S   H  5   -0.2040 -0.2435  0.3185  0.2029 -0.1740  0.3585 -0.2297 -0.2821
 (H⁶〜H⁸省略)
          NET ATOMIC CHARGES(AC：原子の電荷)                                       (d)
  ATOM NO.  TYPE   CHARGE      No. of ELECS.  s-Pop    p-Pop
     1       C    -0.269688      4.2697       1.26323  3.00646
     2       C    -0.269688      4.2697       1.26323  3.00646
     3       H     0.089896      0.9101       0.91010
     4       H     0.089896      0.9101       0.91010
     5       H     0.089896      0.9101       0.91010
 (H⁶〜H⁸省略)
  BOND ORDERS   AND VALENCIES(BO：結合次数)                                       (e)
                C1         C2         H3         H4         H5
     C   1   3.924808
     C   2   1.004445   3.924808
     H   3   0.969294   0.004161   0.991919
     H   4   0.969294   0.004161   0.003790   0.991919
     H   5   0.969293   0.004161   0.003790   0.003790   0.991919
 (H⁶〜H⁸省略)
```

していることがわかる。この延長で例えばトルエンにおける CH_3 基による結合や電子的変化は，定性的には CH_3 基の超共役効果を用いて説明されるが，MO法ではその定量的評価が可能である。

メタンおよびエタン等のσ結合を図4.2の sp^3 混成軌道法で説明するのは便利である。しかしメタンの項で述べたように，混成軌道の数式（即ち原子価状態の原子軌道）とMOの計算結果（即ち分子全体に広がった分子軌道）は直接対応するわけではない。

4.3　n-ブタンのコンフォーメーション（配座）解析

C-C単結合をもつ分子は動き易く，C-C結合軸の周りの回転がほぼ自由と言われるが，回転にいくらかエネルギーが必要である。単結合の回転にもとづく異性体を配座異性体（コンフォーマー）という。そのような各分子はユニークな化学的，物理的また生物学的性質と関わる配座をとる場合がある。

ここでは先ず n-ブタンの安定配座を求め，ついで C^2-C^3 軸の回転による配座解析を行う。

n-ブタンの構造入力ではエタンの場合と同様に先ず WinMOPAC の File (New) の初期画面に，メタン（sp^3）を選択し4個接続して n-ブタンを作る。次に，エタンの場合と同様に Edit Z-matrix 部に butane.dat と，Keywords を入れ，Calculation を実行する。ブタンの出力データの一部を表4.3に示した。キーワードはエタンと同じで省略した。この最安定配座は C^1-C^2-C^3-C^4 結合がトランス（またはアンチ）型をしていることが以下の配座解析により分かる。この場合図3.3(c)のAが C^4，I (NA) が C^3，J (NB) が C^2，K (NC) が C^1 となる。

トランス配座では表4.3に □印で示した炭素4個でできる二面角が180°である（二面角 C^1-C^2-C^3-C^4 ≒ 180°: −179.99°）。ここで二面角 C^1-C^2-C^3-C^4 は，図4.9の右図において

表4.3　n-ブタン分子のMO出力データ（抜粋）

```
（出力データ）                                                              (a)
    FINAL HEAT OF FORMATION   =   -26.57 KCAL = -111.18 KJ (kJ mol⁻¹)
    IONIZATION POTENTIAL      =   10.61 eV
    NO. Of FILLED LEVELS      =   13  --------  (4*4+1*10)/2 = 13
    MOLECULAR WEIGHT          =   58.12
   ATOM    CHEMICAL   BOND LENGTH   BOND ANGLE    TWIST ANGLE               (b)
  NUMBER   SYMBOL     (ANGSTROMS)   (DEGREES)     (DEGREES)
    (I)                NA:I          NB:NA:I      NC:NB:NA:I   NA  NB  NC
     1       C         0.0000        0.0000        0.0000
     2       C         1.5151 *      0.0000        0.0000       1
     3       C         1.5255 *    111.8691 *      0.0000       2   1
     4       C         1.5156 *    111.8749 *   -179.9946       3   2   1
     5       H         1.1029 *    110.7767 *    179.9747       1   2   3
     6       H         1.1030 *    111.5252 *    -60.1428       1   2   3
     7       H         1.1030 *    111.5198 *     60.0671       1   2   3
     8       H         1.1104 *    109.7076 *    -61.9740       2   1   7
        EIGENVECTORS (εμ)                       (HOMO)  (LUMO)               (c)
  Root No.   9       10       11       12       13      14       15      16
          -12.165  -11.770  -11.412  -11.092  -10.610  3.346   3.577   3.836
```

△C¹-C²-C³ と △C²-C³-C⁴ の2つの三角形のなす角であるので $-180°$ と $180°$ は同じものである。被占軌道数は13であるのでφ_{13}がHOMOで，φ_{14}がLUMOである。HOMOのエネルギーからIP値が得られ，LUMOからEAが得られる（3.7節）。これらにより他の分子との性質の比較が可能となる。

次にC²-C³軸の回転，即ち二面角C¹-C²-C³-C⁴の変化によるコンフォーメーション解析を行う。図4.7の2個の表中のZ-matrixのダイアログを変更させて行う。EditでEdit Z-matrixを選択し，次にZ-matrixをクリックすると図4.7(a)のダイアログとなる。ダイアログの説明

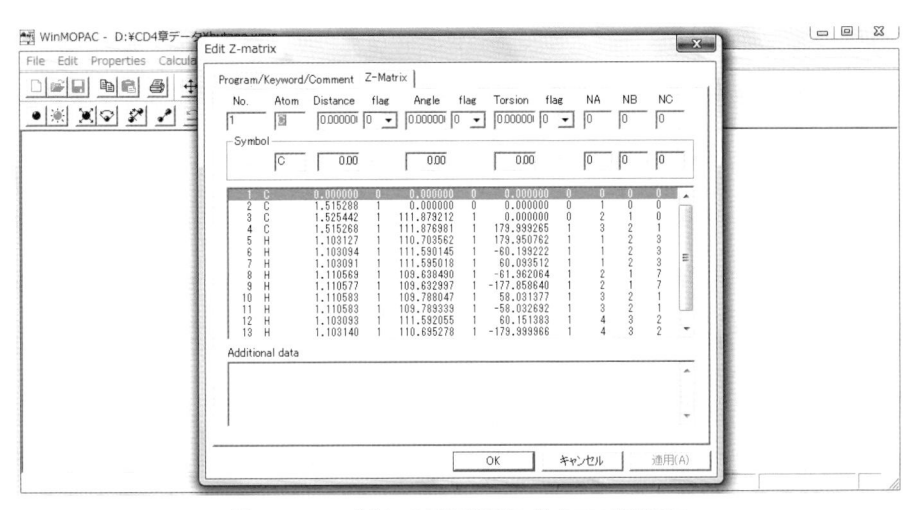

図 4.7(a)　*n*-ブタンの回転解析のダイアログ初期図

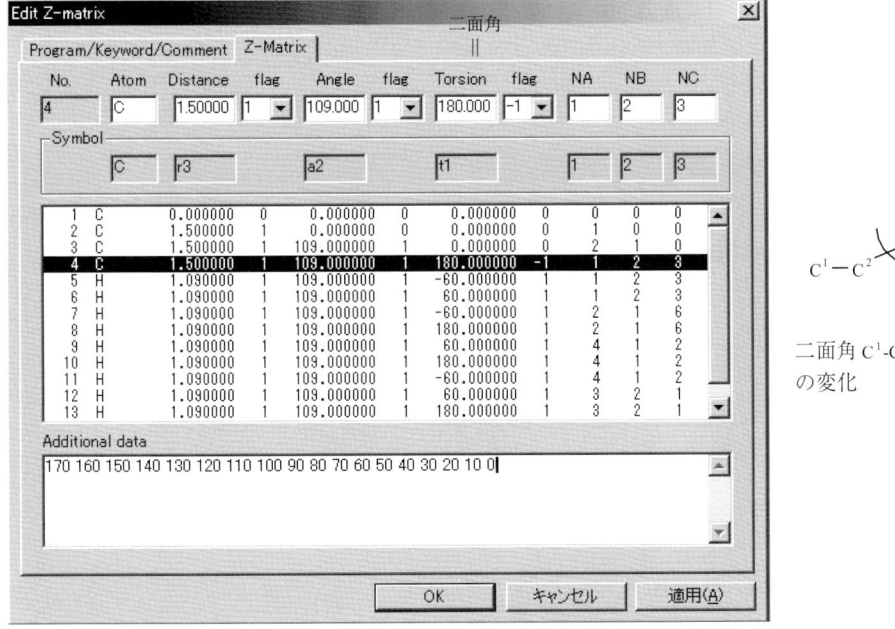

図 4.7(b)　*n*-ブタンの回転解析の Z-matrix

は，3.2 節で図 3.3 を用いて行った。即ち flag については 4 列，6 列，8 列の 0 と 1 は flag である。flag=1 は，そのデータを最適化する，=0 は最適化しない（固定），またこれから用いるが，=−1 は，エネルギー変化の計算を行なう，という意味をもつと説明した。C^2-C^3 軸の回転によるコンフォーメーション解析は，図 4.1 (c) エタンのニューマンの投影式をブタンに拡張し，(b) 図の 4 行目の C^1-C^2-C^3-C^4 の二面角（180.0°）を 10°きざみで 0°まで変化させる，図 4.7 の (a) から (b) に変更することで行える。これは 4C 行にカーソルを移動し（図 4.7 (b) 中ほど），同じ図の上部の Torsion（二面角）部の flag を 1 から −1 に変え，図 4.7 (b) 下部の Additional data 部に $\boxed{170\ 160\ 150\ \dots\ 10\ 0}$ と与えることで得られる。即ち二面角を 10°ずつ変化させて計算して図 4.8 の縦軸のエネルギー値およびその構造を求める。なお Z-matrix の Name 欄を butan-rot.dat（名前は任意）などとしておく。Calculation: Start → Running → Done と進む。その間構造とエネルギーの変化が見られる。計算終了後図 3.9 の Properties 部で Reaction をクリックすると，ワークスペース上でエネルギー曲線と対応する立体構造が得られる（図 4.8 と図 4.9）。図 4.8 の表中 1 番のハイライト部は A 点（カラー表示では赤点）に相当する。パソコン上でそれを移動させ，エネルギーと構造の対応を知る。トランス配座（A）がゴーシュ配座（B）より約 2.1 kJ mol^{-1}，シス配座（C）より約 11.7 kJ mol^{-1} 安定であることが分かる。

　この可逆的変化には自由エネルギー変化（ΔG^0）と平衡定数（K）との間に通常，(4-2) 式が適用される。

$$\Delta G^0 = -RT \ln K \tag{4-2}$$

これを用いると標準状態（$T = 298$ K）では C^2-C^3 回転により約 70％が A 状態にあることになる。このような回転平衡は ^{1}H NMR 法などで 298 K で，A が 72％，B が 28％（即ちエネ

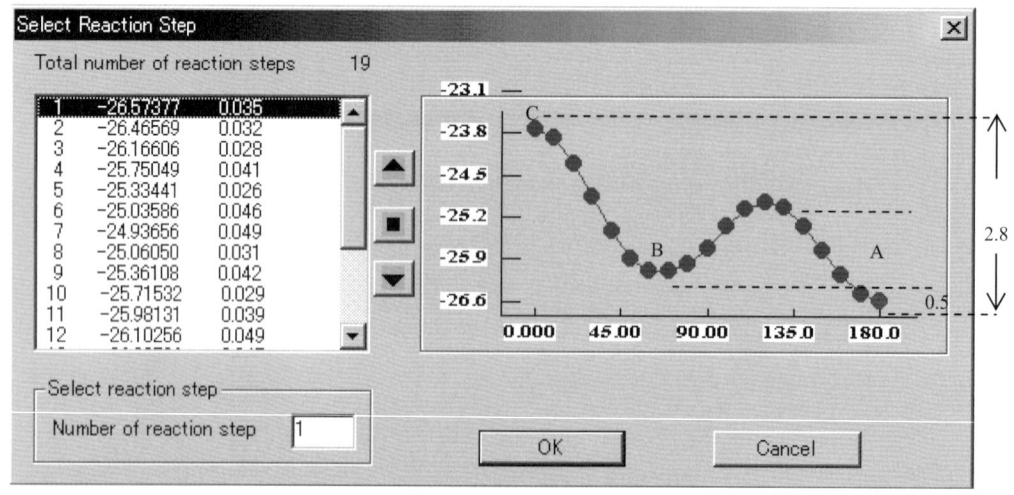

図 4.8　n-ブタンの回転解析のエネルギー図

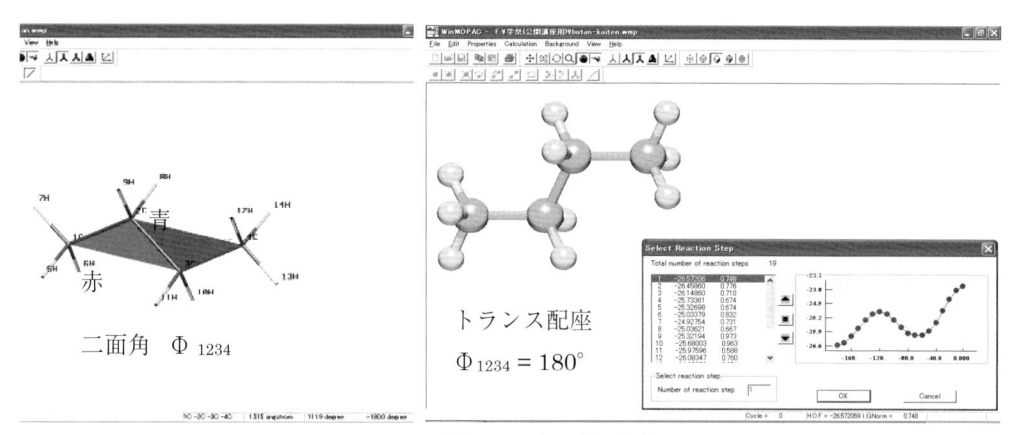

図 4.9 *n*-ブタンの回転異性の解析

ギー差 2.3 kJ mol^{-1}) と実測されている．分子の動きがパソコン上でほぼ再現され，分子の動きを見ることができるのは 11 章の反応の動的解析などと共に説得力がある．

図 4.8 は回転角の変化を 180° から 0° まで減少させたもの，図 4.9 は −180° から 0° へ増大させたもので，結果は同じである．

演習問題

[4.1] (a) 炭素原子の基底電子配置のうち，2s と 2p 軌道の部分をそれらのおよそのエネルギーレベルとともにスピンを表す矢印で描け．(b) 2s 軌道にある電子 1 個が 2p 軌道に移ったときの電子配置を同様に描け．(c) sp^2 混成軌道を作ったときの電子配置を同様に描け．2p 原子軌道を含む立体的な図も併記せよ．(d) sp^2 混成軌道を含む分子の簡単な例をあげ，結合角 ∠C-C-H をいれよ．(e) sp^3 混成軌道を作ったときの電子配置を同様に描け．(f) sp^3 混成軌道を用いた分子の簡単な例をあげ，立体的に書き，結合角 ∠C-C-H をいれよ．

[4.2] メタンにつき次の問に答えよ．本文表 4.1 参照．
(1) 全電子数，(2) 価電子数，(3) π 結合数，(4) σ 結合数，(5) 分子の結合の姿，(6) LCAO−MO 法による分子軌道 φ_n を，原子軌道 χ で表現した式を書け．例えば 1s 軌道は χ_{1s}，2p$_z$ 軌道は χ_{2pz} などと書くとよい．(7) Ionization potential の和訳と，その意味（簡単に，式と 2 行以内の説明文）．(8) No. of filled levels の和訳とその値．(9) HOMO の式（(6) の具体的式：φ_4 の式）

[4.3] *n*-ブタンの，①最も安定な構造を立体的に書け．② C-C-C-C の二面角を変化させたときの回転異性体の構造とエネルギーの概略を示せ．

5章 エチレンなどπ結合のヒュッケル 分子軌道法とMOPACによる取扱い

　エチレン，ブタジエン，ベンゼン，ナフタレンなどはπ結合をもつ．その結合は反応性の変化に富むこと，またそれが長く共役した分子では光吸収性や色素・感光材料などの応用的な面でその基本的な理解は重要である．本章ではこれまでの章との関係で先ず原子軌道の重なりによる結合の違いと種類（σ結合（電子），π結合（電子）そしてn電子（非共有電子対））の定義を述べる．次いでπ結合（共役系）の簡便な取扱い法であるヒュッケル分子軌道（HMO）法でのエチレン，ブタジエンなどの解法を記す．またこれまでの半経験的方法のMOPACによる解との比較も行う．

5.1 原子軌道の重なりにより生成する結合の種類と定義

5.1.1 σ（シグマ）結合

　これまでH_2分子は水素原子の1s軌道同士の重なりにより安定な結合性分子軌道を作り，そこに電子2個が存在して安定化していること，また同時に不安定な反結合性軌道も発生しており，その違いは原子軌道の符号（＋，－）の組合せの違い，つまり分子軌道の波動性における節面の有無に現れることを記した（表3.3と図3.10など）．なお2個の軌道の間隔はごく大まかに言えば光吸収エネルギーと関係していることも述べた．

　図5.1にHFの1sと2pとの，F_2の2pと2pとの，またCH_4の4個のC-H結合のsp^3混成

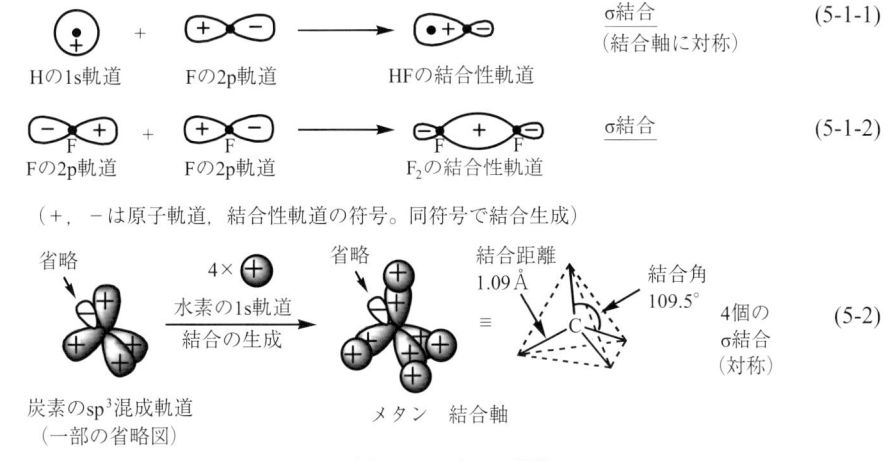

図 5.1　メタンの構造

軌道と 1s との，結合性軌道の重なり図を示した。いずれも H_2 の場合と同様に 2 つの原子軌道が正面から重なり，その結合軸（H-F，F-F，各 C-H）に対して対称である。このような結合を σ 結合，その電子を σ 電子と称し，比較的に安定である。ただし原子価結合法と MO 法の表現を対応させることは，前章の CH_4 で述べたように容易ではない。

5.1.2 π（パイ）結合

4 章図 4.3 にメタン CH_4 の sp^3 混成と 4 個の C-H 結合性を示した。図 5.2 と図 5.3 にエチレン $CH_2=CH_2$ の説明のための sp^2 混成軌道（xy 平面に 3 個）と，残った $2p_z$ 軌道の 2 個の重なりによる π 結合を示した。π 結合とは 2 個の p 軌道が側面から重なり，結合軸（この場合 C-C 結合）を含む分子面（xy 平面）に反対称な結合のことである。例えば上側が ＋ であれば，下側が － となっている。なお，xy 平面の 3 個の軌道の 1 個は C-C 結合に，2 個は C-H 結合に使用され，σ 結合となり，一般に π 結合より安定である。

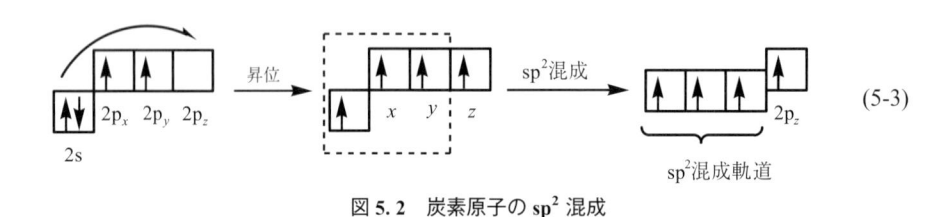

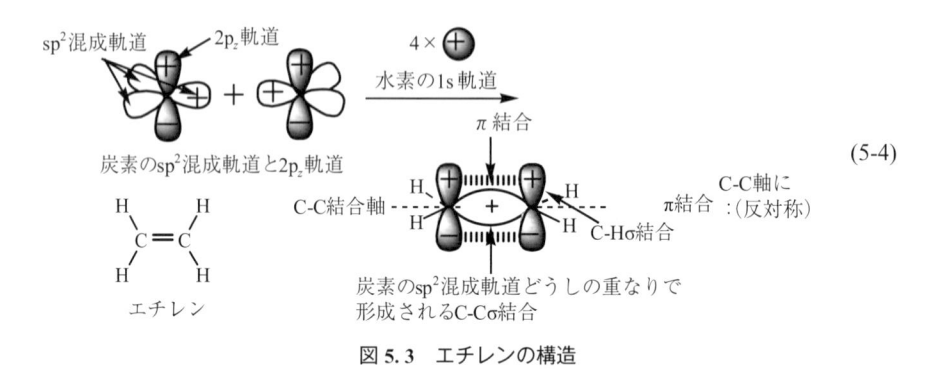

図 5.2　炭素原子の sp^2 混成 　　(5-3)

図 5.3　エチレンの構造 　　(5-4)

図 5.4 と図 5.5 に，アセチレン HC≡CH の sp 混成軌道（x 軸方向に 2 個）と，残った $2p_y$ と $2p_z$ 軌道を用いた 2 種の $π_y$ と $π_z$ 結合を示した。なお図 5.5 の x 軸の 2 個の sp 混成軌道は各々

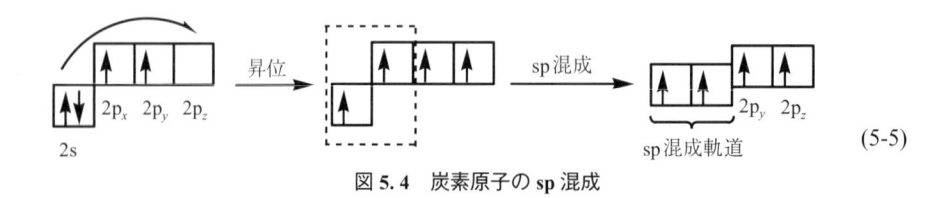

図 5.4　炭素原子の sp 混成 　　(5-5)

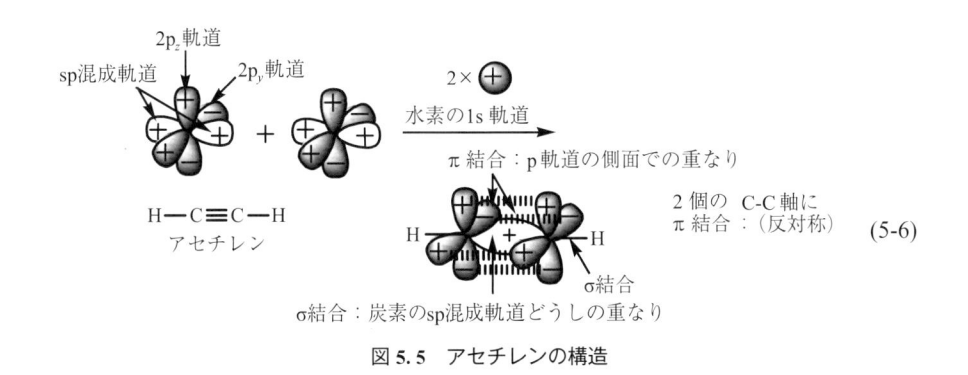

反対側に負記号の小さいローブを持つが，表示しにくいので省略し，大きいローブの符号だけ示した。sp混成軌道の1個はC-Cのσ結合に，もう1個はC-Hのσ結合に使われる。

図5.5 アセチレンの構造 (5-6)

5.1.3 非共有電子対電子（n電子）

3章でN_2（図3.14）およびHF分子（表3.6）などで，共有結合に関与しない電子対（n電子）の存在を示した。下記構造式における記号（:）である。

水やアンモニアにもn電子は存在し，それらが物性や水素結合，また酸・塩基性などに示す働きは重要であり，これらは8章と9章で述べる。

$:N\equiv N:$ $H—\ddot{\underset{..}{F}}:$ $H_2\ddot{O}:$ $\ddot{N}H_3$

5.2 ヒュッケル分子軌道（HMO）法によるπ結合の簡便な取扱い

5.2.1 π結合共役分子系の取扱い

エチレンのπ結合は，ブタジエン，ヘキサトリエン，ベンゼンなどでは共役した形となっていて，それがその分子の性質を決める場合が多い。ヒュッケル（Hückel）は1930年代にこれらの平面構造のπ結合共役化合物の分子軌道（MO）計算を簡便化するために，次の①～③の大胆な近似とパラメータ化を行い，それらの分子の定性的理解の仕方を示した（HMO法という）。

① π電子だけを扱う。
② 重なり積分を無視する。
③ クーロン積分と共鳴積分をパラメータ（経験値）化する。

HMO法ではハミルトニアン演算子中の電子間相互作用などを無視するか，平均的にしたハミルトニアンを想定し，全π電子ハミルトニアン$\hat{H}$は(5-7)式のように，

$$\hat{H} = \sum_{i=1}^{n} \hat{h}_i \tag{5-7}$$

それぞれのπ電子についてのハミルトニアン $\hat{h}_i$ の和で表されるとする。$\hat{h}_i$ を1電子有効ハミルトニアンという。この近似では，次式の1つの電子についての以下の方程式を解くことになる。①に示す HMO 法のπ電子近似における取扱いである。

$$\hat{h}\varphi_\mu = \varepsilon_\mu \varphi_\mu \tag{5-8}$$

ここで ε_μ は，μ 番目の分子軌道のエネルギーであり，φ_μ はその分子軌道である。φ_μ は構成する原子 N 個の $2p_z$ 原子軌道 $\chi_1, \chi_2, ..., \chi_N$ の線形結合（LCAO）で (5-9) 式のように表す。

$$\varphi_\mu = \sum_{r=1}^{N} C_{r\mu} \chi_r \tag{5-9}$$

以下，水素分子の場合と同様に変分法を用いて ε_μ と φ_μ（つまり $C_{r\mu}$ の組）を求める。

即ち，(5-9) 式の添え字 μ を省略し，両辺から φ^*（φ の複素共役関数）を掛けて全空間につき積分すると，ε が定数であることから (5-10) 式が得られる。

$$\int \varphi^* h \varphi d\tau = \varepsilon \int \varphi^* \varphi d\tau \tag{5-10}$$

これを変形すると (5-11) 式となる。

$$\varepsilon = \frac{\int \varphi^* h \varphi d\tau}{\int \varphi^* \varphi d\tau} \quad (\geqq \varepsilon_0) \tag{5-11}$$

ここで3章で述べた変分法を用いてエネルギー積分 ε が真の値 ε_0 に近く，最小になるように (5-9) 式のパラメータ $C_{11} \sim C_{N\mu}$ を決めることになる。

実際には (5-9) 式を (5-11) 式に代入して (3-7) 式と同様の式を得，変分法でエネルギー積分 ε が極小となる条件から，$\partial \varepsilon / \partial C_a = 0$ を求める。

まとめると，(5-12) 式の連立方程式となり，これを解くことになる。この式は (3-12) 式と同じ内容である。

$$\sum_{b=1}^{N} (H_{ab} - S_{ab}\varepsilon_\mu) C_{b\mu} = 0 \quad (\mu, a, b = 1, 2, ..., N) \tag{5-12}$$

ただし，S_{ab} は，a 番目の原子軌道 χ_a と b 番目の原子軌道 χ_b の重なり積分で (5-13) 式で表される。

$$S_{ab} = \int \chi_a \chi_b d\tau \tag{5-13}$$

H_{ab} は (5-14) 式で表される。$a = b$ のときの H_{aa} はクーロン積分で,

$$H_{ab} = \int \chi_a h \chi_b d\tau \tag{5-14}$$

$$H_{aa} = \int \chi_a h \chi_a d\tau \tag{5-15}$$

a 番目の原子上の電子が a 番目の原子核に引き付けられることによる安定化エネルギーである。また $a \neq b$ のときの H_{ab} は共鳴積分で, a 番目の原子と b 番目の原子との間にある電子がこれらの 2 つの核に引き付けられる安定化エネルギーであり, いずれも負の値である。

水素分子の場合の 3.1 節の場合と異なるのは, ここでは原子軌道が 2p$_z$ 軌道であることである。

(5-12) 式で $C_{1\mu}, C_{2\mu}, ..., C_{N\mu}$ が同時に 0 でない条件(代数学)から, (5-16) 式の永年方程式が成立する。

$$\begin{vmatrix} H_{11}-S_{11}\varepsilon_\mu & H_{12}-S_{12}\varepsilon_\mu & \cdots & H_{1N}-S_{1N}\varepsilon_\mu \\ H_{21}-S_{21}\varepsilon_\mu & H_{22}-S_{22}\varepsilon_\mu & \cdots & H_{2N}-S_{2N}\varepsilon_\mu \\ \cdots & \cdots & \cdots & \cdots \\ H_{N1}-S_{N1}\varepsilon_\mu & H_{N2}-S_{N2}\varepsilon_\mu & \cdots & H_{NN}-S_{NN}\varepsilon_\mu \end{vmatrix} = 0 \tag{5-16}$$

この式を解くと, 分子軌道エネルギー ε_μ が原子軌道の数 N だけ($\varepsilon_1 \sim \varepsilon_N$)求まる。各 ε_μ の値を連立方程式 (5-12) に入れることで $C_{21}/C_{11}, ... C_{N1}/C_{11}$ などの係数比が求まる。ここで分子軌道 φ_μ の全空間についての電子を見出す確率の規格化条件に対応する (5-17) 式を用いる。

$$\int \varphi_\mu^2 d\tau = 1 \tag{5-17}$$

これを係数比に加えて計算することで各分子軌道の原子軌道の係数 $C_{b\mu}$ の組が求められる。ヒュッケル(HMO)法では, 重なり積分 S_{ab} は $a = b$ では $S_{aa} = 1$, $a \neq b$ では $S_{ab} = 0$ とする。これを, ②の重なり無視の近似という。また $H_{aa} = \alpha$, a と b が隣り関係のとき $H_{ab} = \beta$ と置き換え, 他は 0 とする近似(③)を行い簡便化する。具体的には次の項で述べる。

5.2.2 エチレンの HMO 法近似

図 5.3 に示したエチレンの構造で π 結合のみに注目すると図 5.6 となり, π 分子軌道は炭素原子の 2p$_z$ 軌道 χ_i の線形結合の (5-18) 式で表せる。

$$\varphi = C_1 \chi_1 + C_2 \chi_2 \tag{5-18}$$

そこで (5-16) 式に相当する永年方程式は (5-19) 式となる。

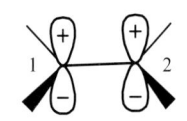

図 5.6 エチレン分子

$$\begin{vmatrix} H_{11}-S_{11}\varepsilon & H_{12}-S_{12}\varepsilon \\ H_{21}-S_{21}\varepsilon & H_{22}-S_{22}\varepsilon \end{vmatrix}=0 \tag{5-19}$$

ここで前項②と③のヒュッケル法の近似と置換をすると (5-20) 式となる。

$$\begin{vmatrix} \alpha-1\cdot\varepsilon & \beta-0\cdot\varepsilon \\ \beta-0\cdot\varepsilon & \alpha-1\cdot\varepsilon \end{vmatrix}=\begin{vmatrix} \alpha-\varepsilon & \beta \\ \beta & \alpha-\varepsilon \end{vmatrix}=0 \tag{5-20}$$

さらに各項を β で割り，$(\alpha-\varepsilon)/\beta = x$ とおくと (5-20) 式は (5-21) 式となる。

$$\begin{vmatrix} (\alpha-\varepsilon)/\beta & 1 \\ 1 & (\alpha-\varepsilon)/\beta \end{vmatrix}=\begin{vmatrix} x & 1 \\ 1 & x \end{vmatrix}=x^2-1=0 \tag{5-21}$$

従って $x = \pm 1$ となり，α と β（いずれも負の値）にもどすと，(5-22) 式となる。

$$\left.\begin{array}{ll} 結合性軌道エネルギー & \varepsilon_1=\alpha+\beta \\ 反結合性軌道エネルギー & \varepsilon_2=\alpha-\beta \end{array}\right\} \tag{5-22}$$

そのエネルギー準位を図 5.7 に示す。2 個の π 電子はスピンを反対にしてより低いエネルギー軌道に入る（但し HMO 法ではスピンは計算に入らない）。このため π 電子の全エネルギーは (5-23) 式となる。

$$E_\pi=2\alpha+2\beta \tag{5-23}$$

α は炭素原子の 2p 電子のエネルギーにほぼ等しいので，π 結合による安定化のエネルギーは 2β となる。

なお α と β の値についてはいくつかの値が提案されているが，例えば次のような例がある[1]。

$$\alpha=-7.5\text{eV},\quad \beta=-2.5\text{eV} \tag{5-24}$$

また (5-19) と (5-17) 式に ε_1 と ε_2 を入れ，各 π 分子軌道を出すと次式となり，図 5.8 のように

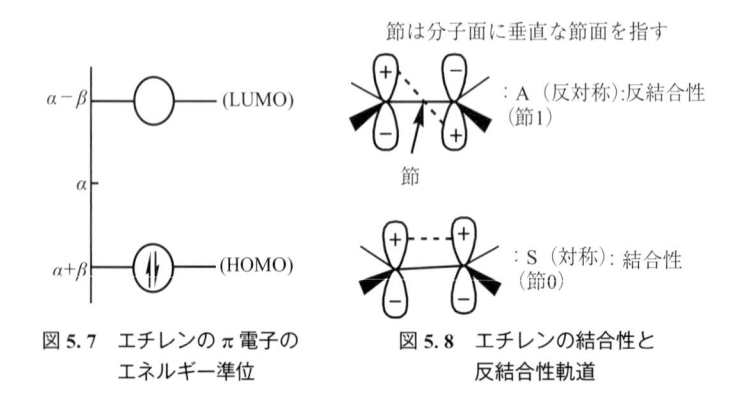

図 5.7　エチレンの π 電子のエネルギー準位

図 5.8　エチレンの結合性と反結合性軌道

表される。

$$結合性 \pi 軌道 : \varphi_1 = \frac{1}{\sqrt{2}}(\chi_1 + \chi_2) \tag{5-25}$$

$$反結合性 \pi 軌道 : \varphi_2 = \frac{1}{\sqrt{2}}(\chi_1 - \chi_2) \tag{5-26}$$

エチレン π 結合の反結合性軌道 φ_2 は，C-C 結合軸に垂直な対称面 σ に対し反対称（A）で，分子軌道として波動関数が 0 となる節（node）が 1 個がある。結合性 φ_1 は対称（S）で分子面に垂直な節面はない。なおここでは原子軌道 $2p_y$ 由来の節は参入していない。

5.2.3　1,3-ブタジエンの HMO

エチレンの解法を利用すると共役炭化水素の永年方程式は簡単に書くことができ，1,3-ブタジエン $CH_2=CH-CH=CH_2$ の例を図 5.9 と式 (5-27) に示す。ここでは π 電子を点・で示した。斜線部は π 軌道の重なりを示す。その手順は (i)〜(iv) である。

$$\begin{array}{c|cccc} & 1 & 2 & 3 & 4 \\ \hline 1 & x & 1 & 0 & 0 \\ 2 & 1 & x & 1 & 0 \\ 3 & 0 & 1 & x & 1 \\ 4 & 0 & 0 & 1 & x \end{array} = 0 \tag{5-27}$$

(i)　共役系の原子軌道に番号（1, 2, ..., N）をつける。
(ii)　N 行 N 列の行列式の対角要素を $x(=(\alpha-\varepsilon)/\beta)$ とおく。
(iii)　非対角要素は，結合のあるところは 1（$=\beta$），結合のないところは 0 とおく。
(iv)　行列式の値を 0 とおく。

式 (5-27) の展開式から 4 個の x の値が得られ，4 個のエネルギー ε_μ と，各分子軌道 φ_μ の係数 $C_{a\mu}$ の組が (5-28) 式のように得られる。

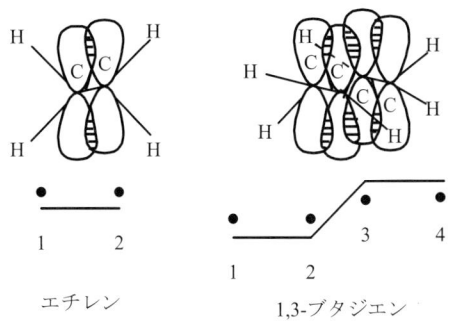

図 5.9　エチレンとブタジエンの π 結合

$$
\begin{array}{l}
\varepsilon_4 = \alpha - 1.62\beta \quad \varphi_4 = 0.37\chi_1 - 0.60\chi_2 + 0.60\chi_3 - 0.37\chi_4 \\
\varepsilon_3 = \alpha - 0.62\beta \quad \varphi_3 = 0.60\chi_1 - 0.37\chi_2 - 0.37\chi_3 + 0.60\chi_4 \\
\varepsilon_2 = \alpha + 0.62\beta \quad \varphi_2 = 0.60\chi_1 + 0.37\chi_2 - 0.37\chi_3 - 0.60\chi_4 \\
\varepsilon_1 = \alpha + 1.62\beta \quad \varphi_1 = 0.37\chi_1 + 0.60\chi_2 + 0.60\chi_3 + 0.37\chi_4
\end{array}
\quad (5\text{-}28)
$$

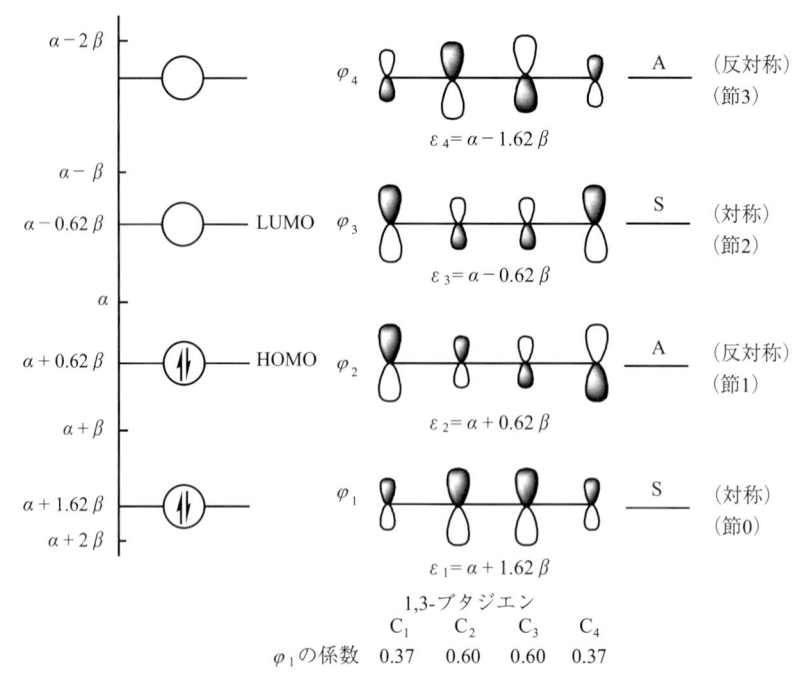

図5.10 ブタジエンのπ電子のエネルギー準位と波動関数

φ_1 と φ_2 が結合性軌道であり，エネルギー準位と波動関数の形を図5.10に示す。π分子軌道として分子軸に垂直な対称面 (σ) に対する節面は φ_2 で1個，φ_3 で2個，φ_4 で3個と増し，エネルギーも同様である。また全エネルギーは $4\alpha + 4.48\beta$ と算出される。

5.2.4　2,3の共役系分子の永年方程式とエネルギー

(i) アリル基 (CH$_2$CHCH$_2$) のカチオン，ラジカル，アニオン

永年方程式は (5-29) 式となる。

$$
\begin{vmatrix} x & 1 & 0 \\ 1 & x & 1 \\ 0 & 1 & x \end{vmatrix} = 0 \quad (5\text{-}29)
$$

またエネルギー値は図5.11と(5-30)式に示す。

$$
\left.\begin{array}{l}
\varepsilon_3 = \alpha - \sqrt{2}\beta \\
\varepsilon_2 = \alpha \\
\varepsilon_1 = \alpha + \sqrt{2}\beta
\end{array}\right\} \quad (5\text{-}30)
$$

5章 エチレンなどπ結合のヒュッケル分子軌道法とMOPACによる取扱い

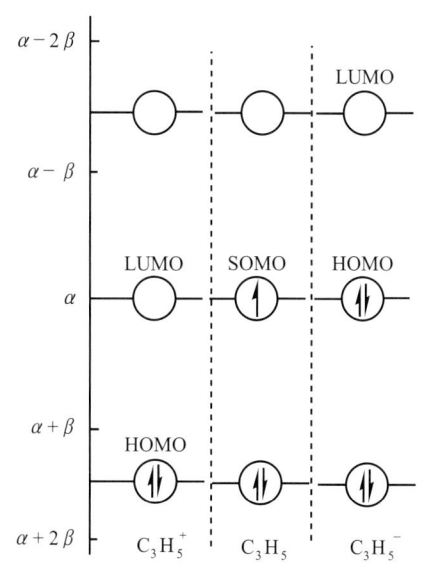

図5.11 アリル基およびイオンのπ電子のエネルギー準位

表5.1 ベンゼンの分子軌道

x	番号 i	エネルギー準位 ε_i	波動関数 φ_i
-2	1	$\alpha+2\beta$	$\dfrac{1}{\sqrt{6}}(\chi_1+\chi_2+\chi_3+\chi_4+\chi_5+\chi_6)$
-1	2	$\alpha+\beta$	$\dfrac{1}{2\sqrt{3}}(2\chi_1+\chi_2-\chi_3-2\chi_4-\chi_5+\chi_6)$
-1	3	$\alpha+\beta$	$\dfrac{1}{2}(\chi_2+\chi_3-\chi_5-\chi_6)$
$+1$	4	$\alpha-\beta$	$\dfrac{1}{2}(\chi_2-\chi_3+\chi_5-\chi_6)$
$+1$	5	$\alpha-\beta$	$\dfrac{1}{2\sqrt{3}}(2\chi_1-\chi_2-\chi_3+2\chi_4-\chi_5-\chi_6)$
$+2$	6	$\alpha-2\beta$	$\dfrac{1}{\sqrt{6}}(\chi_1-\chi_2+\chi_3-\chi_4+\chi_5-\chi_6)$

(ii) ベンゼン C_6H_6

永年方程式は(5-31)式となる。なお行列式の外に行と列の番号を見やすいよう付記した。

$$\begin{array}{c} \,1\,2\,3\,4\,5\,6 \\ \begin{array}{c}1\\2\\3\\4\\5\\6\end{array}\left|\begin{array}{cccccc} x & 1 & 0 & 0 & 0 & 1 \\ 1 & x & 1 & 0 & 0 & 0 \\ 0 & 1 & x & 1 & 0 & 0 \\ 0 & 0 & 1 & x & 1 & 0 \\ 0 & 0 & 0 & 1 & x & 1 \\ 1 & 0 & 0 & 0 & 1 & x \end{array}\right|=0 \quad (5\text{-}31)$$

計算は分子の対称性と群論を用いて簡単化して解き，結果のエネルギー値と軌道情報は表5.1

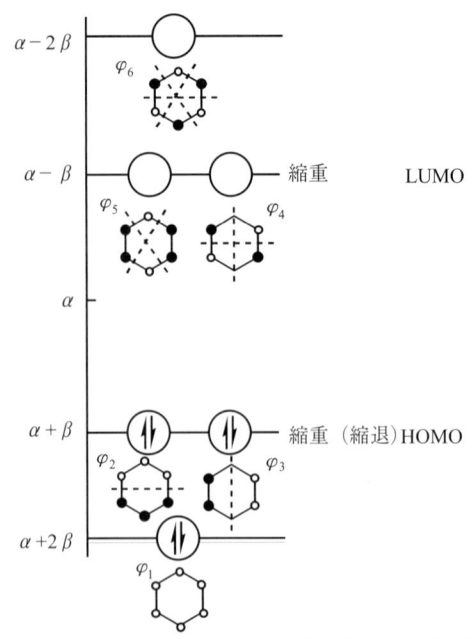

図 5.12　ベンゼンのπ電子のエネルギー準位および軌道関数

と図 5.12 のようにまとめられ[2], 分子の性質がわかりやすい。

$$\left.\begin{array}{l}\varepsilon_6 = \alpha - 2\beta \\ \varepsilon_4 = \varepsilon_5 = \alpha - \beta \\ \varepsilon_2 = \varepsilon_3 = \alpha + \beta \\ \varepsilon_1 = \alpha + 2\beta\end{array}\right\} \quad (5\text{-}32)$$

5.3　π結合の分子情報（結合次数と電子密度など）

前節で分子のエネルギー準位と波動関数（分子軌道関数）を求める方法を述べた。ここではその軌道関数を形成する原子軌道の係数を用いて，分子の有用な知見である結合次数（p_{ab}）と電子密度（q_a）を求める方法を述べる。

なお後の章で福井のフロンティア軌道論，およびウッドワード・ホフマン則のことを述べるが，これらは最高被占軌道（HOMO）と最低空軌道（LUMO）の性質（その符号とその対称性）で，分子の性質と反応の反応選択性が決まる，というものであり，本来ならここで記すべきであるが一部だけ述べる。

5.3.1　π結合次数（p_{ab}）と電子密度（q_a）

例えばブタジエンは共鳴理論で，

$$\text{CH}_2=\text{CH-CH}=\text{CH}_2 \quad \longleftrightarrow \quad \overset{\oplus}{\text{CH}_2}\text{-CH=CH-}\overset{\ominus}{\text{CH}_2}$$

などと表現され，2-3 位間の二重結合性の寄与と末端反応性が説明されるが，定性的である。HMO 法では（a-b）結合への π 結合の寄与は，結合次数 p_{ab} の (5-33) 式で定義する。

$$p_{ab} = \sum_{\mu=1}^{HOMO} n_\mu C_{a\mu} C_{b\mu} \tag{5-33}$$

ここで n_μ は，μ 番目の分子軌道を占める電子数，総和は電子が詰まっている一番上の軌道までの和を意味する。

また LCAO-MO 法では各軌道の電子が原子 a のところに存在する確率は $C_{a}^2 \chi_{a}^2$ で与えられるであろう。このような考えから原子 a 上の被占軌道の π 電子密度 q_a は (5-34) 式で定義される。

$$q_a = \sum_{\mu=1}^{HOMO} n_\mu C_{a\mu}^2 \tag{5-34}$$

例：1,3-ブタジエン（C^1-C^2-C^3-C^4）

式 (5-28) と図 5.10 から，φ_1 と φ_2（HOMO）が被占軌道（電子 2 個ずつ）であるから，

$$\begin{aligned} p_{12} &= (n_1 \times C_1 C_2)\varphi_1 + (n_2 \times C_1 C_2)\varphi_2 \\ &= 2 \times 0.37 \times 0.60 + 2 \times 0.60 \times 0.37 = 0.89 \end{aligned} \tag{5-35}$$

$$p_{23} = 2 \times 0.60 \times 0.60 + 2 \times 0.37 \times (-0.37) = 0.45 \tag{5-36}$$

$$\left. \begin{aligned} q_1 &= q_4 = 2(0.37)^2 + 2(0.60)^2 = 1 \\ q_2 &= q_3 = 2(0.60)^2 + 2(0.37)^2 = 1 \end{aligned} \right\} \tag{5-37}$$

ブタジエンの C^1-C^2 間の π 結合の寄与は二重結合性が大きく（0.89），C^2-C^3 間のそれは単結合に近い（0.45）ことを示す。π 電子密度は全ての炭素で同じである。

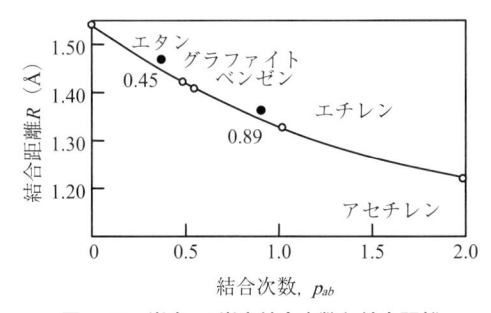

図 5.13 炭素－炭素結合次数と結合距離

図 5.13 にエタン，エチレン，アセチレンなどの炭素-炭素 π 結合次数と結合距離の関係を示した．ブタジエンの 2 つの距離（実測値は 1.37 Å と 1.47 Å）と π 結合次数の関係もこの曲線上にほぼ一致する．

5.3.2 フロンティア電子密度と Superdelocalizability

ブタジエンは求電子反応を特に 1 位（C^1）で受けやすいが，5.3.1 の電子密度 q_r はそれに答えをくれない．福井のフロンティア軌道理論によると，一つの分子内で求電子（E）的，求核（N）的，ラジカル（R）的反応の位置は，(5-38)式の各フロンティア電子密度の大きい位置に反応が起き，次の例および図 5.14 に示すように実験事実をよく説明できる．

$$\left.\begin{array}{l} f_a(E) = 2(C_a^{ho})^2 \\ f_a(N) = 2(C_a^{lu})^2 \\ f_a(R) = (C_a^{ho})^2 + (C_a^{lu})^2 \end{array}\right\} \tag{5-38}$$

例：ブタジエン：図 5.10 と式 (5-28)

　3 種の反応とも 1 位（C^1）が（律速的に）反応する．フロンティア電子密度は 3 種とも 1 位が大きいのでよく一致する．

但し反応は，上述のような原系基質のフロンティア軌道の性質だけで決まる反応だけではな

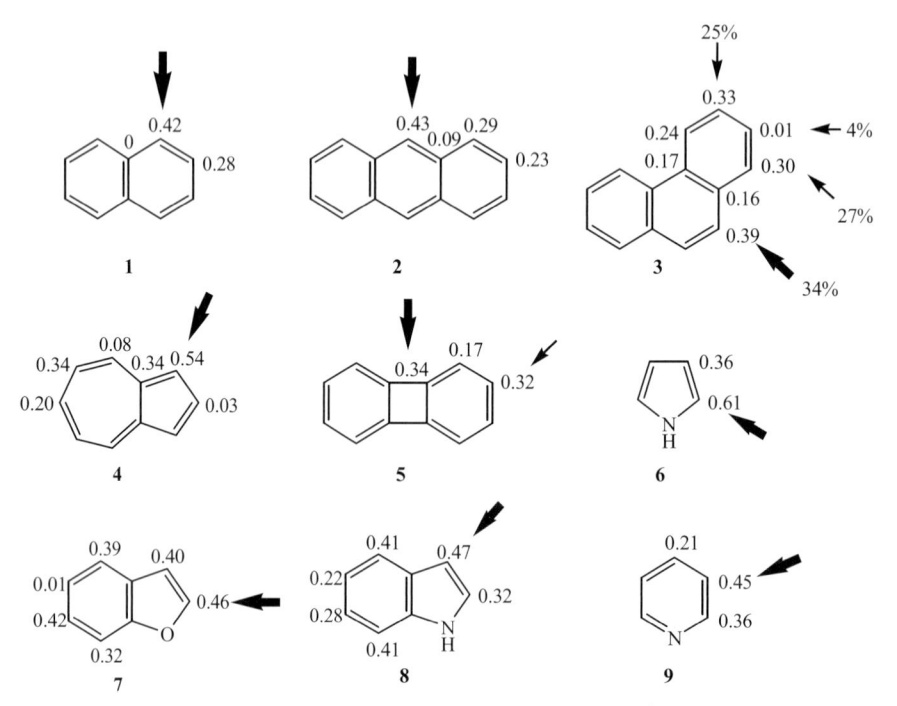

図 5.14 芳香族化合物のフロンティア軌道 HOMO の係数とニトロ化（NO_2^+）の反応位置（矢印）(PM5)
（反応性データ（％表示の実測値）：フレミング，フロンティア軌道法入門（講談社），p.67. 化合物 **5** では四員環部には付加が起こる）

い。9.2節に示すように反応は，基質と反応試薬との間のクーロン項と主にフロンティア軌道項の両者に(9-9)式のように支配される。上述の有機反応はフロンティア軌道支配の反応と呼ばれる。中間的性質の反応やHOMOと非常に接近した次高被占軌道（next HOMO）がある場合，また反応試薬の大きな影響などもあり得る。

福井によるもう1つの反応性指数，Superdelocalizability（Sr）は，(5-38)式に軌道エネルギー効果を入れてフロンティア軌道の効果が最大に見積もられる式となっている。例えば(5-39)式は求電子反応に対するSrである。

$$Sr(E) = 2\sum_i^{occ} \frac{C_{ir}^2}{\lambda_i} \tag{5-39}$$

λ_iはヒュッケル分子軌道（HMO）法の分子軌道を$\varepsilon_i = \alpha + \lambda_i\beta$で記したときの$\lambda_i$である。HOMOの$\lambda_i$は最も小さいので$Sr(E)$への寄与は最大となる。

5.4　HMO法などソフトウェアの使用

埼玉大学のHMO法およびPPP法ソフトウェア（時田ら，パソコンで考える量子化学の基礎，

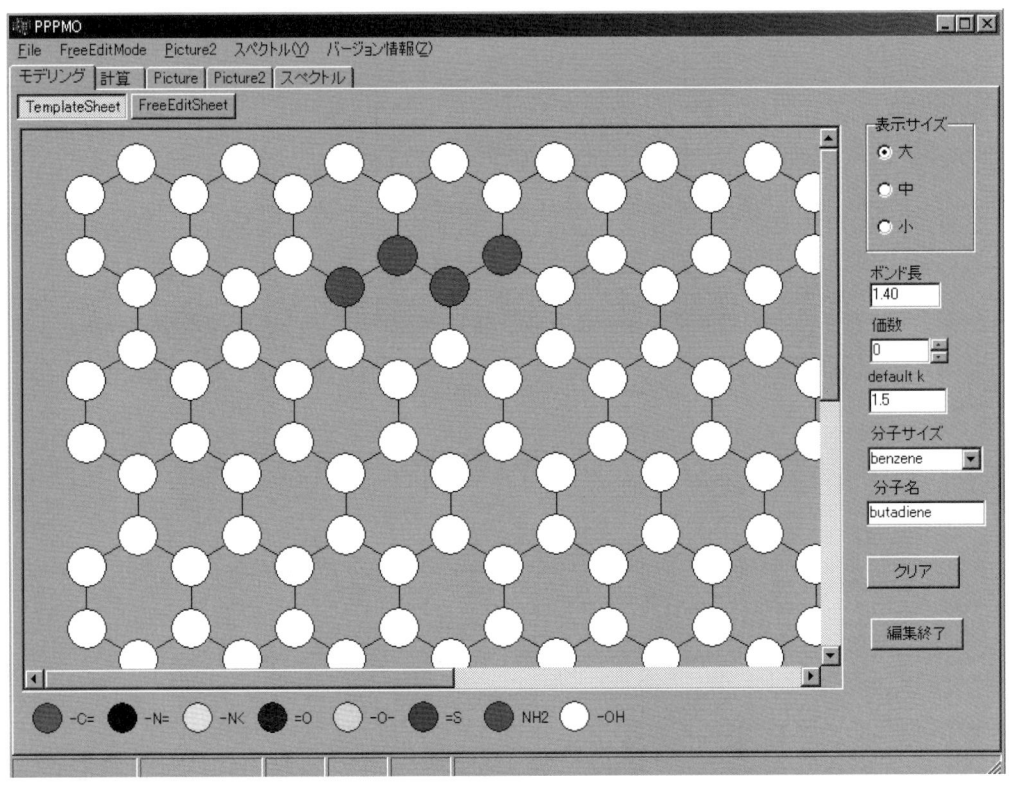

図 5.15　ヒュッケル法計算，ブタジエン入力後の初期画面

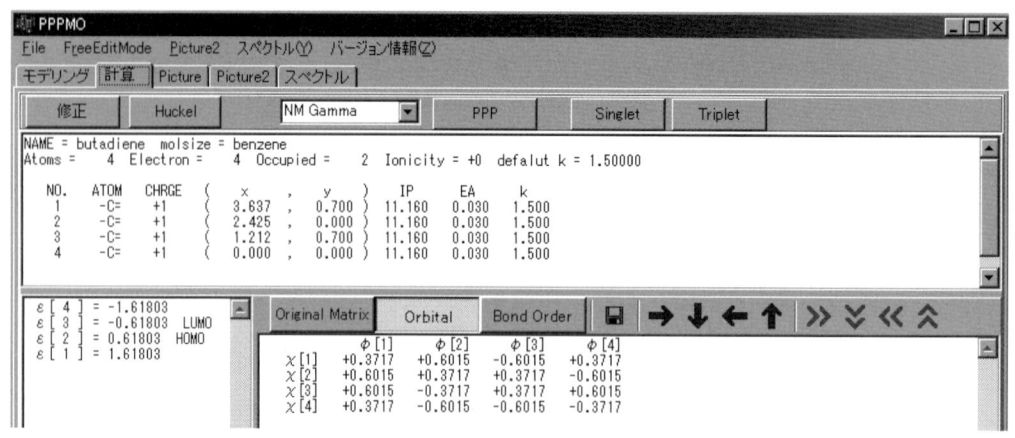

```
PPPMO
File  FreeEditMode  Picture2  スペクトル(Y)  バージョン情報(Z)
モデリング 計算 Picture Picture2 スペクトル
  修正      Huckel       NM Gamma          PPP        Singlet    Triplet
NAME = butadiene  molsize = benzene
Atoms =    4  Electron =   4  Occupied =   2  Ionicity = +0  defalut k = 1.50000
 NO.  ATOM  CHRGE  (    x    ,    y    )   IP     EA      k
  1    -C=   +1   (  3.637  ,  0.700  )  11.160  0.030  1.500
  2    -C=   +1   (  2.425  ,  0.000  )  11.160  0.030  1.500
  3    -C=   +1   (  1.212  ,  0.700  )  11.160  0.030  1.500
  4    -C=   +1   (  0.000  ,  0.000  )  11.160  0.030  1.500

ε[ 4 ] = -1.61803
ε[ 3 ] = -0.61803  LUMO       Original Matrix   Orbital   Bond Order
ε[ 2 ] =  0.61803  HOMO                φ[1]     φ[2]     φ[3]     φ[4]
ε[ 1 ] =  1.61803           χ[1]    +0.3717  +0.6015  -0.6015  +0.3717
                            χ[2]    +0.6015  +0.3717  +0.3717  -0.6015
                            χ[3]    +0.6015  -0.3717  +0.3717  +0.6015
                            χ[4]    +0.3717  -0.6015  -0.6015  -0.3717
```

図 5.16 ブタジエンの計算結果，エネルギー（$\varepsilon[\mu]$）と軌道係数

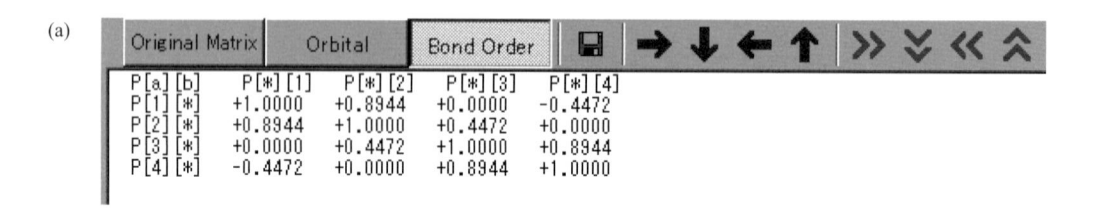

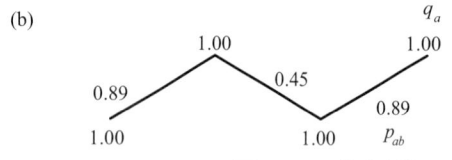

(a)
```
Original Matrix   Orbital   Bond Order
P[a][b]   P[*][1]   P[*][2]   P[*][3]   P[*][4]
P[1][*]  +1.0000   +0.8944    +0.0000   -0.4472
P[2][*]  +0.8944   +1.0000    +0.4472   +0.0000
P[3][*]  +0.0000   +0.4472    +1.0000   +0.8944
P[4][*]  -0.4472   +0.0000    +0.8944   +1.0000
```

(b)
q_a 値: 1.00, 1.00, 1.00, 1.00
p_{ab} 値: 0.89, 0.45, 0.89

図 5.17 π結合次数 p_{ab} とπ電子密度 q_a の表 (a) と分子図 (b)

裳華房 (2005)，p.93）での，例えばブタジエンの入力方法と計算の例を図 5.15，図 5.16，図 5.17 に示す．図 5.16 が軌道エネルギーと各分子軌道係数データで，図 5.17 が結合次数とπ電子密度の分子図情報である．

5.5 MOPACでのエチレンの取扱いと出力データ

(a) エチレン（$CH_2=CH_2$）の入力：C_2H_4 の価電子は 12 個（$2s^2 2p^2 \times 2 + 1s^1 \times 4 = 12$）．

sp^2 のアイコン㉜を 2 個結合すると ><（xy 平面）と作図される．キーワードは表 4.2 のエタンの場合と同じでよい．この図で結合距離 $r_{CC}=1.30$，$r_{C-H}=1.09$(Å)，∠HCC=120° の初期データが入力される．

分子軌道 φ_μ（$\mu = 1 \sim 12$）は，メタンの場合の (4-2) 式に C^2 の原子軌道

$\chi_{2s(2)}$, $\chi_{2px(2)}$, $\chi_{2py(2)}$, $\chi_{2pz(2)}$ が追加された (5-40) 式となる。またはエタンの表 4-2 のものから水素 2 個分を除いたものになる。( ) 内の数値は原子の番号である。

$$\varphi_\mu = C_{1\mu}\chi_{2s(1)} + C_{2\mu}\chi_{2px(1)} + C_{3\mu}\chi_{2py(1)} + C_{4\mu}\chi_{2pz(1)} + C_{5\mu}\chi_{2s(2)} + C_{6\mu}\chi_{2px(2)} + C_{7\mu}\chi_{2py(2)}$$
$$+ C_{8\mu}\chi_{2pz(2)} + C_{9\mu}\chi_{1s(3)} + C_{10\mu}\chi_{1s(4)} + C_{11\mu}\chi_{1s(5)} + C_{12\mu}\chi_{1s(6)} \quad (\mu = 1, 2, ..., 12) \quad (5\text{-}40)$$

(b) エチレンの出力

表 5.2 に必要なエチレンの出力および図 5.18 に構造データ（実測値を含む），そして図 5.19 に HOMO と LUMO の軌道図を示した。HOMO と LUMO 式は，(5-40) 式に表 5-2 の φ_6 と φ_7 の軌道係数 $C_{\mu r}$ を入れると (5-41) 式となる。

表 5.2　エチレンの MOPAC 出力データ（一部省略）

```
FINAL HEAT OF FORMATION (HOF) = 15.08 KCAL = 63.13 KJ(kJ mol⁻¹)
IONIZATION POTENTIAL (IP)    = 10.50 eV
NO. OF FILLED LEVELS         = 6  -------- (4*2+1*4)/2
MOLECULAR WEIGHT             = 28.05
  ATOM    CHEMICAL   BOND LENGTH   BOND ANGLE   TWIST ANGLE
 NUMBER   SYMBOL     (ANGSTROMS)   (DEGREES)    (DEGREES)
  (I)                NA:I          NB:NA:I      NC:NB:NA:I    NA  NB  NC
   1        C         0.0000        0.0000       0.0000
   2        C         1.3104 *      0.0000       0.0000       1
   3        H         1.0917 *    123.0119 *     0.0000       1   2
   4        H         1.0917 *    123.0008 *   180.0000 *     1   2   3
   5        H         1.0918 *    123.0057 *   180.0000 *     2   1   4
   6        H         1.0917 *    122.9947 *     0.0000 *     2   1   4

    Root No.      1       2       3       4       5       6       7       8
            (EIGENVALUES εμ)                             (HOMO   LUMO)
              -31.516 -20.944 -15.146 -13.879 -11.197 -10.507  1.549  3.336
              (Ciμ)                                     (φ6     φ7)(φ9~φ12略)
  S   C  1   -0.6264 -0.5012  0.0000  0.0129  0.0000  0.0000  0.0000  0.4526
  Px  C  1   -0.1832  0.2849  0.0000 -0.6000  0.0000  0.0000  0.0000  0.0162
  Py  C  1    0.0000  0.0000 -0.5488  0.0000 -0.4647  0.0000  0.0000  0.0000
  Pz  C  1    0.0000  0.0000  0.0000  0.0000  0.0000 -0.7071 -0.7071  0.0000
  S   C  2   -0.6264  0.5012  0.0000  0.0130  0.0000  0.0000  0.0000 -0.4528
  Px  C  2    0.1832  0.2849  0.0000  0.6000  0.0000  0.0000  0.0000  0.0161
  Py  C  2    0.0000  0.0000 -0.5488  0.0000  0.4647  0.0000  0.0000  0.0000
  Pz  C  2    0.0000  0.0000  0.0000  0.0000  0.0000 -0.7071  0.7071  0.0000
  S   H  3   -0.1925 -0.2895 -0.3153  0.2644 -0.3769  0.0000  0.0000 -0.3839
  S   H  4   -0.1925 -0.2895  0.3153  0.2644  0.3769  0.0000  0.0000 -0.3838
  S   H  5   -0.1925  0.2895 -0.3153  0.2644  0.3768  0.0000  0.0000  0.3840
  S   H  6   -0.1925  0.2895  0.3153  0.2644 -0.3769  0.0000  0.0000  0.3840
              NET ATOMIC CHARGES AND DIPOLE CONTRIBUTIONS
  ATOM NO.  TYPE    CHARGE      No. of ELECS.    s-Pop      p-Pop
     1       C    -0.271069       4.2711         1.28745    2.98362
     2       C    -0.271056       4.2711         1.28746    2.98359
     3       H     0.135532       0.8645         0.86447
     4       H     0.135515       0.8645         0.86449
     5       H     0.135547       0.8645         0.86445
     6       H     0.135530       0.8645         0.86447
  DIPOLE       X          Y          Z        TOTAL
  SUM        0.000      0.000      0.000      0.000
```

H   123.0°   H
109.2 pm C═══C 114.0°
       131.1 pm
H   H
(a)

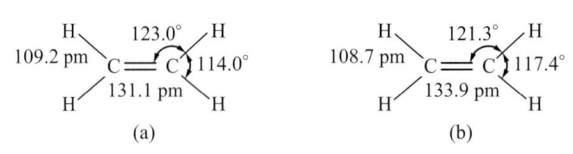

H   121.3°   H
108.7 pm C═══C 117.4°
       133.9 pm
H   H
(b)

図 5.18 エチレンの計算結果 (a) と実測値 (b)

$\varepsilon_6 = -10.5\text{eV}$
$(\varepsilon_+ = \alpha + \beta)$

$\varepsilon_7 = 1.5\text{eV}$
$(\varepsilon_- = \alpha - \beta)$

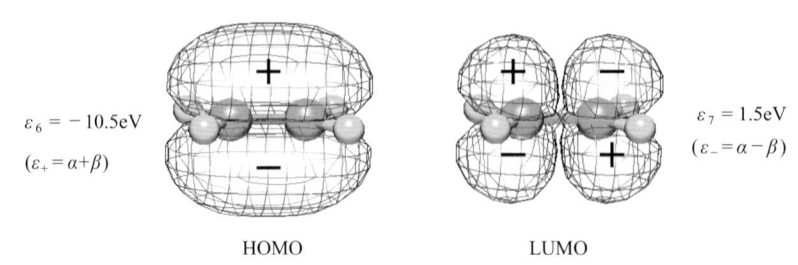

HOMO　　　　　　　LUMO

図 5.19 エチレンの HOMO と LUMO の軌道

$$\varphi_6 = 0.707\chi_{2pz(1)} + 0.707\chi_{2pz(2)} \tag{5-41-1}$$

$$\varphi_7 = 0.707\chi_{2pz(1)} - 0.707\chi_{2pz(2)} \tag{5-41-2}$$

その式 (5-41) はヒュッケル法の (5-25) と (5-26) 式に一致している ($\frac{1}{\sqrt{2}}=0.707$)。エチレンの場合 MOPAC で σ と π を分離せず計算を行っても HOMO と LUMO の情報だけは HMO 法と同じになることを示す。

なおブタジエンの場合，MOPAC のデータを表 6.3 に示すが，被占軌道の φ_6 と φ_{11}(HOMO)，および空軌道の φ_{12}(LUMO) と φ_{13} が $2p_z$ 成分だけであり，その 4 軌道の形は HMO 法の図 5.10 および (5-28) 式のそれとほぼ同じである。但し軌道係数の大きさは価電子の考慮で少し異なっている。

文　献

1　廣田穣，分子軌道法，裳華房（1999），p.26, 40.
2　島田章，量子化学的な考え方と計算，共立出版（1965），p.91.

演習問題

[5.1] 表 3.2 に経験的分子軌道法には π 電子系を扱うヒュッケル（HMO）法と σ 電子系まで扱う拡張 HMO 法のあることが記されている。そこで水素分子とエチレンの分子軌道法の取扱いに関する類似性につき，次のことがある。
① 水素分子 H_2 は水素原子が 2 個結合したもので，安定化している。
② エチレン C_2H_4 の π 結合はヒュッケル法で，π 電子（軌道）2 個が結合し安定化したものとして表される。

(1) ①と②の説明図を各々書け。(2) 共通の永年方程式を，α と β を用いて表せ。その際の各 α と β の意味を簡単に書け。(3) 被占分子軌道と空分子軌道の式を各々書け。

[5.2] アセトン（$(CH_3)_2C=O$）の構造式につき化学結合を―で，非結合電子対を：で描き，各記号にσ結合，π結合，および n 電子の区別を記入せよ。

[5.3] エチレンの MOPAC-PM6 法による計算を行いその出力データについて
  a) エチレンの構造データ（結合距離と結合角の計算結果）を構造式を書いて記入せよ。
  b) エチレンの構造データの実測値を調べ，同様の構造式を書いて記入せよ。出典も記入すること。a) を b) と比べどんなことが言えるか。
  c) σ結合とπ結合はそれぞれ幾つずつ存在するか。その数がわかるように書け。
  d) エチレンの 2 種のπ軌道に相当するものは何番目の分子軌道か。その分子軌道 φ_μ を μ の記号と原子軌道 χ_{2s}, χ_{2px} 等のうち必要なものだけを使って表せ。なお分子面（CCH 面）を XY 平面とする。

[5.4] 1,3-ブタジエンについて
  a) 3 個の共鳴式をかけ。共鳴の記号と電子対の移動を示す曲がった矢印を用いよ。
  b) ヒュッケル法の永年行列式を，α と β を用いて書け。
  c) 分子軌道情報（係数など（本文 5.29 式））を用いてπ結合次数 2 種（1-2, 2-3 間）を算出せよ。
  d) またπ電子密度を算出せよ。
  e) フロンティア電子密度 $f_1(E)$ と $f_2(E)$ を算出せよ。
  f) この分子の構造を図示したうえで，その反応の性質を c) と d) を用いてまとめよ。

[5.5] 1,3,5-ヘキサトリエンにつき答えよ。
  1) 分子式を書け。
  2) HMO 法での永年行列式を，α と β を用いて書け。

6章　分子軌道データを用いた分子情報の活用と置換基の効果

　3～5章で分子軌道（MO）情報から結合距離（R）や結合角などの分子構造データ，イオン化エネルギー（IP）や生成熱（HOF）などの物理化学的性質のデータが算出（計算）されることを述べた。実験的には，分子構造データは結晶のX線回析法や気体の電子線回析法などで，またIPやHOF値は光電子分光法や熱力学的方法で実測される。計算値が実測値をどの程度の正確さで再現できているか，チェックすることは，MO法の適用上重要である。本章では6.1節で計算法による正確さの比較と，簡単な分子19例のR，IPおよびHOFの実測値と，PM5とPM6法での計算値との関係を示す。6.2と6.3節ではブタジエン（C_4H_6）とその構造異性体数種につき，IPとHOF値の活用法を示す。6.4節ではエチレンおよびブタジエンに，電子供与性または電子求引性置換基が付いた時の効果を解析する方法を述べる。

6.1　結合距離（R），イオン化エネルギー（IP）および生成熱（HOF）の計算の正確さ

　MOPAC2009のホームページ（http://openmopac.net）のAccuracy項と開発者スチュワート博士の関係論文などにR，IP，HOFなどのAccuracy（正確さ）の情報がある[1]。MOPACは積分計算やパラメータの工夫などでAM1→PM3→PM5（2002年）→PM6（2007年）と改善されてきた。なおPMとはParametric Methodのことであり，多くの積分値が，実験値を用いて統計的手法でパラメーター化し，決められる。PM6法の誤差はその工夫により，図6.1のように，信頼性の定着しつつあるB3LYP/6-31G（d）法と劣らない，小さいものとなっている。即ちH，C，N，O，F，P，S，Cl及びBrを含む（有機系）分子1373個でのHOFのAUE（標準誤差）[1]は，5種の計算法につき横軸が5 kcal·mol^{-1}の誤差幅目盛で，縦軸が分子数の棒グラフで示されている。PM6のAUEは4.4（kcal·mol^{-1}）であり，B3LYP/6-31G（d）は5.2，（PM5で5.7）[2]，PM3で6.3，HF/6-31G（d）で7.4，AM1で10.0（kcal·mol^{-1}）[1]となっている。PM6法は誤差の小さい中心で高く，誤差幅も狭く，B3LYP法と同等以上で，Accuracy（正確さ）で優れている。なお各方法で不得意な分子系（化合物群）があることも記されている[2]。

　表6.1に簡単な分子19個（有機分子6個を含む）のR，IPおよびHOF値の実測値と，PM5とPM6法での著者による計算値を示す。結合距離Rの計算での再現はPM5でも大方得られることがわかる。イオン化エネルギーIPの再現も，単体分子の窒素分子（N_2）と酸素分

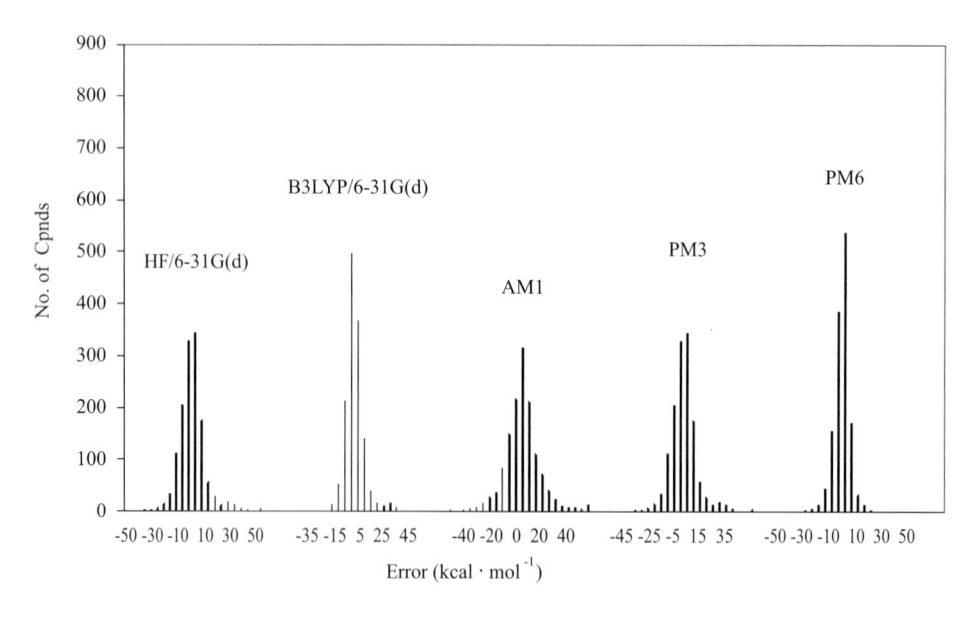

	HF/6-31G(d)	B3LYP/6-31G(d)	AM1	PM3	PM6
Median	5.10	3.75	6.63	4.60	3.26
AUE	7.37	5.19	10.01	6.26	4.44
RMS	10.68	7.42	14.69	9.49	6.23

図 6.1 各種計算法による分子 1373 個の生成熱（HOF）の誤差（kcal·mol⁻¹）（MOPAC 2009）
（誤差：Median（中央値），AUE（標準誤差）（本図），RMS（二乗平均の平方根），
No. of Cpnds：化合物（分子）の数，Basis set（基底関数）：6-31G(d)

子（O_2，三重項）以外 PM5, PM6 ともにほぼ達成されている。その再現度は分子種で少し異なる。O_2 分子の IP の大きな誤差は，有機含酸素分子では見られない O_2 の三重項性と関係しており，計算の改善法は 3.5 節で述べた。生成熱（HOF）は，先ず単体分子 H_2, N_2, ..., I_2 などでは 0.0 であるが，計算ではより小さい分子 H_2，N_2 などの計算値は再現できていない。一方有機分子の HOF はいずれの方法ともかなり再現できていて，飽和分子では負に，不飽和分子では正の値になる。これは原子化熱などを有機分子を主な対象としてパラメータでの工夫をする MOPAC の NDDO 近似[2] の問題点である。小分子では近似レベルを上げた B3LYP/6-31G(d) 法などの計算でも，計算負荷の増大はあまり苦とならない。MOPAC の不得意分野では一層高いレベルの計算法の使用が推奨される。有機分子の HOF の活用については次節で詳しく述べる。

表 6.1　簡単な分子の結合距離（R），イオン化エネルギー（IP），および生成熱（HOF）の実測値 (Exp)* と計算値（PM5，PM6）

No. 分子	結合距離 (R：Å) Exp	PM5	PM6	イオン化エネルギー (IP：eV) Exp	PM5	PM6	HOF (kcal·mol^{-1}) Exp	PM5	PM6
1 H-H	0.74	0.71	0.76	15.4	13.8	15.0	0.0	8.7	−25.7
2 N-N	1.10	1.12	1.12	15.6	12.9	12.9	0.0	30.6	40.6
3 O-O	1.21	1.16	1.10	12.1	6.5	5.0	0.0	−9.8	−16.8
4 H-F	0.92	0.96	0.97	16.0	15.3	15.8	−64.2	−67.2	−63.6
5 H-Cl	1.27	1.23	1.30	12.7	11.8	11.6	−22.1	−30.4	−32.0
6 H-Br	1.41	1.38	1.45	11.7	11.3	11.1	−8.7	−7.8	−15.7
7 H-I	1.61	1.61	1.64	10.4	10.4	10.2	6.2	−2.2	2.1
8 F-F	1.41	1.35	1.43	15.7	16.4	15.7	0.0	3.3	0.3
9 Cl-Cl	1.99	1.97	1.98	11.5	10.9	10.9	0.0	−7.9	−0.4
10 Br-Br	2.28	2.24	2.33	10.5	10.8	10.7	0.0	−5.6	2.5
11 I-I	2.67	2.63	2.57	9.3	9.9	9.7	0.0	−2.2	16.6
12 H$_2$O	0.96	0.94	0.95	12.6	11.7	11.9	−57.8	−53.7	−54.3
13 NH$_3$	1.01	1.00	1.01	10.2	10.2	10.1	−11.0	−9.3	−3.1
14 CH$_4$	1.09	1.10	1.09	12.6	12.7	13.7	−17.9	−10.0	−12.3
15 C$_2$H$_6$	1.54	1.51	1.52	11.5	11.2	11.6	−20.2	−15.2	−15.8
16 C$_2$H$_4$	1.34	1.31	1.33	10.5	10.5	10.7	12.5	15.1	15.8
17 C$_2$H$_2$	1.21	1.18	1.20	11.4	11.5	11.6	54.2	46.4	44.9
18 ブタジエン	1.47(1.37)	1.46	1.47	9.1	9.3	9.6	26.8	28.7	28.6
19 ベンゼン	1.40	1.39	1.40	9.2	9.5	9.6	19.8	22.2	24.4

* 分子情報の実測値："CRC Handbook of Chemistry and Physics 66nd edition" (CRC Press, 1985)

6.2　生成熱（HOF）の性格とブタジエン C$_4$H$_6$ 異性体の安定性比較などへの活用

6.2.1　生成熱（HOF）の性格

半経験的分子軌道法計算では，原子核間反発や電子間反発の評価などで多くの種類の近似（特定の積分の経験値（実験値）による当てはめや無視）が行われる。その一つの MOPAC では実験値に基づいたパラメータ化を工夫し，それにより生成熱（HOF）などの実験値を再現することを目指し，PM 法レベルの改善が行われてきた。その手法が 11 章などで比較的に正しい答えを与えるのは，よく似た化学種間では系統的で共通な誤差を消去できる可能性が大きいことによる。

分子の熱力学的安定性の目安として HOF があり，3.4 節で説明し，本節以降で利用する。標準状態（25℃（298 K），1 気圧（1013 hPa））で，構成原子の各元素の単体を反応させて対象分子を生成させる際に必要なエンタルピー（熱含量）をもって生成熱とされる。例えばメタン CH$_4$ では，(6-1) 式のエネルギー関係で，反応系より生成系が安定であれば負の値となり，不安定なら正の値となる。

$$\text{C(炭素：グラファイト)} + 2\text{H}_2 \rightarrow \text{C(原子)} + 4\text{H(水素原子)} \rightarrow \text{CH}_4 \qquad (6\text{-}1)$$

（吸熱：正の値）　　　　　（発熱：負の値）

生成熱は，上記 (6-1) 式の正の量と負の量の和である。この量は分子 1mol 当たりの量として，kJ·mol⁻¹（または kcal·mol⁻¹）で表す。

例：メタン（計算値：−10.0（PM5），−12.3（PM6））；（実測値：−17.9）(kcal·mol⁻¹)。

ここでは基本的分子の PM5 法での HOF の計算値の (6-2) 式をあげ，その HOF 値の性格を列記する。炭化水素では 1 炭素当たりの値も示す。

	反応				HOF (kcal·mol⁻¹)	1炭素当たり (HOF/C)数
メタン CH_4 :	$C+2H_2$	→→	CH_4	:	−10.0	−10.0
エタン C_2H_6 :	$2C+3H_2$	→→	C_2H_6	:	−15.2	−7.6
ブタン C_4H_{10} :	$4C+5H_2$	→→	C_4H_{10}	:	−26.6	−6.7
エチレン C_2H_4 :	$2C+2H_2$	→→	$H_2C=CH_2$	:	15.1	7.6
アセチレン C_2H_2 :	$2C+H_2$	→→	$HC≡CH$	:	44.4	22.2
ブタジエン C_4H_6 :	$4C+3H_2$	→→	$H_2C=CH-CH=CH_2$	:	28.7	7.2
フッ化水素 HF :	$(H_2+F_2)/2$	→→	HF	:	−67.1	
塩化水素 HCl :	$(H_2+Cl_2)/2$	→→	HCl	:	−30.4	

(6-2)

1) 各分子の HOF の値は分子を構成する原子に依存し，また構成原子の数と比に依存する。例えば，下記 2) 項以降のような理解が可能である。しかし一般には HOF の値だけで熱化学的性質の差は論じられない。HOF の値は同じ元素組成からなる分子系の差を見るのに有効である。従って異性体間や反応系の変化が主な対象となる。

　飽和炭化水素では HOF 値が負で，構成元素の単体よりも熱力学的に安定な結合を形成していることがわかる。

2) 飽和炭素数が増大するにつれて HOF 値の絶対値が大きくなるが，炭素 1 個当たりに換算するとその効果が小さくなる。C_{sp^3}-H 結合の数が多いと HOF の値が小さくなる傾向にある。

3) 不飽和炭化水素では HOF 値が正で，不安定な π 結合が増加すると，HOF 値も増加する。ブタジエンの共役結合は炭素 1 個当たりの HOF 値の減少をもたらし，π 電子の共役が安定化に寄与していることがわかる。

4) イオン性の大きい共有結合では，電気陰性度の差の大きさが HOF 値の減少に寄与する。

6.2.2 熱力学定数と化学平衡

表 6.1 の HOF の実測値（Exp）は 25 ℃における標準生成エンタルピー（ΔH_f^0）である。化学平衡状態ではその値は，ギブス自由エネルギー（ΔG_f^0）および自由エントロピー（ΔS^0）との間に (6-3) 式などの関係式が与えられる（T は絶対温度 K）。これらの値は物理化学のテキスト[3]などに表 6.2 のように提示されている。

表 6.2　標準生成エンタルピー（ΔH_f^0），標準生成ギブス自由エネルギー（ΔG_f^0）および標準エントロピー（ΔS^0）（25℃）

物質	ΔH_f^0/kJ mol^{-1}	ΔG_f^0/kJ mol^{-1}	ΔS^0/kJ mol^{-1}
H_2	0	0	130.73
N_2	0	0	191.63
CH_4	−74.85	−50.84	186.28
C_2H_6	−84.68	−32.93	230.28
C_2H_4	52.3	68.12	200.93
C_2H_2	226.73	209.2	218.91

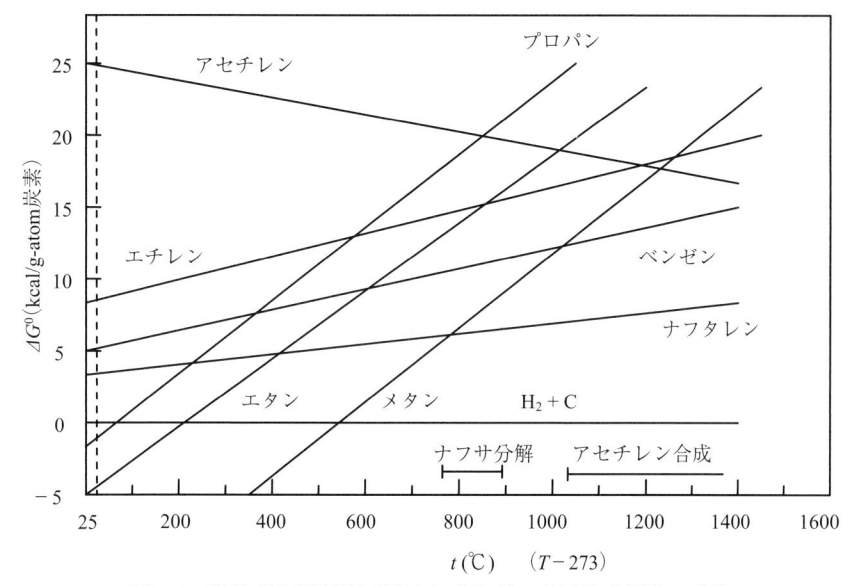

図 6.2　炭化水素の標準生成自由エネルギー（ΔG^0）（点線：25℃）

$$\Delta G_f^0 = \Delta H_f^0 - T\Delta S^0 \tag{6-3}$$

石油化学系のテキスト[4]などには炭化水素の熱分解平衡のデータとしてギブス自由エネルギー（ΔG^0）の温度変化情報が図 6.2 のように示されている。縦軸は 1 炭素当たりの ΔG^0 値で 25 ℃での値は点線との交点になる。メタン（−12.2 kcal/g-atom 炭素），エタン（−4.0 kcal/g-atom 炭素），エチレン（8.2 kcal/g-atom 炭素），アセチレン（25.0 kcal/g-atom 炭素）等の値となる。それぞれ先に示した 1 炭素当たりの HOF（ΔH_f^0）と正負が同じである。(6-3) 式などを用いて ΔH_f^0 などを相互に算出することができる。また ΔG 値は ΔH と共に，相対的に低温で飽和炭化水素が，また高温でエチレンやアセチレンなど不飽和炭化水素が低い傾向にある。熱分解平衡でそれらが各々有利であることを示し，石油化学の熱分解条件に利用される。また分子軌道法計算で表 6.1 の正確さで HOF 値などが算出されるので，反応条件の予測，結果の考察に利用される。

HOMO   LUMO

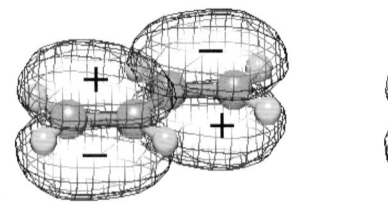

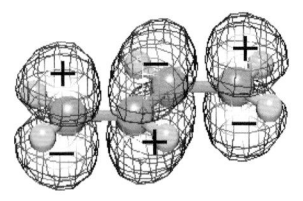

図 6.3　1,3-ブタジエンの HOMO と LUMO の軌道図

6.2.3　1,3-ブタジエンの共役 π 結合

MOPAC におけるブタジエンの入力は File（New）で sp^2 のアイコンを例えば左から 4 個結んで構造を作成する。キーワードは表 4.2 のエタンの場合と同じでよい。計算実行後 Properties の Outlist で出力を見ると表 6.3 のようである。

・HOF ＝ 120.1 kJ mol^{-1}：正の値は（4C＋3H$_2$）と比較した熱力学的不安定さを示す。
・IP ＝ 9.33 eV：エチレン（10.5 eV）よりイオン化され易くなっている。

被占軌道数は 11 であるので Root No.11，即ち φ_{11} が HOMO（−9.33 eV）であり，φ_{12} が LUMO（0.62 eV）である。それらの軌道図を図 6.3 に示す。C^1-C^2-C^3-C^4 は平面で 2,3-結合（146 pm）が二重結合性をもっている。一方で 1,3-ブタジエンの HOMO は特にエチレンの HOMO よりもエネルギーが高く，また HOMO でも LUMO でも 1 位と 4 位の軌道係数が 2 位や 3 位よりも大きいことは，求電子，求核のどちらの反応でもこれらの位置が反応性が高いこと，また 1,4-付加（重合）を起こし易いことを示す。HOMO と LUMO の間隔がせまくなったことはより長波長の紫外線吸収を示唆する。また末端炭素は負電荷が大きい。これらは二重結合の共役による効果である。さらに長い二重結合の共役は可視光吸収や導電性の可能性をもたらす。

6.3　C$_4$H$_6$ 構造異性体の比較

C$_4$H$_6$ の分子式をもつ分子 6 種（1,3-ブタジエン（6-1）とその構造異性体（6-2〜6-6））の HOF，IP，HOMO，LUMO データを表 6.4 に示した。

1) 1,3-ブタジエン（6-1 分子）が HOF 値では最低で，これらの異性体のなかでは熱力学的に最も安定であることを示唆し，事実と一致する。
2) フロンティア軌道エネルギーの差（$\varepsilon_{LUMO}-\varepsilon_{HOMO}$）（ブタジエンで 9.9 eV）の値は従来 UV スペクトルの吸収位置との対応に利用された。これが最低であるのは長波長吸収を示唆する。このことは 7 章で詳しく述べる。共役の効果である。
3) HOMO のレベルが高い（IP が小さい）と，陽イオンまたはそのような中間体になりや

表 6.3　1,3-ブタジエンの MO データ（抜粋）

```
FINAL HEAT OF FORMATION (HOF) =   28.7 KCAL =  120.1 KJ (kJ mol⁻¹)
IONIZATION POTENTIAL (IP)     =    9.3 eV
NO. OF FILLED LEVELS          =   11
MOLECULAR WEIGHT              =   54.09
  ATOM   CHEMICAL   BOND LENGTH   BOND ANGLE      TWIST ANGLE
 NUMBER   SYMBOL    (ANGSTROMS)   (DEGREES)       (DEGREES)
  (I)                  NA:I        NB:NA:I         NC:NB:NA:I    NA  NB  NC
   1        C       0.000000      0.000000         0.000000
   2        C       1.319748 *    0.000000         0.000000       1
   3        C       1.460363 *  123.320241 *       0.000000       2   1
   4        C       1.319870 *  123.381286 *     179.997601 *     3   2   1
   5        H       1.091138 *  122.085519 *     179.999987 *     1   2   3
   6        H       1.091468 *  123.677400 *      -0.000275 *     1   2   3
   7        H       1.098720 *  120.511635 *     179.999796 *     2   1   6
   8        H       1.098858 *  116.090002 *      -0.004129 *     3   2   1
   9        H       1.091475 *  123.697439 *       0.001579 *     4   3   2
  10        H       1.091228 *  122.077594 *    -179.998635 *     4   3   2

           EIGENVECTORS
Root No.    9       10       11       12       13       14       15       16
         （軌道エネルギー）                           ( ε_μ, ε₁～ε₈, ε₁₇～ε₂₂ は省略)
                           (HOMO)   (LUMO)
         -11.865  -11.145  -9.327   0.621    2.403    2.947    3.456    3.531
         （軌道係数）      ( φ₁₁ )  ( φ₁₂ )   (φ₁～φ₈, φ₁₇～φ₂₂ は省略)
 S   C  1  0.0000   0.0213   0.0000   0.0000   0.0000   0.3026   0.0143   0.3074
 Px  C  1  0.0000   0.0051   0.0000   0.0000   0.0000   0.0820   0.0387  -0.0283
 Py  C  1 -0.0001  -0.3063   0.0000   0.0000   0.0000  -0.0738  -0.2869   0.1565
 Pz  C  1  0.4346  -0.0001   0.5619  -0.5578  -0.4292   0.0000   0.0000   0.0000
 S   C  2  0.0000   0.0322   0.0000   0.0000   0.0000  -0.4163   0.0436  -0.2204
 Px  C  2  0.0000   0.0242   0.0000   0.0000   0.0000  -0.0668   0.0681   0.0787
 Py  C  2  0.0000   0.4080   0.0000   0.0000   0.0000  -0.1624  -0.3509   0.1841
 Pz  C  2  0.5579  -0.0001   0.4290   0.4345   0.5620   0.0000   0.0000   0.0000
 S   C  3  0.0000   0.0321   0.0000   0.0000   0.0000   0.4164  -0.0447  -0.2199
 Px  C  3 -0.0001  -0.0237   0.0000   0.0000   0.0000  -0.0665   0.0683  -0.0790
 Py  C  3  0.0000  -0.4081   0.0000   0.0000   0.0000  -0.1624  -0.3519  -0.1830
 Pz  C  3  0.5578   0.0000  -0.4292   0.4346  -0.5620   0.0000   0.0000   0.0000
 S   C  4  0.0000   0.0212   0.0000   0.0000   0.0000  -0.3029  -0.0135   0.3074
 Px  C  4  0.0000  -0.0055   0.0000   0.0000   0.0000   0.0822   0.0388   0.0284
 Py  C  4  0.0000   0.3069   0.0000   0.0000   0.0000  -0.0737  -0.2875  -0.1554
 Pz  C  4  0.4344   0.0000  -0.5621  -0.5579   0.4291   0.0000   0.0000   0.0000
 S   H  5  0.0001   0.2601   0.0000   0.0000   0.0000  -0.3188  -0.2479  -0.1267
 S   H  6 -0.0001  -0.2543   0.0000   0.0000   0.0000  -0.1428   0.2601  -0.4206
 S   H  7  0.0000  -0.3238   0.0000   0.0000   0.0000   0.2644  -0.3944   0.3160
```

$$\varphi_{11(\mathrm{HOMO})} = 0.56\,\chi^1_{2pz} + 0.43\,\chi^2_{2pz} - 0.43\,\chi^3_{2pz} - 0.56\,\chi^4_{2pz}$$

$$\varphi_{12(\mathrm{LUMO})} = -0.56\,\chi^1_{2pz} + 0.43\,\chi^2_{2pz} + 0.43\,\chi^3_{2pz} - 0.56\,\chi^4_{2pz}$$

```
     NET ATOMIC CHARGES （電荷）
ATOM NO.   TYPE    CHARGE      No. of ELECS.    s-Pop    p-Pop
   1        C     -0.287879       4.2879        1.29151  2.99637
   2        C     -0.141167       4.1412        1.25904  2.88213
   3        C     -0.141215       4.1412        1.25908  2.88214
   4        C     -0.287815       4.2878        1.29152  2.99630
   5        H      0.143888       0.8561        0.85611
   6        H      0.140761       0.8592        0.85924
   7        H      0.144406       0.8556        0.8555
   8        H      0.144349       0.8557        0.85565
```

表 6.4　C₄H₆ 構造異性体の HOF, IP, およびフロンティア MO データ (計算値)

	6-1	6-2	6-3	6-4	6-5	6-6
HOF (kcal/mol)	28.7	35.2	32.6	35.9	58.4	42.0
IP(eV)	9.3	9.4	10.5	9.6	9.8	10.0
ε_{HOMO}(eV)	−9.3	−9.4	−10.5	−9.6	−9.8	−10.0
ε_{LUMO}(eV)	+0.6	1.2	2.0	1.4	1.3	1.4
$\varepsilon_{HOMO}-\varepsilon_{LUMO}$(eV)	(9.9)	(10.7)	(12.5)	(11.0)	(11.1)	(11.4)
HOMO 最大係数	0.56	0.57	0.59	0.65	0.60	0.69
(位置)	(1,4)	(3)	(1)	(1,2)	(1,2)	(末端)
特徴	共役,安定化 イオン化易	直交,非共鳴 イオン化	直交,極性	平面	不安定	末端Cの反応性

すいことを示す．例えば 1,3-ブタジエンは求電子試薬と反応しやすい．その原因は IP 値と関係しており，9.2.1 項で示す．

4) 1,2-ブタジエン (6-2 分子) は累積二重結合をもち，2 つの π 結合は直交し非共役である．

5) 1-ブチン (6-3) の三重結合も同様で，特徴は三重結合末端のイオン性で，表にはないが電荷の数値からわかる (1-C (−0.26)，1-H (+0.26))．ナトリウムアセチリド誘導体 (NaC≡C−CH₂CH₃) を生成し易い原因を示唆する．

6) 小員環 ((6-6) 等) の環ひずみと反応性の増大も HOF 値の増大や HOMO の係数の値でわかる．

6.4　エチレンおよびブタジエンに対する置換基の効果

置換基をもつエチレン (置換エチレン) にはプロピレン CH₂=CH-CH₃，アクリロニトリル CH₂=CH-C≡N，アクリル酸類 CH₂=CH-COOR，酢酸ビニル CH₃COO-CH=CH₂ など多くのものがある．これらは重合反応などにより繊維，プラスチック，塗料，医薬品合成など実用的に多くの利用がなされている．

ここではアクリロニトリルを例にとり，先ずその性質の共鳴理論による理解法を示す．次に MOPAC でアクリロニトリルの構造を入力し，出力についての理解の仕方を示す．その後，置換基による MO の変化，そして性質との関係を知る．

6.4.1 アクリロニトリル等の共鳴構造式（⟷ の利用）と理解

4種の置換エチレン a)～d) の共鳴理論での共鳴構造式と，それにより示される各々の性質を右端に表示する。定性的理解は得られるが相対的関係（電子求引性や供与性の大きさ）は不明である。

a) $CH_2=CH-C\equiv N:$ ⟷ $\overset{\oplus}{CH_2}-CH=C=\overset{\ominus}{N}:$ ∴ $\overset{\delta^+}{CH_2}=CH-C\equiv \overset{\delta^-}{N}:$

b) $CH_2=CH-\underset{\underset{O:}{\|}}{C}-\ddot{O}-R$ ⟷ $\overset{\oplus}{CH_2}-CH=\underset{\underset{:\overset{\ominus}{O}:}{|}}{C}-\ddot{O}-R$ ∴ $\overset{\delta^+}{CH_2}=CH-\underset{\underset{:\ddot{O}\ \delta^-}{\|}}{C}-\ddot{O}-R$

c) $CH_2=CH-CH_3$ ⟷ $:\overset{\ominus}{CH_2}-CH=CH_2H$ ∴ $\overset{\delta^-}{CH_2}=CH-\overset{\delta^+}{CH_3}$

d) $CH_2=CH-\ddot{O}-CH_2CH_3$ ⟷ $:\overset{\ominus}{CH_2}-CH=\overset{\oplus}{\ddot{O}}-CH_2CH_3$ ∴ $\overset{\delta^-}{CH_2}=CH-\ddot{O}-\overset{\delta^+}{CH_2CH_3}$

（a と b の置換基（$-C\equiv N$ や $-COOR$ など）を電子求引基，また c と d の置換基（$-CH_3$ や $-OR$ など）を電子供与基という。）

6.4.2 アクリロニトリルの MO

$CH_2=CH-C\equiv N$ の分子作画では File→New の選択によりワークスペース（初期画面）に，ツールアイコン㉜の sp^2（─〈）炭素2個を結合した後，㉚の sp（-C-H）炭素2個を連結して $CH_2=CH-C\equiv C-H$ とする。次に㉓（青→赤：(Change atom)）をクリックし，周期表（Set atom）から N（窒素）を選択（クリック）してから4位炭素をクリックすると $CH_2=CH-C\equiv N-H$ となるので，表中の OK を押し表を消す。次に⑲のアイコン（Delete）を選択した後 N-H の H をクリックして消すと $CH_2=CH-C\equiv N$ の入力構造ができ上がる（図 6.4）。キーワードはこれまでの分子と同じで，省略する。

Calculation の後 Properties で出力を見る。Outlist の出力情報を，表 6.5 に抜粋する。HOMO [(No.10) エネルギー $E = -10.94$ eV(IP = 10.94 eV)] と，LUMO [(No.11) = -0.07 eV] を図 6.5 に示す。エチレンの表 5.2 のデータと比較し，低い HOMO（と LUMO）からこれが求電子性が強いこと，またフロンティア軌道の係数が，末端炭素部においていずれの場合も大きく，図 6.4 の（β 位ともいう）1 位が反応活性であることを示す。

なおアクリロニトリルにつき，共鳴理論では上記 a) 式で β 位は ⊕ の形式電荷をもつと表示される。一方 MO 法による表 6.5 の AC（電荷）では β 位は ⊖ 電荷（-0.23）であり，一見矛盾している。a) での β 炭素における ⊕ 表示は，エチレン（表 5.2）のそれ（$-.027$）と比較した π 電子だけの片寄りによる ⊕ であり，β 炭素の実際の電荷ではない。

アクリロニトリルは (6-4) 式のように β 位で求核反応を受け易い。

表 6.5 アクリロニトリルの MO データ（抜粋）

```
FINAL HEAT OF FORMATION (HOF) = 44.3 KCAL = 185.3 KJ (kJ mol⁻¹)
IONIZATION POTENTIAL (IP)    = 10.9 eV  （参考 ブタジエン 9.3 eV）
NO. OF FILLED LEVELS         = 10 ------- (4*3+5+1*3)/2
MOLECULAR WEIGHT             = 53.0
 ATOM   CHEMICAL  BOND LENGTH   BOND ANGLE    TWIST ANGLE
NUMBER   SYMBOL   (ANGSTROMS)   (DEGREES)     (DEGREES)
  (I)               NA:I        NB:NA:I       NC:NB:NA:I   NA  NB  NC
   1      C        0.000000     0.000000       0.000000
   2      C        1.319285     0.000000       0.000000     1
   3      C        1.418735   123.001176       0.000000     2   1
   4      N        1.157668   178.930734     179.999967     3   2   1
   5      H        1.092594   123.921251       0.000422     1   2   3
   6      H        1.092659   121.269246    -179.999663     1   2   3
   7      H        1.100031   123.044845      -0.000058     2   1   6

              EIGENVECTORS (Root No.1- No.8 と No.13- No.19 省略)
Root No.       9       10      11      12
           （軌道エネルギー）
           -12.206  -10.943  -0.072   1.160
           （軌道係数）
                    (HOMO)  (LUMO)
 S  C  1  -0.0202   0.0000   0.0000  -0.1369
 Px C  1  -0.0655   0.0000   0.0000  -0.0968
 Py C  1   0.3856   0.0000   0.0000   0.0248
 Pz C  1   0.0000  -0.6426  -0.6558   0.0000
 S  C  2   0.0375   0.0000   0.0000   0.0339
 Px C  2   0.0756   0.0000   0.0000  -0.0886
 Py C  2  -0.3743   0.0000   0.0000   0.0751
 Pz C  2   0.0000  -0.6188   0.5126   0.0000
 S  C  3  -0.0434   0.0000   0.0000  -0.0366
 Px C  3   0.0446   0.0000   0.0000  -0.5644
 Py C  3   0.3464   0.0000   0.0000   0.4034
 Pz C  3   0.0000   0.1971   0.3529   0.0000
 S  N  4  -0.2772   0.0000   0.0000   0.0041
 Px N  4  -0.4004   0.0000   0.0000   0.5257
 Py N  4  -0.1856   0.0000   0.0000  -0.3845
 Pz N  4   0.0000   0.4066  -0.4273   0.0000
 S  H  5   0.3201   0.0000   0.0000   0.0201
 S  H  6  -0.2798   0.0000   0.0000   0.1194
 S  H  7   0.3509   0.0000   0.0000   0.1877
NET ATOMIC CHARGES AND DIPOLE CONTRIBUTIONS
ATOM NO.  TYPE    CHARGE    No. of ELECS.   s-Pop    p-Pop
   1       C     -0.227390     4.2274       1.29233  2.93506
   2       C     -0.114838     4.1148       1.23626  2.87858
   3       C     -0.056858     4.0569       1.29625  2.76060
   4       N     -0.104354     5.1044       1.82794  3.27642
   5       H      0.161165     0.8388       0.83884
   6       H      0.160915     0.8391       0.83909
   7       H      0.181360     0.8186       0.81864
DIPOLE     X         Y         Z        TOTAL
 SUM     -2.245    -2.718    0.000     3.525
```

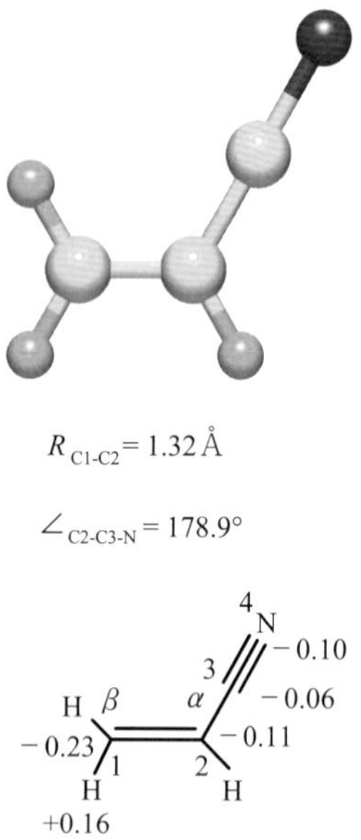

$R_{\text{C1-C2}} = 1.32\,\text{Å}$

$\angle_{\text{C2-C3-N}} = 178.9°$

図 6.4 アクリロニトリルの構造と原子の電荷
（表 6.5 の□内）

$$\underset{\beta\quad\alpha}{\text{CH}_2=\text{CH-C}\equiv\text{N}} + \text{ROH} \xrightarrow[\text{Base}]{} \text{RO-CH}_2\text{-CH}_2\text{-C}\equiv\text{N} \qquad (6\text{-}4)$$

この反応では，RO$^{\ominus}$ が LUMO の軌道係数の絶対値の大きい β 位（1 位：0.656（図 6.5））を攻撃している。即ち 9.2 節の HSAB 理論でアクリロニトリルは軟らかい求電子基質として，RO$^{\ominus}$ と反応したと説明される。この反応は単純なイオン的反応ではない。

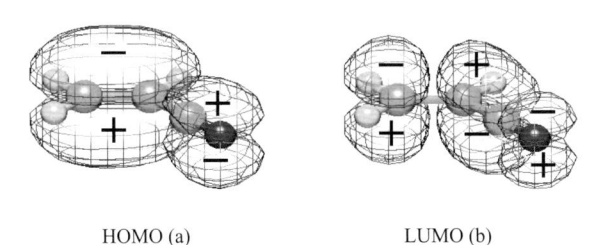

HOMO (a)　　　　　LUMO (b)

図 6.5　アクリロニトリルの **HOMO** と **LUMO** 軌道

6.4.3　他の置換エチレンとの関係，およびブタジエンの置換基について

前節でエチレンに電子求引性のシアノ基が置換したアクリロニトリルについて，分子軌道データの理解とそれを用いた反応性の解釈を述べた。本節では図 6.6 (a) の，有機合成化学で有名な，1,3-ブタジエンとエチレンとの [4π＋2π] 付加環化のディールス・アルダー反応（熱反応）における置換基効果を紹介する。

なお (b) の光化学反応では光を吸収して励起した置換エチレンは，3 章で述べ，図示したように単占被占軌道（SOMO）の 2 種の Lower SOMO（LSOMO）と Higher SOMO（HSOMO）の軌道とその活性電子をもち，電子スピンも一重項（^{1}S）と三重項（^{1}T）の 2 種あるので，その反応性は熱反応と異なる。その詳しいことは 10 章で述べる。

(a) 熱反応

(b) 光反応

図 6.6　付加環化反応

図6.6で置換基をもつ炭素原子を head（頭：h）といい，置換基をもたない炭素原子を tail（尾：t）という。例えば熱反応で電子供与性の置換基 X をもつ 1,3-ジエンと，電子求引性置換基 Z をもつ置換エチレンとが反応すると，head-head（hh-）付加体が選択的に生成する。反応が hh-付加となるか，head-tail（ht-）付加となるかの選択性は置換基 X，Z そして共役系の置換基 C がどのように付いているかで決まる。そのような両者の置換基の変化で付加の選択性（10章参照）が変化する原因を，物性値と分子軌道法データの整理で明らかにしたものを図6.7に示した。ハウク（Houk）の論文データ[5]をフレミングが見易く整理したもので[6]，置換エチレンの性質などを理解するのによく利用される。(a)の熱反応において置換基を共役基（C），電子求引（Z），そして電子供与基（X）に分類し，フロンティア軌道の HOMO と LUMO のエネルギーと，軌道係数のそれぞれの反応点の符号（＋または－）と係数の大小関係（大丸と小丸）を概略得ることで，付加生成物の構造が予測される。10.4節で詳しく説明するが，両者の HOMO-LUMO 間のエネルギー差が小さく，HOMO の係数が大きい位置と LUMO の係数が大きい位置とが結合するのが，エネルギー上有利となるので，付加配向選択性が決まることになる。即ち図6.6(a)の反応では，左側分子ジエンの HOMO の 4 位と右分子エチレンの

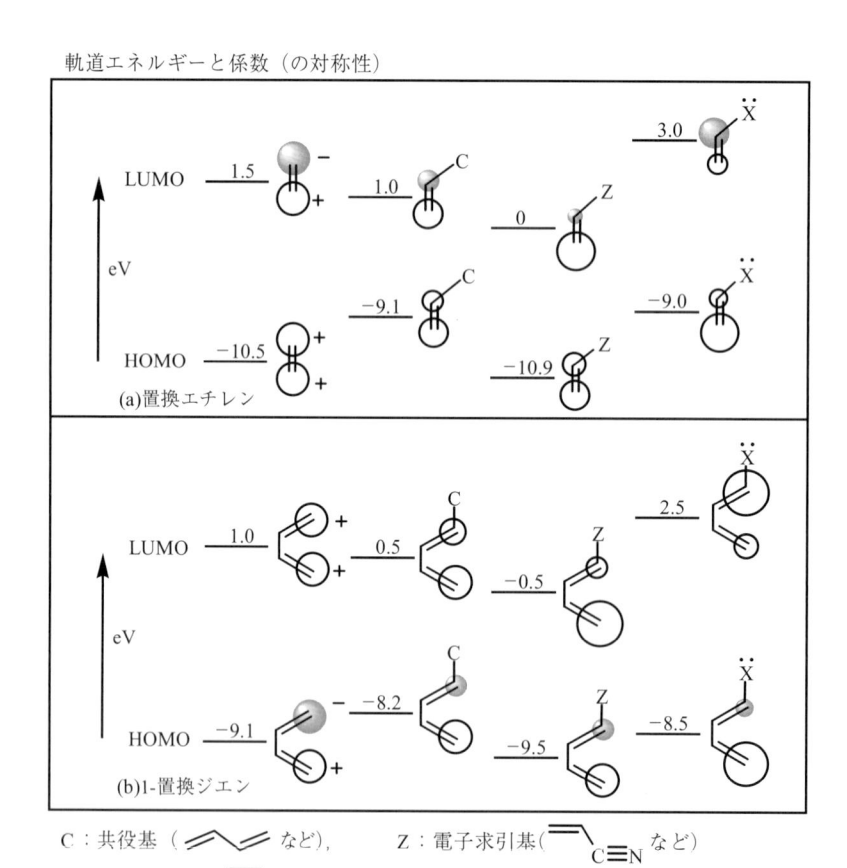

図6.7 置換エチレンおよび置換ブタジエンのフロンティア軌道のエネルギーと係数（符号）[6]

表 6.6 置換エチレン（Y-(α)CH=CH2(β)）のフロンティア軌道（HOMO と LUMO）の軌道エネルギー（eV）とエチレン部軌道係数（PM5）

分子構造 （置換基の性質）	フロンティア軌道		フロンティア軌道係数			
		エネルギー(eV)	α	β	（係数の大きい位置,一致）[6]	
$CH_2=CH_2$	HOMO	-10.5	0.707	0.707		
	LUMO	1.5	0.707	-0.707		
$CH_2=CHCN(Z)$	HOMO	-10.9	0.62	0.64	(β)	OK
	LUMO	-0.10	0.51	0.66	(β)	OK
$CH_2=CH\text{-}CHO(Z)$	HOMO	-11.1	0.66	0.65	(β)	NO
	LUMO	-0.62	0.31	-0.54	(β)	OK
$CH_2=CHCOOCH_3(Z)$	HOMO	-11.2	0.60	0.57	(β)	NO
	LUMO	-0.46	0.34	-0.56	(β)	OK
$CH_2=CH\text{-}CH=CH_2(C)$	HOMO	-9.3	0.43	0.56	(β)	OK
	LUMO	0.62	0.43	-0.56	(β)	OK
$CH_2=CH\text{-}C_6H_5(C)$	HOMO	-8.9	0.47	0.45	(β)	NO
	LUMO	0.21	0.47	0.44	(β)	NO
$CH_2=CH\text{-}CH_3(X)$	HOMO	-9.9	0.60	0.68	(β)	OK
	LUMO	1.5	0.68	-0.69	(α)	NO
$CH_2=CH\text{-}OCH_3(X)$	HOMO	-9.3	0.45	0.64	(β)	OK
	LUMO	1.4	0.70	-0.68	(α)	OK
$CH_2=CH\text{-}N(CH_3)_2(X)$	HOMO	-7.8	0.21	0.57	(β)	OK
	LUMO	1.3	0.71	-0.63	(α)	OK

Z:電子求引性基，C: π 共役基，X:電子供与性基

[6] 一致（OK）とは，本文記載図書『フロンティア軌道法入門』p.146との関係を示す。

LUMO の β 位との作用が有利で，tt 即ち hh-付加体の生成となる。

　本書ではエチレンと代表的置換エチレン計 9 個について PM5 法による各々のフロンティア軌道データを，その分類（Z, C, X）と共に，表 6.6 に示す。図 6.7 と比べ軌道エネルギーに大きな違いはない。置換基の性質による段階的変化がわかる。一方軌道係数の反応点での大きい位置を右端に記し，それが図 6.7 と一致したものは，OK，不一致は NO とメモした。これらのデータは，上記付加配向選択性などの微妙な解析や，計算法の改善，または 11 章の遷移状態解析の際の初期構造などに利用される。1,3-ブタジエンに対する置換基効果も同様にして検討できる。

文　献

1　J. J. P. Stewart, *J. Mol. Model.*, 13, 1173(2007).
2　日本化学会編，第 5 版 実験化学講座 12—計算化学—，丸善（2004），p.54.
3　関崎正夫，わかりやすい物理化学，共立出版（1998），p. 140.
4　園田昇，亀岡弘，有機工業化学 第 2 版，化学同人（1993），p.61.
5　K. N. Houk, *J. Am. Chem. Soc.*, 95, 4093(1973).
6　I. フレミング（福井謙一監修，竹内敬人・友田修司訳），フロンティア軌道法入門，講談社（1978），p.146.

演習問題

[6.1] C_4H_6 構造異性体 4 種の分子の MOPAC-PM5 法によるデータを本文表 6.4 に示す。次の問に答えよ。

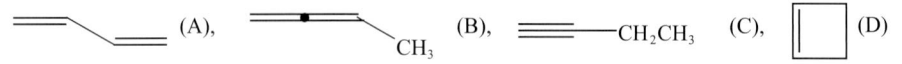

    ━━━╲━━━ (A),   ━━━●━━━╲CH₃ (B),   ≡━━CH₂CH₃ (C),   □ (D)

1) HOF, IP, HOMO は何の略か。英語で記すとともに日本語名も答えよ。
2) HOF の意味を CH_4 を例にして定義式を書き簡単に答えよ。
3) 4 分子の HOF 値からどんなことが言えるか。
4) 4 分子の IP の大小からどんなことが言えるか。
5) 4 分子の HOMO からどんな可能性（反応性の差など）が予想されるか。
6) C_4H_6 で他に考えられる構造異性体の式 3 個を示せ。

[6.2] エチレンの 1 個の水素原子が置換した構造をもつ次の 4 種の置換エチレンについて答えよ。

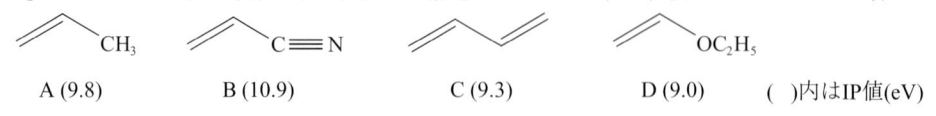

    ╲═╱CH₃   ╲═╱C≡N   ╲═╱╲   ╲═╱OC₂H₅

    A (9.8)   B (10.9)   C (9.3)   D (9.0)   ( ) 内は IP 値 (eV)

1) それぞれの日本語名と英語名を記せ。
2) エチレン (IP = 10.5 eV) を基準として電子的性質で分類せよ。
3) B と D それぞれの共鳴式を書き，2) について説明せよ。

7章 π電子系の光吸収と電子吸収スペクトルのMO解析

ブタジエン，ベンゼンをはじめとして，β-カロテンを含む各種天然および合成色素，また感光材料，半導体的な導電性材料（ポリアセチレンなど）に至るまで，それらは炭素－炭素二重結合の共役によるπ電子共役系の長さによって特徴づけられる。π構造の特徴は紫外可視分光光度計（電子吸収スペクトル測定装置）（200 nm～800 nm）で測定できる。その光励起エネルギーは，MOPACプログラム中のCNDO/S法などで計算され，UVスペクトルにおける吸収波長（実測値）が主にどのような軌道電子の励起（遷移）によるものかも帰属できる。ここではブタジエンを例として電子吸収スペクトルのMO法による理解の仕方を示す。

7.1 有機分子の光吸収と電子吸収スペクトル

有機分子は光を吸収し，その吸収極大波長（λ_{max}）はその分子特有であり，特に動きやすいπ電子の共役二重結合をもつ分子では紫外・可視部にそれぞれの吸収スペクトルを示す。

エチレン（165 nm），ブタジエン（217 nm），ヘキサトリエン（258 nm），β-カロテン（452

表 7.1 電子励起による遷移の一覧[1]

例	電子遷移	λ_{max}(nm)	ε_{max}
エタン	$\sigma \rightarrow \sigma^*$	135	
水	$n \rightarrow \sigma^*$	167	7,000
メタノール	$n \rightarrow \sigma^*$	183	500
エチレン	$\pi \rightarrow \pi^*$	165	10,000
アセチレン	$\pi \rightarrow \pi^*$	173	6,000
アセトン	$\pi \rightarrow \pi^*$	約150	
	$n \rightarrow \sigma^*$	188	1,860
	$n \rightarrow \pi^*$	279	15
1,3-ブタジエン	$\pi \rightarrow \pi^*$	217	21,000
1,3,5-ヘキサトリエン	$\pi \rightarrow \pi^*$	258	35,000
アクロレイン	$\pi \rightarrow \pi^*$	210	11,500
	$n \rightarrow \pi^*$	315	14
ベンゼン	芳香族 $\pi \rightarrow \pi^*$	約180	60,000
	芳香族 $\pi \rightarrow \pi^*$	約200	8,000
	芳香族 $\pi \rightarrow \pi^*$	255	215
スチレン	芳香族 $\pi \rightarrow \pi^*$	244	12,000
	芳香族 $\pi \rightarrow \pi^*$	282	450
トルエン	芳香族 $\pi \rightarrow \pi^*$	208	2,460
	芳香族 $\pi \rightarrow \pi^*$	262	174

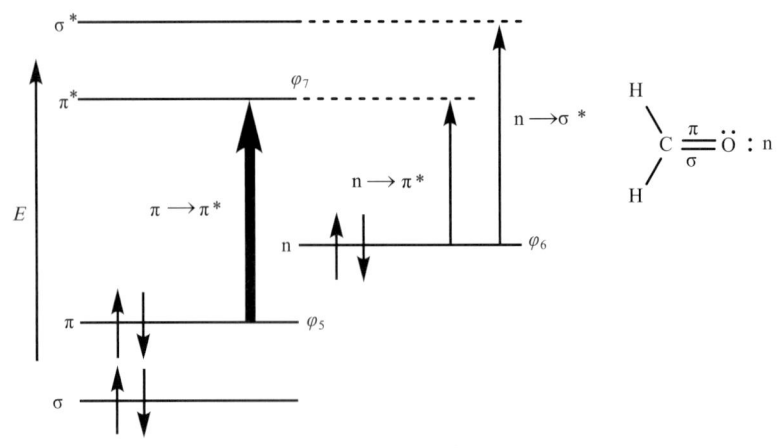

図7.1 ホルムアルデヒドの電子エネルギー準位の略図
(σ電子3種, π電子1種, n電子2種の各1種。π→π*, n→π*, n→σ*の3種を表示。縦矢印の太さはε_{max}の大小を示す。)

nm)の最長波長のことは1章の図1.2に示した。表7.1に多様な有機分子の光吸収波長と電子励起の種類(π→π*, n→π*, n→σ*など)を示す[1]。なおε_{max}は分子吸光係数である。溶液の吸光度を吸収層の厚さと溶質のモル濃度で割った値であるため定量に使うことができる(吸光度は, 入射光強度をI_0, 透過光強度をIとするとき, $\log_{10}(I_0/I)$で表される物体の光吸収の強さである)。

図7.1にホルムアルデヒドの電子エネルギー準位と電子遷移の概略図を示した。表7.1のアセトンの遷移も同様に説明される。なおn→π*などはHOMO→LUMO軌道エネルギーの差の順序と異なる場合がある。n電子は炭素との結合には寄与していないので結合による安定化はなく, n*軌道は存在しない。ホルムアルデヒドについてMOPAC計算をすると, 図7.1に示したようにφ_6がHOMOで, φ_5が被占π軌道, φ_7が空のπ*軌道となる。またHOMOにn電子の性質があることがわかる。従ってn→π*遷移は, π→π*遷移よりもエネルギーを要しない即ち長波長で起こる。但しそれぞれの軌道がn電子(Oの$2p_y$の係数大)とπ*電子(Cの$2p_z$の係数大)で直交しているので, 軌道の対称性から禁制遷移の性質があり, 遷移の確率(表7.1のε_{max}, 表7.3の振動子強度に相当)は小さい。すなわちn→π*遷移のUVピークは小さい。またn電子はエタノールなどのOH水素と水素結合を起こして安定化する性質があり, n→π*遷移に大きいエネルギーを要するなど, 吸収位置に変化がある。

次に炭素−炭素二重結合の共役によるπ電子共役系の電子スペクトルの概略を述べる。その吸収波長は図7.1から, 各分子の基底状態の被占軌道と空軌道のエネルギー差と関係し, そのエネルギー差, ΔE等と(7-1)式に示す関係式で表される*。この考え方では特にフロンティ

---

* 厳密には, 励起状態のエネルギーと基底状態のエネルギーの差であり, (7-1)式とは異なる。その原因と対策は次節で述べる。

表 7.2　共役ポリエン H(CH=CH)$_n$H の最長波長の紫外可視吸収位置（λ_{max} と ν_{max}）と，HMO 法で求めた HOMO と LUMO のエネルギー差（ΔE_H）

n	λ_{max}/nm	ν_{max}/nm^{-1}	$\Delta E_H/\beta$
1	162.5	61,500	2.000
2	217	46,080	1.236
3	251	39,750	0.890
4	304	32,900	0.695
5	334	29,940	0.569
6	364	27,470	0.482
7	390	25,640	0.418
8	410	24,390	0.391
10	447	22,370	

ア軌道（HOMO と LUMO）のレベルが重要である．

$$\Delta E = E_{空軌道} - E_{被占軌道} \fallingdotseq h\nu = \frac{hc}{\lambda} \tag{7-1}$$

（h：プランクの定数，ν：振動数，c：光速度，λ：波長）

表 7.2 にエチレンから始まる一連のポリエン H(CH=CH)$_n$H の最長波長 λ_{max}（すなわち一重項最低励起エネルギー）と波数換算値 ν_{max}（$=1/\lambda$(cm^{-1})），そしてヒュッケル法によるフロンティア軌道エネルギー差，ΔE_H（$= E_{lumo} - E_{homo}$：β 単位）を示す．そして ν_{max} と ΔE_H の関係をプロットすると，両者によい直線関係のあることがわかる[2]．しかし，エネルギーは 5.2 節で述べた β 単位で定性的である．

一方で MOPAC の分子軌道法データで，エチレン（$n=1$）は表 5.2 で，1,3-ブタジエンは表 6.3 と表 6.4 で，LUMO と HOMO のエネルギー差は各々 12.1 eV，9.9 eV である．これらを波長に換算すると 102 nm と 125 nm になり，実測値 163 nm と 217 nm に対し，かなり離れていて再現できない．

7.2　1,3-ブタジエンの励起エネルギーと電子吸収スペクトルのシミュレーション

7.2.1　基底配置と励起配置

5.2 節と 5.4 節のヒュッケル法で得られたブタジエンの π 電子基底電子配置と，それに 1 電子励起で作られる励起電子配置 4 種を図 7.2(a) に示した．$\Phi_{2,3}$ は $\varphi_1^2\varphi_2^1\varphi_3^1$ の 1 つの電子配置であるが，最低エネルギーの励起電子状態に近いとも見られる．しかし 7.1 節の図 7.1 で示した π* 励起電子状態はこれとは異なる．この状態を計算するには，励起配置についての永年方程式を解く方法が考えられる．他の方法としては，基底配置の計算結果を改善しようという方法がある．例えば，配置間相互作用（CI）という方法を用いて，励起状態を多種の電子配置

(a) 基底配置と励起配置

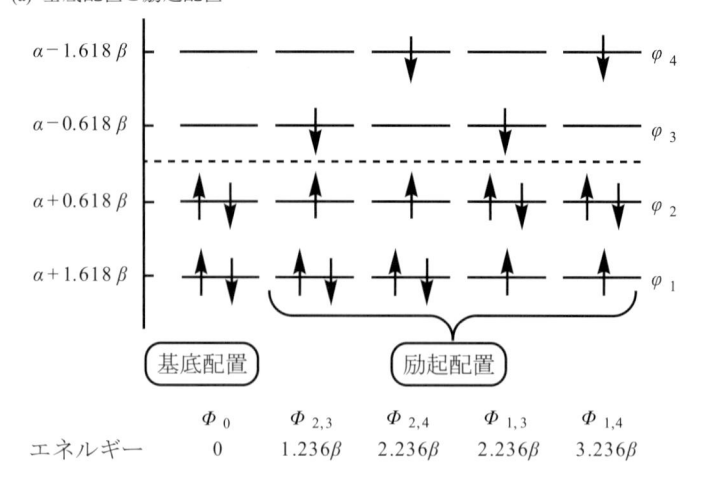

$\alpha - 1.618\beta$ —— —— —— —— —— φ_4
$\alpha - 0.618\beta$ —— —— —— —— —— φ_3
- - - - - - - - - - - - - - - - - - - -
$\alpha + 0.618\beta$ —— —— —— —— —— φ_2
$\alpha + 1.618\beta$ —— —— —— —— —— φ_1

基底配置　　　励起配置

　　　　　　Φ_0　$\Phi_{2,3}$　$\Phi_{2,4}$　$\Phi_{1,3}$　$\Phi_{1,4}$
エネルギー　0　1.236β　2.236β　2.236β　3.236β

(b) 配置間相互作用と励起状態

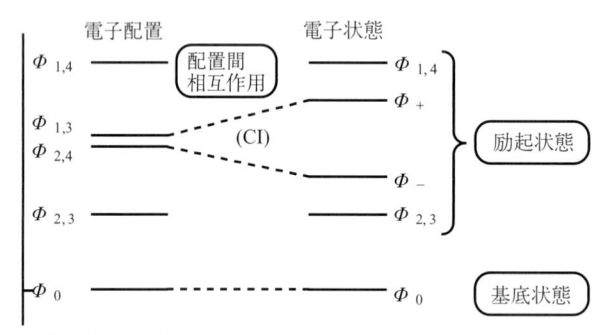

電子配置　　　　　　　　　電子状態
$\Phi_{1,4}$ ——　配置間相互作用　—— $\Phi_{1,4}$
$\Phi_{1,3}$ ——　　(CI)　　　　—— Φ_+
$\Phi_{2,4}$ ——　　　　　　　　—— Φ_-
$\Phi_{2,3}$ ——　　　　　　　　—— $\Phi_{2,3}$　　}励起状態

Φ_0 ——　　　　　　　　　—— Φ_0　　　基底状態

図 7.2 基底状態，励起状態と電子遷移（ブタジエンの例）(a) 配置，(b) 励起状態[3]

の線形結合で表し，変分法で最低のエネルギーとなる組み合わせを計算する方法がそれである。より低い遷移エネルギーが得られる。エネルギーの接近した電子配置が2種以上ある場合は，CI効果は大きい。その様子は図 7.2(b) 右側に示されている。このような電子吸収スペクトルの分子軌道法解析原理は提示する参考書に記されている[3]。MOPACでの解析手順をブタジエンの例で次節に示す。計算結果は吸収波長が長波長から200 nm付近まで，各電子配置の寄与の程度（%）と共に示される。

7.2.2　1,3-ブタジエンの MOPAC による励起エネルギーの計算と励起配置の同定

本書末尾の付記に示すように，5.2節に示した方法で1,3-ブタジエンの基底状態を構造最適化した後，その構造を用いて，励起スペクトル解析のMOS-F（MO CompactではMO-S）プログラムを用いたCNDO/S法計算を行う。

先ず *trans*-1,3-ブタジエンの構造をワークスペースに作図し，Edit→Edit Z-matrix の選択によるダイアログ画面で，Name 欄は任意で，butd(6-1) とし，Keywords 欄に EF PM5

7章 π電子系の光吸収と電子吸収スペクトルのMO解析   97

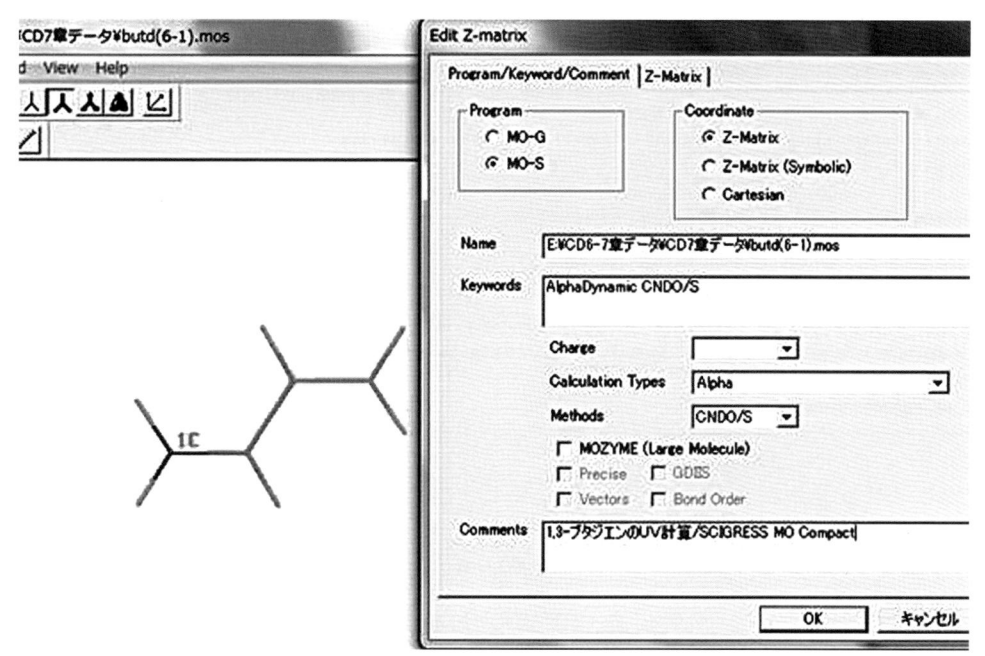

図7.3　1,3-ブタジエン（ファイル名：butd(6-1)）の分子構造とUVスペクトル解析の
　　　　入力用ダイアログ（右側：MO Compact）

VECTORSを入れて計算すると最適化された図7.3左側の構造が表示される。次のEditで図7.3右側のダイアログとし，ProgramをMOPAC2000からUV計算用のプログラムのMOS-Fに変える（4.1節の図4.4参照）。MO Compactでは図7.3の右側ダイアログでMO-GからMO-Sに変える。Name部はファイル名.mosの入力ファイルになる。Keywords部は，Calculation TypesにAlphaを，MethodsにCNDO/Sを選択するとその文字（+Dynamic）が記される。Comments部に適当なメモを入れてOKをクリックし，Calculation→Startで数秒後，出力を得る。出力ファイルはWinMOPAC版でWMSファイル（.wms），MO compact版でMO-Sファイル（.mos）である。

表7.3にOutlistのMOS-Fの出力部の主な部分を示す。まず構造データがあり，次にHOMOがNo.11，LUMOがNo.12の軌道などの基底状態のエネルギー情報がある。後半に表としてTransition energy（遷移エネルギー：横軸），吸収強度に相当するOscillation strength（振動子強度：縦軸），MO遷移帰属（遷移前後の主な分子軌道番号），そして主な電子配置のCI係数（%）などの電子励起の帰属に関する情報がある。

ピーク（縦軸：7.1節のεに対応）の最長の波長は229.6 nmであり，その帰属は11→12（95%）のHOMO→LUMO，即ちπ→π*吸収が主と帰属される。すなわちブタジエンのMOデータは表6.3に示し，このNo.11と12の2分子軌道はχ_{2pz}成分（π性）だけであった。

1,3-ブタジエンの図7.4のUV吸収波長実測値λ_{max}= 217 nmは，MOPACのPM5-CNDO/S

表7.3 1,3-ブタジエンの CNDO/S 法による励起スペクトルの解析例

```
************************************************************
      MOS-F version 5.0A ... Microsoft(R) Windows 98/Me/NT/2000.
                By A. Matsuura. Fujitsu Labs Ltd.
************************************************************
MOS-F> JCtrl entering.
------------------------------------
AlphaDynamic CNDO/S
------------------------------------
CNDO/S calculation.
Silent mode on the stderr output specified.
Creating WinMOPAC file ... H:\trans-butadiene-uv.wms
MOS-F> JCtrl done.    Elapsed time =    6.53 s. Total = 00h 00m 07s.
------------------------------------
trans-butadiene-uv
------------------------------------
Read MOPAC internal coordinates ...
  C
  C   1    1.31975
  C   2    1.46037   1   123.322
  C   3    1.31987   2   123.373   1  -179.999   0
  H   1    1.09147   2   123.677   3     0.000   0
  H   1    1.09114   2   122.092   3  -180.000   0
  H   2    1.09873   1   120.518   6     0.000   0
  H   3    1.09885   2   116.099   1     0.000   0
  H   4    1.09148   3   123.699   2     0.000   0
  H   4    1.09123   3   122.084   2   180.000   0
Internal coordinates ...
------------------------------------
MOS-F> GState entering.
Energy table for ground state
------------------------------------------------------------
                      Hartree         Electron volt      kcal/mol
------------------------------------------------------------
Total              -3.782995701       -102.94059        -2373.866
Electronic        -60.180952213      -1637.60773       -37764.122
Nuclear repulsion  56.397956513       1534.66714        35390.256
------------------------------------------------------------
Highest Occupied  Molecular Orbital (HOMO) ...  11   LUMO
Lowest Unoccupied Molecular Orbital (LUMO) ...  12   HOMO
Canonical orbital energies (Unit : eV)
------------------------------------------------------------
Electron transition spectra (G->E) for singlet state. NStates =10(紫外スペクトルデータ)
------------------------------------------------------------
State      Transition energy         Oscillator        Main CIS CSFs
           eV       cm^-1      nm    strength          MO        CI coef.
------------------------------------------------------------
○ 1     5.39969   43551.40  229.614   0.953911      11->  12   -0.97483 ( 95%) ○
  2     6.64475   53593.49  186.590   0.000922       9->  12    0.96158 ( 92%)
  3     6.70375   54069.39  184.948   0.000000      11->  13   -0.96992 ( 94%)
  4     6.99895   56450.35  177.147   0.000599      11->  14   -0.95373 ( 91%)
  5     7.41386   59796.76  167.233   0.001926       8->  12    0.92644 ( 86%)
  6     7.61841   61446.58  162.743   0.000000      11->  15   -0.89818 ( 81%)
 10     8.60583   69410.65  144.070   0.149295      11->  16    0.94226 ( 89%)
------------------------------------------------------------
```

（入力）

測定
↑
計算 ← ブタジエンの解析
↓
スペクトル
シミュレーション

（出力）

法で 229.6 nm と計算されたことになる。Properties のプルダウンによる Excied state の選択で，計算によるスペクトルは図 7.5 のように線で示される。186.6 nm（9 → 12）も表 6.3 から

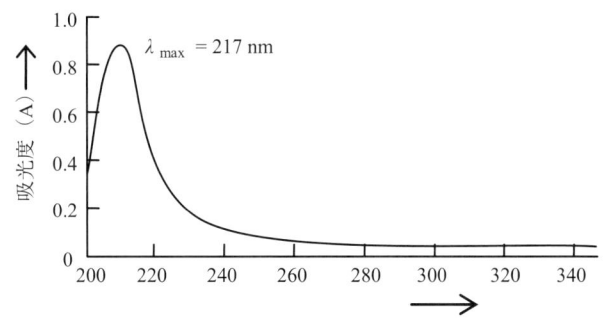

図 7.4　1,3-ブタジエンの UV スペクトル

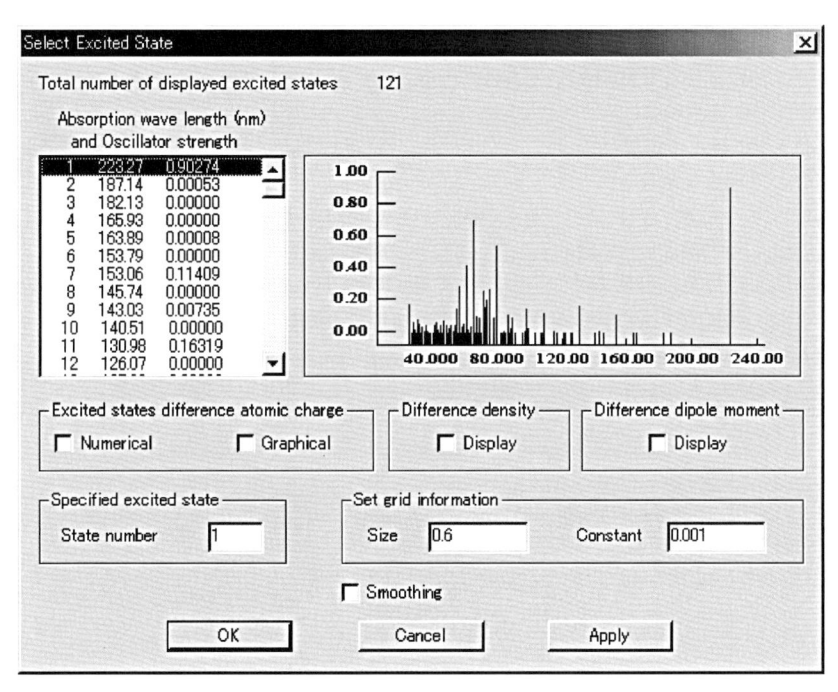

図 7.5　ブタジエンの UV スペクトルのシミュレーション

π → π* 遷移が主と帰属される。なおその他の多くの短波長（高エネルギー）域のピークはそれぞれの遷移によるが，通常測定用セル（石英）の限界から解析に有用とされない。図 7.4 では短波長側は 200 nm より左側になる。

その他この方法で（計算値／実測値）(nm / nm) は，エチレン：（184 / 162），1,3,5-ヘキサトリエン：（254 / 258）となる。長い共役分子の UV の吸収波長は，PPP 法など以上の精度のよい方法での計算が勧められる[4]。

文　献

1　Silverstein 等（荒木峻, 益子洋一郎, 山本修訳), 有機化合物のスペクトルによる同定法（第5版), 東京化学同人（1992), p.265.
2　廣田穰, 分子軌道法, 裳華房（1999), p.79.
3　時田澄男, カラーケミストリー, 丸善（1982), p.127.
4　時田澄男, 染川賢一, パソコンで考える量子化学の基礎, 裳華房（2005), p.98.

演習問題

[7.1] 本章表 7.1 に, 各種分子の電子励起による遷移の種類と UV スペクトルに関する情報がある。
a. エタン（$\sigma \to \sigma^*$：($\lambda_{max}=$) 135 nm), b. 水（$n \to \sigma^*$：167 nm), c. エチレン（$\pi \to \pi^*$：165 nm）につき図を用いて簡単に説明せよ。

[7.2] アセトンの $\pi \to \pi^*$(150 nm), $n \to \sigma^*$ (188 nm), $n \to \pi^*$ (279 nm) の波長の違いの原因を説明せよ。

[7.3] アセトンの種々の溶媒における 270 nm(λ_{max}) 付近の吸収は, 次のように変化する。この吸収波長変化の原因を説明せよ。

溶媒	水	メタノール	エタノール	クロロホルム	ヘキサン
λ_{max} (nm)	264.5	270	272	277	279

[7.4] 共役二重結合系のポリエン分子, 一般式 H(CH=CH)$_n$ H（β-カロテンもこの π 骨格を含む）においては, 図に示すように共役系の炭素数の増加で, 吸収帯は長波長側にずれる。この原因を $n = 1, 2, 3$ で説明せよ。

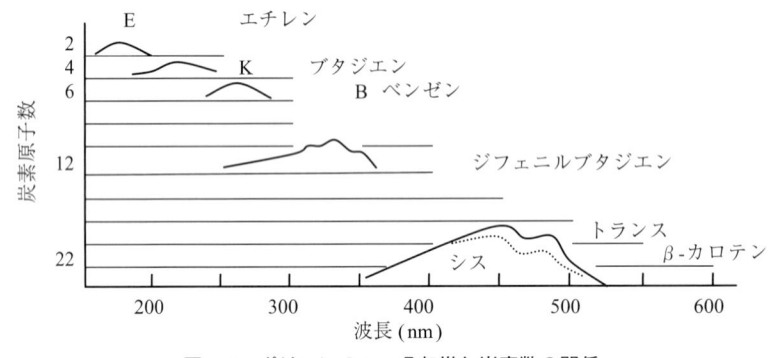

図 7.6　ポリエンの UV 吸収帯と炭素数の関係

8章　芳香族化合物および複素環化合物の性質と置換基効果

　有機化合物の中にはベンゼンやナフタレンのように，熱力学的に特別に安定な性質をもつ，いわゆる芳香族化合物の一群が存在する。一方でシクロブタジエン等のように熱力学的に不安定な反芳香族化合物と言われるものもある。どのような違いがあるのだろうか。ナフタレンでは求核的試薬も求電子試薬も1位で反応するのはなぜか。またニトロベンゼンやアニリンのように置換基によって芳香環の電子的性質が大きく変化するもの，ピロールやピリジンのように五員環と六員環で含有する窒素の効果が大きく異なり，その性質が生化学的に影響を及ぼすものなど様々である。

　本章ではこれらの構造上の特徴や物理化学的性質を，有機電子論を用いて定性的に述べ，MO法で定量的に調べる。

8.1　ベンゼンおよび環状共役化合物の性質

8.1.1　ベンゼンの構造と芳香族化合物

　ベンゼン C_6H_6 の構造は，平面で炭素からなる6員環を形成しており，全てのC-C結合距離は等しく 1.39 Å（= 139 pm）である。そのような構造は共鳴理論では (8-1) 式の共鳴混成体として，またその結合は1.5重結合よりも安定なものとして説明される。エチレンの二重結合距離は 1.33 Å，エタンの一重結合距離は 1.54 Å であるので，ベンゼンのC-C結合は単結合よりも二重結合に近い。従って何らかの追加説明が必要である。

$$\text{（ベンゼンの共鳴構造式）} \tag{8-1}$$

　また熱力学的に非常に安定であり，その安定性は8.2節に示す共鳴エネルギーと呼ばれる特別の安定化エネルギーのためと説明される。

　特にベンゼン，ピリジン，ナフタレン，アントラセンなどの 6π，10π，および 14π 電子をもつ，即ち $(4n+2)$ 個（$n = 0, 1, 2...$）の共役系 π 電子をもつ環状で平面型の分子は，共鳴エネルギー（安定化）が大きいことから芳香族化合物と呼ばれる。

その $(4n+2)\pi$ 電子共役系が平面状で，特別の安定性をもつことをヒュッケル則と呼ぶ。

ベンゼンなどの 6π 電子をもつ構造は，2p 軌道の重なりを表現するため (8-2) 式のように表現される。ピリジン C_6H_5N とピロール C_4H_5N も 6π 電子系であるが，両者の性質は異なる。このことは 8.7 節で述べる。

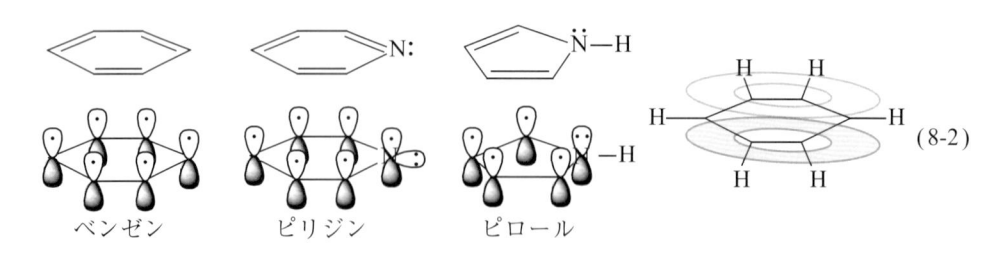

$$\text{ベンゼン} \quad \text{ピリジン} \quad \text{ピロール} \quad (8\text{-}2)$$

8.1.2 非ベンゼン系芳香族化合物

図 8.1 に示すような環状 π 電子共役系はベンゼンと同じような共鳴安定化があり，ヒュッケル則の $(4n+2)\pi$ 電子系で，正六角形でない化合物，すなわち非ベンゼン系芳香族化合物と呼ばれる。但し四員環の 6π 系化合物はジアニオンの反発で，また十員環は環のひずみのため不安定で未知となっている。1,6-メタノ[10]アヌレンは環のひずみを減少させた構造であり，共鳴安定化のため安定に存在する。[18]アヌレンの芳香族性は 8.5 節で示すが，2 カ所にピークをもつその ^1H NMR スペクトルによりその性質がきれいに説明される。

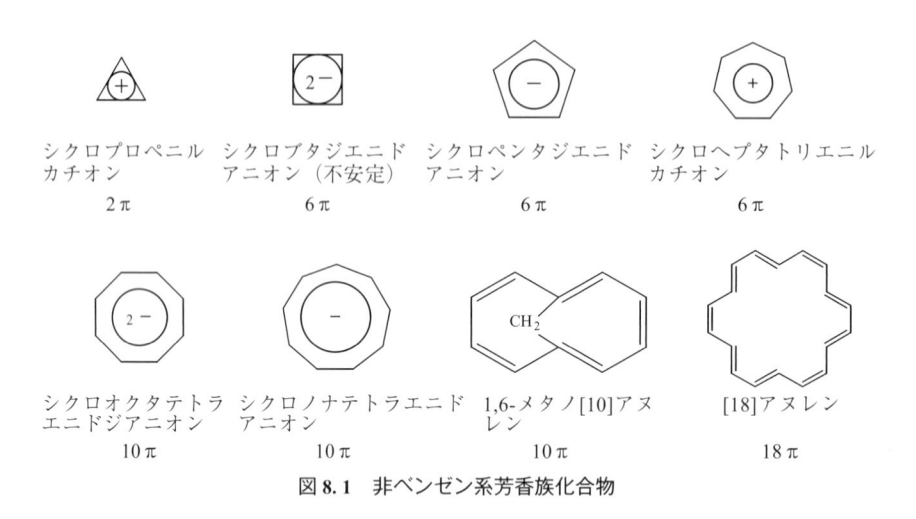

| シクロプロペニル
カチオン
2π | シクロブタジエンド
アニオン（不安定）
6π | シクロペンタジエンド
アニオン
6π | シクロヘプタトリエニル
カチオン
6π |

| シクロオクタテトラ
エンドジアニオン
10π | シクロノナテトラエンド
アニオン
10π | 1,6-メタノ[10]アヌ
レン
10π | [18]アヌレン
18π |

図 8.1 非ベンゼン系芳香族化合物

8.1.3 反芳香族化合物と環状ポリエン

図 8.2 の，先ず $4n$ ($n = 1$) π 電子系の四員環 4π 電子のシクロブタジエン (a) は，通常非常に不安定であり，π 共役による安定化はなく反芳香族化合物と呼ばれる。但し (b) の立体的に嵩ばった置換基 t-Bu 基 3 個をもつものは，極低温でその存在が長方形と確認された。しかし非常に不安定ですぐ変化する[1]。一方で 1987 年ノーベル化学賞のクラム（Cram）らは，1991

(a)　　　　(b)　　　　(c)　　　　(d)

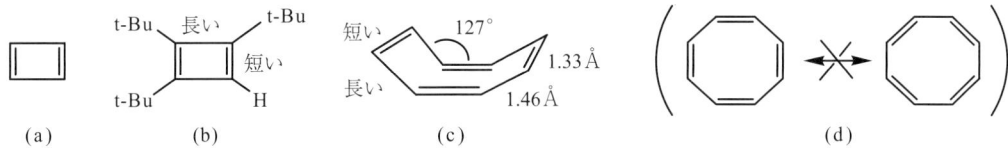

図 8.2　反芳香族化合物と環状ポリエン

年室温でシクロブタジエン1分子（長方形状）を，特殊な牢獄状分子中に捕捉する方法を発明した[2]。分子の周囲の環境も安定性有無の条件となることがわかる。

8π電子のシクロオクタテトラエン(c)の4n（n = 2）π電子系は，(d)のような共役による安定化はなく，(c)のデータの浴槽型（またはおけ形）の非平面構造をしていることが判明している。これは単に非芳香族の環状ポリエンと言える。

8.2　ヒュッケル則のHMO法による説明

8.2.1　ベンゼンなどの共鳴エネルギー(Resonance Energy)(Delocalization Energy: DE)

ベンゼンは(8-1)式の共鳴混成体として存在するため，共鳴寄与体（即ち二重結合が局在化した構造）よりも150 kJ mol^{-1}（36 kcal mol^{-1}）程度安定であるとされ，これを共鳴エネルギー，または非局在化エネルギー（DE）と呼ぶ。有機化学のテキストではそれは，シクロヘキセンとベンゼンの還元の熱力学データを用いて図8.3のように説明される[3]。

HMO法では，図8.4により，(8-1)式に記した共鳴寄与体の構造において，炭素-炭素二重結合(5-23)式が3個存在するとして，エチレンのエネルギーE_Eの3倍の6π電子の全エネルギー（$E_E×3$）と，ベンゼンの全エネルギー（E_B）との差が共鳴エネルギー（DE）である。従ってDEは(8-3)式で与えられる。

$$\begin{align}
DE &= 3 \times E_E - E_B \\
&= 3 \times (\alpha+\beta) \times 2 - \{(\alpha+2\beta) \times 2 + (\alpha+\beta) \times 2 \times 2\} = (6\alpha+6\beta) - (6\alpha+8\beta) \\
&= -2\beta > 0 \quad (\beta\text{（共鳴積分）} < 0)
\end{align} \tag{8-3}$$

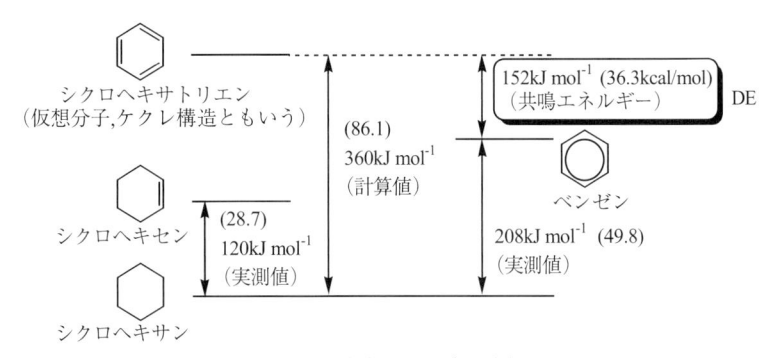

図 8.3　共鳴エネルギー（1）

また熱力学データとの関係から β（共鳴積分）の値はおよそ -75 kJ mol^{-1} とされる。よって DE＝$-2\beta\fallingdotseq$ 150 (kJ mol^{-1})

つぎに 1,3-ブタジエンの DE は同様にして，エチレンのエネルギーの 2 倍から，5.2.3 項に示した 1,3-ブタジエンの全エネルギーを引いた次式で算出される。

$$(\alpha+\beta) \times 2 \times 2 - \{(\alpha+0.62\beta) \times 2 + (\alpha+1.62\beta) \times 2\} = -0.48\beta > 0$$

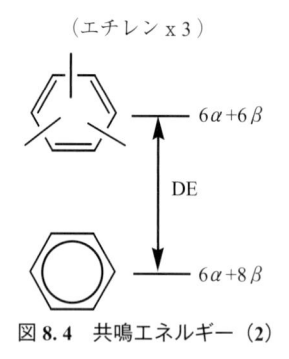

図 8.4 共鳴エネルギー（2）

その DE 値は炭素 1 個当たり $0.48\beta/4$ で，ベンゼンでは $2\beta/6$ で，ベンゼンの方が大きい。

8.2.2 シクロブタジエンの性質

図 8.5 に，シクロブタジエンの HMO 法による軌道エネルギーと軌道係数（符号は白黒）を示す。

まず HOMO は縮重した SOMO であり，そのエネルギーは π 電子 1 個分の不安定な α である。また軌道係数も大きく，高い反応性を推定させる。なお HMO 法では電子のスピンの考え方は入っていない。図では単に 3.5 節の酸素分子と同じ三重項を表現している。さらにシクロブタジエンの DE は，エチレン 2 個のエネルギー（$E_E \times 2$）とシクロブタジエン 4π 電子のエネルギー差の (8-4) 式で求められ，ゼロである。

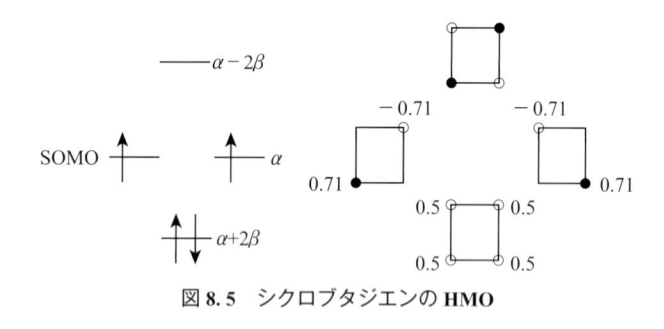

図 8.5 シクロブタジエンの HMO

$$\begin{aligned} \text{DE} &= (\alpha+\beta)\times 2 \times 2 - \{(\alpha+2\beta)\times 2 + \alpha \times 2\} \\ &= (4\alpha+4\beta) - (4\alpha+4\beta) = 0 \end{aligned} \tag{8-4}$$

以上のようにシクロブタジエンは共鳴エネルギーをもたず，一方で SOMO の活性軌道電子をもつ不安定な分子であることが説明される。

8.3　ベンゼンとナフタレンの MOPAC での解析

8.3.1　ベンゼンについて

ベンゼン C_6H_6（価電子 30 個）の入力はテンプレート（型）アイコン㊵を用いてなされる（図 8.6）。ベンゼン構造を選び，ワークスペースにクリックする。テンプレートを消し，名前

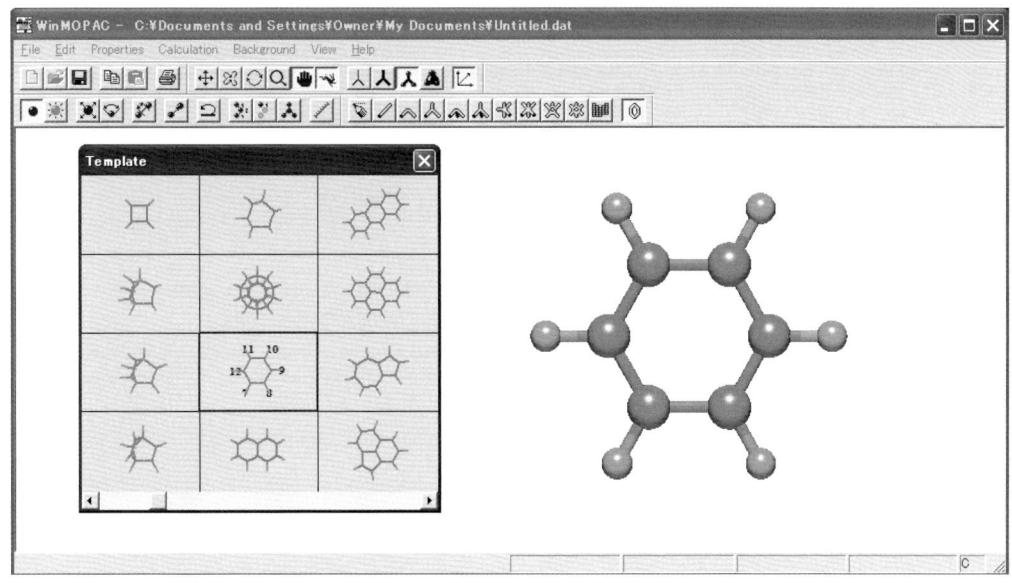

図 8.6　ベンゼンのテンプレート

をつけ，これまでと同じキーワードを入れ，計算する．その出力の抜粋を表 8.1 に示す．

　HOF = 92.76 kJ mol^{-1} は，表 6.3 のブタジエンなどの不飽和化合物の値に比べて 1 個の炭素当たり 15.5 kJ 低く，大きな共鳴エネルギーによる熱力学的安定さを示す．一方で IP = 9.47 eV（実測値 9.25 eV）はエチレンなどのそれより小さいので，電子 1 個を失い陽イオンになりやすいことを示す．これらはベンゼンがディールス・アルダー反応などの環化付加反応は起こし難いが，硝酸（NO$_2^+$ 発生）との反応でニトロ化などの求電子置換反応は起こし易いことの説明に使われる．C-C 結合距離は前述したが，全て 1.39 Å で等しく，実測値と一致する．被占分子軌道は，φ_{11} と，縮重している φ_{14}（HOMO1）と φ_{15}（HOMO2）（図 8.7）が π 性で 6 個の π 電子は全てここに存在する．LUMO の φ_{16} と φ_{17} も縮重軌道である．それが多く存在するのは，この分子が高い対称性 D$_{6h}$（群論での表現）をもつことによる．ベンゼンは C-C 間，C-H 間結合距離が各々すべて等しいことから有機化学ではケクレ（Kekulé）構造の，共鳴混成体として，(8-1) 式を用いて説明されることを述べた．C の電荷も全て負（⊖）で等しい．8.1.1 項に示した π 電子雲の環境を示唆し，求電子性の試薬と相互作用または反応し易いことになる．

　なお HOMO と LUMO 軌道の HMO 法データは 5 章の表 5.1 と図 5.12 に示した．図 8.7 には φ_{16} だけ示したが，それは HMO 法のときと一見対称性は同じではないように見える．これらは，HMO 法の結果と実は同じ対称性をもつ軌道を回転させた形で，節の数は同じである．縮重した軌道には回転によって他の解が存在する．MOPAC で同じキーワードで，同じ HOF，IP 値などが得られ，HMO 法の表 5.1 の HOMO，LUMO の軌道係数とほぼ同じ組み合わせのものを得るには，例えばベンゼンの主軸を番号変更アイコン㉕で下記する 1 位 －4 位ラインにしたものを用いるとよい．φ_{14}，φ_{15} がそれぞれ HMO の φ_3，φ_2 に対応する．

表 8.1　ベンゼンの MOPAC データ（抜粋）

```
EF PM5 VECTORS ALLVEC
FINAL HEAT OF FORMATION =  22.17 KCAL/mol=92.76 kJ mol⁻¹ (HOF：生成熱)
IONIZATION POTENTIAL    =   9.47 eV           (IP：イオン化電位)
NO. OF FILLED LEVELS    =  15                 (被占軌道数)
MOLECULAR WEIGHT        =  78.11              (MW:分子量)
ATOM   CHEMICAL   BOND LENGTH    BOND ANGLE    TWIST ANGLE
NUMBER  SYMBOL    (ANGSTROMS)    (DEGREES)     (DEGREES)
 (I)              NA:I           NB:NA:I       NC:NB:NA:I    NA  NB  NC
  1      C        0.000000       0.000000      0.000000
  2      C        1.387666 *     0.000000      0.000000       1
  3      C        1.387565 *   119.996367 *    0.000000       2   1
  4      C        1.387637 *   120.006191 *   -0.013691 *     3   2   1
  5      C        1.387421 *   119.999521 *    0.002966 *     4   3   2
  6      C        1.387562 *   119.992883 *   -0.004879 *     5   4   3
  7      H        1.095046 *   119.982424 *  179.999522 *     1   2   3
  8      H        1.095055 *   119.990793 *   -0.007594 *     2   1   7
  9      H        1.095063 *   120.005458 * -179.997497 *     3   2   1
 10      H        1.095086 *   119.993718 * -179.999540 *     4   3   2
 11      H        1.095053 *   120.012869 *  179.998763 *     5   4   3
 12      H        1.095051 *   119.989330 * -179.988154 *     6   5   4

MOLECULAR POINT GROUP  :   D6h(対称性)

                    EIGENVECTORS                (HOMO   LUMO)
Root No.     11      12       13       14       15      16
          (軌道エネルギー)
         -13.147 -11.425  -11.424  -9.468   -9.467    0.712
          (軌道係数)
            (φ₁₁)                    φ₁₄      φ₁₅     φ₁₆)
 S   C  1  0.0000  0.0250   0.0130   0.0001   0.0000  0.0001
 Px  C  1  0.0002 -0.0081  -0.3403  -0.0001   0.0000 -0.0001
 Py  C  1  0.0000 -0.3318   0.0211   0.0002   0.0001  0.0001
 Pz  C  1 -0.4082  0.0001  -0.0001   0.4518   0.3595  0.5772
 S   C  2  0.0000 -0.0237   0.0151   0.0000   0.0000  0.0000
 Px  C  2 -0.0001  0.0215   0.3397   0.0000   0.0000  0.0000
 Py  C  2  0.0001  0.3325  -0.0079   0.0000   0.0000  0.0000
 Pz  C  2 -0.4082  0.0000  -0.0001   0.5372  -0.2116 -0.2747
 S   C  3  0.0000 -0.0013  -0.0281   0.0000  -0.0001  0.0000
 Px  C  3  0.0001 -0.0142  -0.3283   0.0000   0.0001  0.0000
 Py  C  3 -0.0001 -0.3438   0.0150   0.0000   0.0001  0.0000
 Pz  C  3 -0.4082  0.0000  -0.0002   0.0856  -0.5710 -0.3022
 S   C  4  0.0000  0.0250   0.0130   0.0000   0.0000  0.0000
 Px  C  4  0.0001  0.0082   0.3401   0.0001   0.0000 -0.0001
 Py  C  4  0.0001  0.3321  -0.0212  -0.0001  -0.0001  0.0001
 Pz  C  4 -0.4083 -0.0001   0.0000  -0.4518  -0.3594  0.5771
 S   C  5  0.0000 -0.0238   0.0152   0.0000   0.0000  0.0000
 Px  C  5  0.0000 -0.0215  -0.3395   0.0001   0.0000  0.0001
 Py  C  5  0.0001 -0.3325   0.0077   0.0000   0.0000  0.0000
 Pz  C  5 -0.4083 -0.0001  -0.0001  -0.5372   0.2114 -0.2748
 S   C  6  0.0000 -0.0012  -0.0281   0.0000   0.0000  0.0000
 Px  C  6  0.0001  0.0144   0.3284   0.0000  -0.0003  0.0001
 Py  C  6 -0.0001  0.3437  -0.0150  -0.0001   0.0002  0.0000
 Pz  C  6 -0.4083 -0.0001   0.0001  -0.0853   0.5710 -0.3025
 S   H  7 -0.0001  0.2888   0.1505  -0.0001   0.0000 -0.0001
 S   H  8 -0.0002 -0.2747   0.1750   0.0001   0.0000  0.0000
 S   H  9  0.0001 -0.0141  -0.3254   0.0000   0.0000  0.0000
 S   H 10  0.0000  0.2890   0.1504   0.0000   0.0000  0.0000
 S   H 11  0.0001 -0.2747   0.1749   0.0000   0.0000  0.0000
 S   H 12  0.0000 -0.0142  -0.3255   0.0000   0.0001  0.0000

            NET ATOMIC CHARGES (電荷)
ATOM NO.  TYPE    CHARGE      No. of ELECS.
   1       C    -0.156075       4.1561
   2       C    -0.156092       4.1561
   3       C    -0.156073       4.1561
   4       C    -0.156051       4.1561
   5       C    -0.156034       4.1560
   6       C    -0.156046       4.1560
   7       H     0.156100       0.8439
   8       H     0.156071       0.8439
   9       H     0.156051       0.8439
  10       H     0.156060       0.8439
  11       H     0.156080       0.8439
  12       H     0.156008       0.8440
```

構造

H— (hexagon) 1.10 Å, 1.39 Å

0.16 H— (hexagon) −0.16

フロンティア軌道

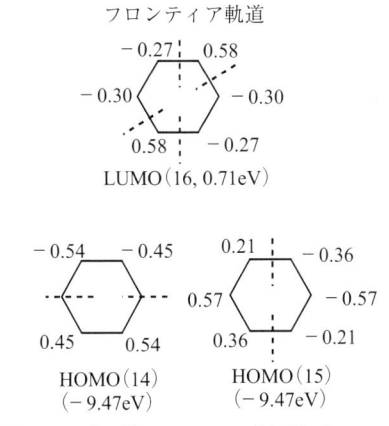

```
        -0.27 | 0.58
     -0.30 ⬡ -0.30
        0.58 | -0.27
      LUMO (16, 0.71eV)
```

```
  -0.54  -0.45       0.21  -0.36
 ⬡                ⬡
  0.45   0.54        0.36  -0.21
      with 0.57 left/-0.57 right on HOMO(15)
   HOMO(14)          HOMO(15)
   (-9.47eV)         (-9.47eV)
```

図 8.7　ベンゼンの HOMO（縮重）と LUMO

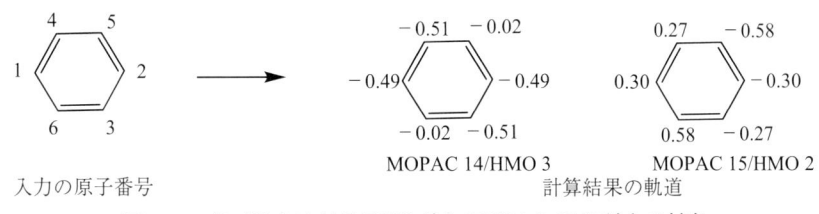

```
  4  5                -0.51  -0.02              0.27  -0.58
1 ⬡ 2              -0.49 ⬡ -0.49            0.30 ⬡ -0.30
  6  3                -0.02  -0.51              0.58  -0.27
入力の原子番号        MOPAC 14/HMO 3          MOPAC 15/HMO 2
                         計算結果の軌道
```

図 8.8　ベンゼンにおける HMO 法と MOPAC-PM5 法との対応

8.3.2　ナフタレンの反応性と MO データ

ナフタレン $C_{10}H_8$ の MOPAC データを表 8.2 に示す。原子の番号付けは図 8.9 に示す IUPAC 命名法によるものが奨励される。左の MOPAC の初期番号のものを，アイコン㉕（renumber）をクリック後右の番号順に押して OK し，新しいダイアログで計算にはいるとよい。

HOF は 157.3 kJ mol^{-1} で，CH 単位当たり 15.7 kJ である。これはベンゼンの 15.5 kJ とほぼ等しく，ベンゼンと同様に熱力学的に安定であることを示す。

IP = 8.63 eV（実測値 8.11 eV）。これはベンゼン（IP = 9.47 eV）と比較し，電子を放出し易いことを示し，求電子試薬との反応性が高い原因となる。また結合距離と電荷は表 8.2 に示すように場所によりかなり異なっていることを示唆する。ところで結合距離の実測値は IUPAC 原子番号で，1-2 間（1.37 Å），2-3 間（1.40 Å），4-10 間（1.42 Å）および 9-10 間（1.39 Å）であり，1-2 間が最も短く，4-10 間が最も長い。計算値の長さとその順序は実測値のそれとよく一致している。共鳴理論ではナフタレンの 3 個の共鳴構造式を描き，そこに使われた二重結合の数でその二重結合性が説明され，寄与構造の重みを考慮して，長さの順序もおよそ予測する。

次に芳香族置換反応などの反応性について述べる。その起こり易さは後述の図 8.13 に示す

表 8.2 ナフタレンの MOPAC データ（抜粋）

```
FINAL HEAT OF FORMATION =  37.60 KCAL = 157.31 KJ (KJ/mol)
IONIZATION POTENTIAL    =   8.63 EV (eV)
NO. OF FILLED LEVELS    =  24
MOLECULAR WEIGHT        = 128.17
  ATOM  CHEMICAL  BOND LENGTH   BOND ANGLE    TWIST ANGLE
 NUMBER  SYMBOL   (ANGSTROMS)   (DEGREES)     (DEGREES)
  (I)              NA:I          NB:NA:I       NC:NB:NA:I    NA  NB  NC
   1      C       0.000000      0.000000      0.000000
   2      C       1.360126 *    0.000000      0.000000       1
   3      C       1.414554 *  120.472069 *    0.000000       2   1
   4      C       1.360132 *  120.472993 *    0.002339 *     3   2   1
   5      C       2.482985 *  149.526603 *   -0.001890 *     4   3   2
   6      C       1.360131 *  149.527626 *    0.002296 *     5   4   3
   7      C       1.414560 *  120.473055 *   -0.000502 *     6   5   4
   8      C       1.360130 *  120.471843 *   -0.000894 *     7   6   5
   9      C       1.421500 *  120.379635 *    0.000247 *     8   7   6
  10      C       1.409343 *  119.148750 *    0.000782 *     9   8   7
(H 省略)
           EIGENVECTORS (No.1-16, No.33-48 省略)(C5-C9, H 省略)
                                                              (HOMO)
  Root No.    17       18       19       20       21       22       23       24
           (軌道エネルギー)
           -13.155  -12.091  -11.844  -11.464  -11.177  -10.441   -9.115   -8.626
           (軌道係数)
   S   C  1  -0.0936   0.0405   0.0000  -0.0044  -0.0086   0.0000   0.0000   0.0000
  Px   C  1  -0.2203  -0.1246   0.0000   0.2371  -0.0757   0.0000   0.0000   0.0000
  Py   C  1  -0.0698  -0.1824   0.0000  -0.1689  -0.2383   0.0000   0.0000   0.0000
  Pz   C  1   0.0000   0.0000  -0.2781   0.0000   0.0000   0.3986   0.0112   0.4155
   S   C  2   0.0613   0.0129   0.0000  -0.0269  -0.0039   0.0000   0.0000   0.0000
  Px   C  2   0.2523   0.0986   0.0000  -0.2332   0.1014   0.0000   0.0000   0.0000
  Py   C  2  -0.1887   0.3124   0.0001   0.1276   0.2062   0.0000   0.0000   0.0000
  Pz   C  2   0.0000   0.0001  -0.4156   0.0001   0.0000   0.2114   0.3720   0.2781
   S   C  3  -0.0613   0.0129   0.0000   0.0269  -0.0039   0.0000   0.0000   0.0000
  Px   C  3  -0.2875  -0.2252   0.0000   0.2249  -0.1310   0.0000   0.0000   0.0000
  Py   C  3   0.1289  -0.2379   0.0000  -0.1418  -0.1888   0.0000   0.0000   0.0000
  Pz   C  3   0.0000   0.0001  -0.4156   0.0000   0.0000  -0.2114   0.3720  -0.2781
   S   C  4   0.0936   0.0405   0.0000   0.0044  -0.0086   0.0000   0.0000   0.0000
  Px   C  4   0.0460   0.0989   0.0000  -0.2629   0.1715   0.0000   0.0000   0.0000
  Py   C  4  -0.2265   0.1975   0.0001   0.1251   0.1819   0.0000   0.0000   0.0000
  Pz   C  4   0.0000   0.0000  -0.2780   0.0000   0.0000  -0.3986   0.0112  -0.4155
   S   C 10  -0.0556   0.0000   0.0000   0.0000  -0.0146   0.0000   0.0000   0.0000
  Px   C 10  -0.0339  -0.1461   0.0000   0.2447  -0.1757   0.0000   0.0000   0.0000
  Py   C 10  -0.0577   0.0860   0.0000  -0.1439  -0.2988   0.0000   0.0000   0.0000
  Pz   C 10   0.0000   0.0000   0.0000   0.0000   0.0000  -0.3048  -0.4722   0.0000
           (LUMO)
  Root No.    25       26       27       28       29       30       31       32
            -0.067    0.366    1.345    2.256    2.573    3.090    3.093    3.355
   S   C  1   0.0000   0.0000   0.0000   0.0000   0.2596   0.1691  -0.2405   0.0186
  Px   C  1   0.0000   0.0000   0.0000   0.0000  -0.0385   0.0841  -0.0130  -0.2091
  Py   C  1   0.0000   0.0000   0.0000   0.0000   0.0814  -0.0932  -0.1459   0.0684
  Pz   C  1   0.4156   0.0168   0.3967  -0.2781   0.0000   0.0000   0.0000  -0.0001
   S   C  2   0.0000   0.0000   0.0000   0.0000  -0.1980  -0.3042   0.1867   0.2657
  Px   C  2   0.0000   0.0000   0.0000   0.0000   0.0315  -0.0635  -0.1133   0.0709
  Py   C  2   0.0000   0.0000   0.0000   0.0000  -0.0030  -0.0956  -0.1184   0.0693
  Pz   C  2  -0.2780  -0.3719  -0.2098   0.4155   0.0000   0.0000   0.0000   0.0000
   S   C  3   0.0000   0.0000   0.0000   0.0000   0.1980   0.3045   0.1862  -0.2650
  Px   C  3   0.0000   0.0000   0.0000   0.0000  -0.0179  -0.0527   0.0486   0.0252
  Py   C  3   0.0000   0.0000   0.0000   0.0000   0.0261  -0.1016   0.1568   0.0975
  Pz   C  3  -0.2781   0.3719  -0.2098  -0.4155   0.0000   0.0000   0.0000  -0.0001
   S   C  4   0.0000   0.0000   0.0000   0.0000  -0.2596  -0.1695  -0.2402  -0.0245
  Px   C  4   0.0000   0.0000   0.0000   0.0000   0.0899  -0.1222   0.1214   0.1619
  Py   C  4   0.0000   0.0000   0.0000   0.0000   0.0058   0.0283   0.0822  -0.1517
   S   C 10   0.0000   0.0000   0.0000   0.0000   0.3324   0.002    0.2551   0.3189
  Px   C 10   0.0000   0.0000   0.0000   0.0000  -0.0108   0.0620   0.1188  -0.1121
  Py   C 10   0.0000   0.0000   0.0000   0.0000  -0.0184  -0.0363   0.2021  -0.1966
  Pz   C 10   0.0000  -0.4720  -0.3118   0.0000   0.0000   0.0000   0.0000  -0.0001
         NET ATOMIC CHARGES (原子の電荷 C3-C9, H13-H18省略)
  ATOM NO.   TYPE    CHARGE
      1       C    -0.151240
      2       C    -0.153710
     10       C    -0.024543
     11       H     0.158854
     12       H     0.158363
```

結合距離・計算値(実測値)(pm): 142.2(142.4), 136.0(136.5), 141.5(140.4), 140.9(139.3)

HOMO (No.24, −8.62eV): 0.42, 0.28, −0.28, −0.42

LUMO (No.25, −0.07eV): 0.42, −0.28, −0.28, 0.42

電荷: −0.02, −0.151, −0.154, −0.154, −0.151

8章 芳香族化合物および複素環化合物の性質と置換基効果　　*109*

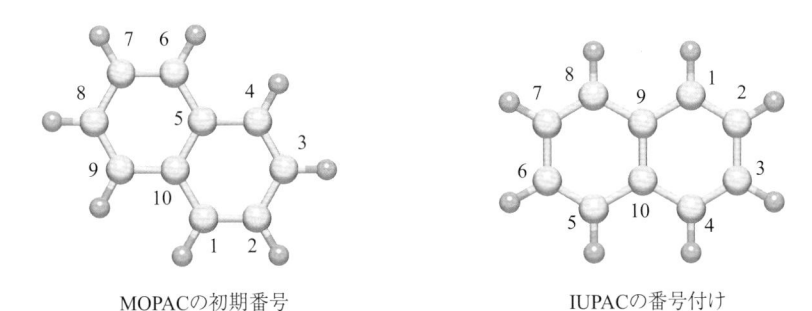

　　　　MOPACの初期番号　　　　　　　　　　IUPACの番号付け

図 8.9　IUPAC 命名法による原子の番号付け

遷移状態のエネルギーにより決まるが，反応原系や中間体の状況もその難易に関係する．5.3節で福井博士は摂動論から2種の反応性指数のフロンティア電子密度 fa ((5-38)式) と Superdelocalizability Sr ((5-39)式) を提案し，フロンティア軌道が最大に見積もられることを示した．その様子は置換エチレンの場合，図6.7と表6.6のフロンティア軌道のエネルギーと係数を用いて説明した．

　ナフタレンは，陽イオンと反応する場合も，ラジカルと反応する場合も1位が反応性が高い．これは電荷よりも，フロンティア軌道（HOMO と LUMO）の係数の2乗を用いたフロンティア電子密度（(5-38)式）の大きさが，その反応の位置を決める大きな因子になっていることを示す．他の化合物のことも含め，図5.14に示した．

　このようなことは福井謙一教授のフロンティア軌道論関係の著書（化学反応と電子の軌道，丸善（1976年））で学習できる．また6章で述べたフレミングの著したテキスト（フロンティア軌道法入門（講談社））によくまとめられている．

8.4　反芳香族化合物の性質の MOPAC による説明

8.4.1　シクロブタジエンの長方形構造について

シクロブタジエンは長方形分子であることが実験により証明されている[2]．アイコン㊵のテンプレートを用いシクロブテンを選択し，水素2個を消去してシクロブタジエンの初期構造を作成する．次いで考えられる2種のキーワードで結果を得る．

(1) EF PM5（一重項）：

　結果；HOF = 390.7 kJ mol^{-1}，IP = 8.56 eV，$\varepsilon_{HOMO} = -8.56$ eV と $\varepsilon_{LUMO} = -0.33$ eV，

　結合距離：$R_{C1-C2} = 1.33$ Å，$R_{C2-C3} = 1.54$ Å で長方形構造．

(2) EF PM5 TRIPLET OPEN(2,2)（三重項，2個の分子軌道に2個の電子配置）：

　結果；HOF = 414.1 kJ mol^{-1}，IP = 4.06 eV，$\varepsilon_{SOMO} = -4.09$ eV（縮重），

　結合距離：$R_{C1-C2} = R_{C2-C3} = 1.43$ Å で正方形構造．

(1) ☐ 1.54Å
1.33Å
HOF = 390.7 kJ mol⁻¹
IP = 8.56 eV

(2) ⊡ 1.43Å
1.43Å
HOF = 414.1 kJ mol⁻¹
（三重項）
IP = 4.06 eV （縮重）

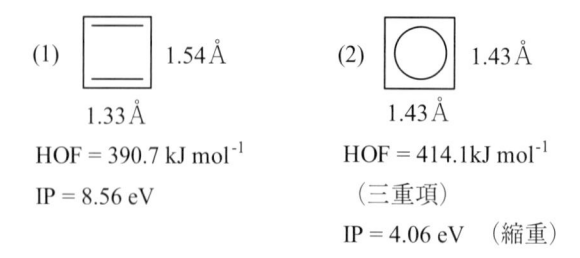

HOF の値から (1) の長方形分子であることが指摘され，実験事実を説明できる。また他のアルケン（表 6.4 と表 6.6 参照）と比べて ε_{HOMO} が高く，ε_{LUMO} が低く，求核性と求電子性の両面の高い反応性が理解される。

8.4.2　シクロオクタテトラエンのおけ形構造

次の 2 種のキーワードで検証する。

(1)　EF PM5（一重項）：

　結果；HOF = 242.3 kJ mol⁻¹, IP = 8.76 eV, ε_{HOMO} = −8.76 eV と ε_{LUMO} = −0.49 eV,

　結合距離：$R_{C1\text{-}C2}$ = 1.32 Å, $R_{C2\text{-}C3}$ = 1.46 Å。二面角：Φ_{1234} = 61.2° のおけ型分子。

(2)　EF PM5 TRIPLET OPEN(2,2)（三重項，2 個の分子軌道に 2 個の電子配置）：

　結果；HOF = 390.7 kJ mol⁻¹, IP = 4.29 eV, ε_{SOMO} = −4.29 eV（縮重），

　結合距離：$R_{C1\text{-}C2}$ = $R_{C2\text{-}C3}$ = 1.38 Å で正八角形平面構造。

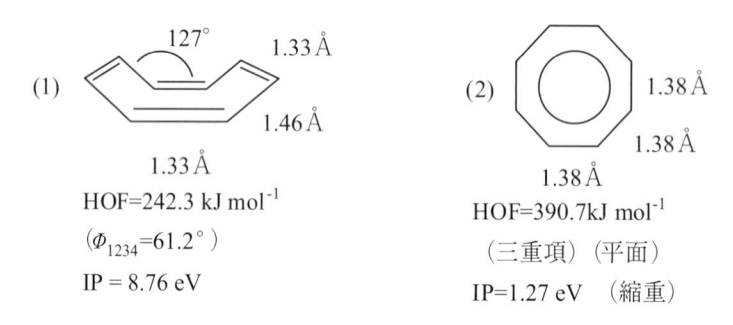

(1) 127° 1.33Å
1.46Å
1.33Å
HOF=242.3 kJ mol⁻¹
（Φ_{1234}=61.2°）
IP = 8.76 eV

(2) 1.38Å
1.38Å
1.38Å
HOF=390.7 kJ mol⁻¹
（三重項）（平面）
IP=1.27 eV （縮重）

(1) のより小さい HOF 値から，図 8.2(c) のようなおけ形で二重結合が共役していない分子であることが推定され，実験事実をよく説明できる[1]。

8.5　芳香族性と反芳香族性の指標

8.5.1　共鳴エネルギー（RE）または非局在化エネルギー（DE）を用いた指標と ASE 値

8.1 節で RE（または DE）を用いたヒュッケル MO（HMO）法の方法や水素化熱を利用する判別法を説明した。その際ベンゼンやシクロブタジエンに対し基準はエチレン結合であり，その差を利用する (8-3) や (8-4) 式の指標はデュワー（Dewar）の方法である。

ヘス（Hess）らは，例えばベンゼンに対する基準を $CH_2=CH\text{-}CH=CH\text{-}CH=CH_2$ にするなど細やかに決めて，関与電子 1 個当たりの RE を用いる REPE（Resonance Energy per Electron）で算出する方法を提示した。共鳴積分 β を用いて次のように見事なけじめがつけられた[3]。

- REPE $> 0\beta$：ポリエンより安定　→ 芳香族性（ベンゼン：0.065β）
- REPE $= 0\beta$：ポリエン様　　　　→ 非芳香族性（フルベン：-0.002β）
- REPE $< 0\beta$：ポリエンより不安定 → 反芳香族性（シクロブタジエン：-0.268β）

しかし 8.4 節で記したように $4n\pi$ 分子の実際の姿は HMO 法では表現されない。

シュレイヤー（Schleyer）らはピロールなどヘテロ五員 π 環 C_4H_4X の分子 10 種（X: CH^-, NH（ピロール），S, O, SiH^-, PH, CH_2, AlH, BH, SiH^+）について，(8-5) 式で ASE（Aromaticity Stabilization Energy：芳香族安定化エネルギー）を定義し，次項で述べるように NICS なる磁気的指標との間に見事な相関性があることを示した[4]。

$$\begin{array}{c}X\\\pentagon\end{array} + \begin{array}{c}X\\\pentagon\end{array} = 2\begin{array}{c}X\\\pentagon\end{array} + \text{ASE}(\text{kcal}\cdot\text{mol}^{-1}) \qquad (8\text{-}5)$$

各分子の全エネルギー（または生成熱）は Gaussian ソフト中の B3LYP/6-31＋G* 法で算出されている。ピロールなど芳香族の ASE は負（-11.5 kcal mol^{-1}）とされる。各分子の ASE 値は次項の図 8.11 の横軸からわかる。

8.5.2　核磁気共鳴（NMR）情報を基準とする指標のNICS（ppm）

^{1}H NMR における ^{1}H 核のケミカルシフト（δ, ppm）は，エタン（1.17），エチレン（5.25），シクロブタジエン（5.7），ベンゼン（7.26），シクロオクタテトラエン（5.69），[16]アヌレン（5.6：環外水素，6.73：環内水素），[18]アヌレン（9.28：環外水素，-3.0：環内水素）などである。これらは外部磁場に対する不飽和結合の遮蔽効果，また誘起環電流による，$(4n+2)\pi$ 系と $4n\pi$ 系の環外と環内への逆の磁気遮蔽効果でよく説明される。$(4n+2)\pi$ 芳香環の環外と環内水素に，外部磁場により誘導される環電流と 2 次的磁場の関係を図 8.10 に示す[5]。環外水素は非遮蔽化される。

誘起環電流効果の，多員環アヌレンへの $(4n+2)\pi$ と $4n\pi$ 系への遮蔽の逆効果はノーベル賞学者であるポープルらにより量子化学的に説明された。定性的には前節で記したが，前者では π 共役電子が共鳴安定化・非局在化するよう働き，後者では共役電子の軌道が重ならないよう作用して局在化，8π の多員環アヌレンでは変形で安定化するように働く。それらが外部磁場下で電流として逆になると説明される。

シュレイヤーらは芳香族性の指標として磁気遮蔽定数を用い，NICS（Nucleus-

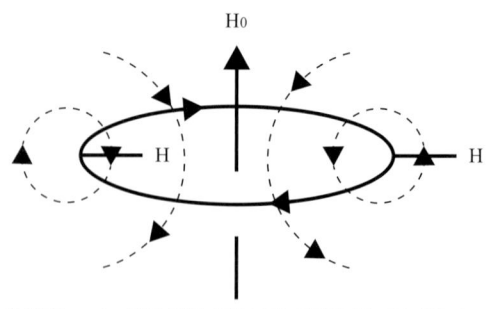

図 8.10　面に垂直な磁場 H_0 中の芳香環に誘起される環電流（実線）と 2 次的磁場（点線）[5]

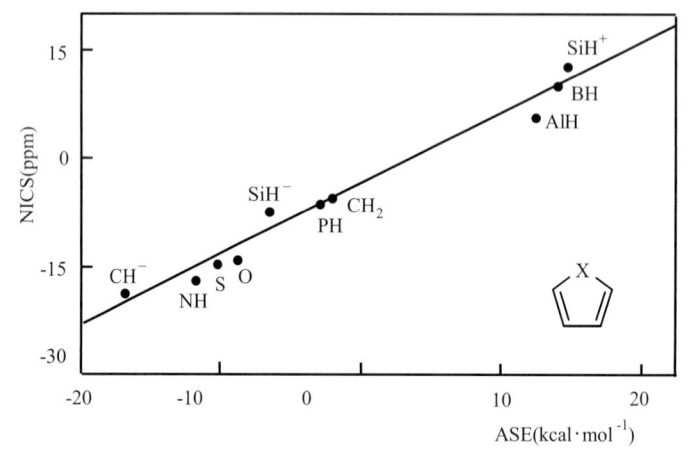

図 8.11　5 員環 C_4H_4X に対する芳香族安定化エネルギー（ASE: kcal mol^{-1}）と
NMR 芳香族指標 NICS(ppm) との相関（$r = 0.96$）[4]

Independent Chemical Shifts；ppm）を提唱している[6]。前項の C_4H_4X 10 分子の環中心点の遮蔽値が Gaussian プログラム中の GIAO 法で精度良く計算され，符号を入れ替える。図 8.11 に示すように多種元素からなる C_4H_4X 環の間で，エネルギー指標の ASE 値と磁気共鳴指標の NICS 値とが見事に相関する（相関係数 $r = 0.96$）。その指標の性質とベンゼンとシクロブタジエンの値は次のようである。

NICS < 0 (ppm)：芳香族（例　ベンゼン：-9.7）
NICS > 0 (ppm)：反芳香族（例　シクロブタジエン：27.6）

NICS 値から分子環内 π 電子の非局在化／局在化による安定化や結合の均等化の存否などがわかり，また化学的性質も理解される[7]。

　本書の MOPAC-PM6 法でも，図 8.11 の 10 種の C_4H_4X 分子について (8-5) 式により各 ASE 値（kcal mol^{-1}）が求められる（NH（-10.45），CH$_2$（1.79），BH（12.1）など）。その ASE 値（x）と図 8.11 の NICS 値（y）との 10 個の関係（x, y）は，（-1.97，-14.3），

(−10.45, −15.1), (−3.07, −13.6), (−5.01, −12.3), (−0.33, −6.7), (0.47, −5.3), (1.79, −3.2), (6.12, 6.5), (12.1, 17.5) および (11.58, 12.8) となり，相関係数は $r=0.95$ (傾き：1.8，切片：−1.9 ppm) と求められる．図 8.11 と類似しており，PM6 法による ASE 値も芳香族性評価に有効とみなせる．

8.6 ニトロベンゼンとアニリンなどにおける置換基効果

8.6.1 ニトロベンゼンとアニリンの配向選択性の共鳴理論での説明

熱力学的に安定なベンゼンも置換基の導入でいろいろな影響を受ける．特に (8-6) 式のベンゼン環に求電子置換反応が起こる場合が重要であるが，既存置換基 X はその反応性に大きく影響を及ぼす．

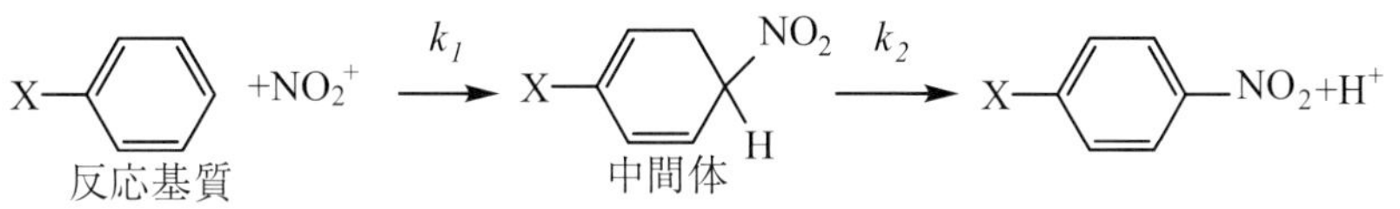

$$\text{X}-\text{C}_6\text{H}_5 + \text{NO}_2^+ \xrightarrow{k_1} \text{中間体} \xrightarrow{k_2} \text{X}-\text{C}_6\text{H}_4-\text{NO}_2 + \text{H}^+ \tag{8-6}$$

置換基は図 8.12 に示すように，ニトロ基 NO_2 のようなメタ配向性不活性化基と，アミノ基のようなオルト・パラ配向性の活性化基に分類できる[8]．なおハロゲン置換基は電気陰性の誘起効果 (I 効果) で不活性化するが，n 電子の R (Resonance：共鳴) 効果でオルト・パラ配向性基となる．ここで (8-6) 式の 2 段階反応は，図 8.13 のエネルギープロフィルで表される．そこで有機化学では出発系の反応基質とカチオンとの相互作用，そして中間体における置換基 X の安定化効果の両面から考える．なお遷移状態解析の方法と具体例は 11.2 節に示す．

先ず例えばニトロ基とアミノ基の不活性化，活性化の原因は，かつて置換基による原系の環電荷の減少または増加でのカチオンとの反応性の減少，増大によると考え，そのような置換基効果は (8-7) および (8-8) 式の共鳴混成体を用いて説明された．

	活性化基 (H より反応性を大きくする)	不活性化基 (H より反応性を小さくする)	
	オルト・パラ配向性基	メタ配向性基	オルト・パラ配向性基
強力な活性化	—NH₂ (—NHR, —NR₂)	—⁺N(CH₃)₃(—⁺NR₃)	—F
	—OH	—NO₂	—Cl
普通	—OCH₃ (—OR)	—CF₃	—Br
		—CN	—I
	—NHCOCH₃ (—NHCOR)	—COOH(—COOR)	
		—SO₃H	
弱い	—C₆H₅	—CHO	
	—CH₃ (アルキル基)	—COR	

図 8.12 芳香族求電子置換における置換基効果[8]

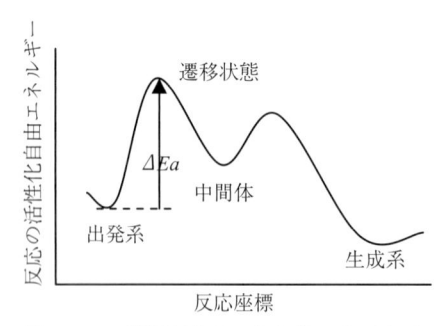

図 8.13　二段階反応のエネルギープロフィル

(8-7)

(8-8)

しかし最近ではその 1 億倍以上もの反応性差の説明は反応原系の共鳴ではあまりなされていない。

　次に (8-6) 式の中間体の安定性に対する置換基 X の共鳴効果について，アミノ基置換の例を示す。(8-9) 式のオルト置換と (8-11) のパラ置換では 4 個ずつ，一方 (8-10) 式のメタ置換では 3 個の，共鳴構造式が書ける。その差は置換基の共鳴への参加の有無に依存しており，前二者ではアミノ基の N の形式電荷が + になった共鳴式があり，中間体がより安定化する。その効果で前二者が有利とされ，その反応結果，即ちアミノ基置換の時のオルト・パラ置換ニトロ体生成の原因とされる。即ち図 8.13 の中間体の安定化は遷移状態エネルギーレベルの低下をもたらし，反応し易くなると考える。

　安息香酸やフェノールの酸性，またアニリンなどの塩基性の強弱も置換基効果を受けるので，その説明に上記の共鳴理論が使われる。

8.6.2 反応性や置換基効果の数値を用いた表現

置換基則で有名なハメット（Hammett）則は，(8-12)〜(8-15)式で表現される。即ちX置換安息香酸の25℃における酸解離平衡定数 Ka_X と，基準の安息香酸（X = H）のその定数 Ka_0 との間で(8-15)式の経験式を作成し，置換基および反応の数値化を行ったものである。X = Hの解離平衡反応(8-12)を基準（反応定数：ρ = 1.0，置換基定数：σ = 0.0）として他の置換基の置換基定数（σ）の数値化が行われ，いろいろな化学現象の数量的理解に利用されている。置換基Xをもつ安息香酸解離定数 Ka_X は置換基Xが電子求引性のとき大きくなるので，置換基定数の σ は正の値となる。置換基Xが電子供与性のとき σ は負の値となる。図8.12中の活性基は σ が負，不活性は σ が正になる。置換基定数はメタ（m-）位とパラ（p-）位の置換基Xについて定義でき，これらを σ_m，σ_p と表す。稲本により整理された σ_p の置換基例を表8.3に示す[9]。化学便覧のIP[10]と著者によるPM5法のIP情報との関係も表8.3に示した。置換安息香酸のほかの反応について，X = Hのときの反応速度定数を ka_0 とし，X = H以外の速度定数を ka_X として，(8-15)式と同様の関係式を定義すると，種々の反応について反応定数 ρ の値を定めることができる。その反応例を式(8-16)〜(8-20)に示した。

$$Ka = \frac{[\text{X-C}_6\text{H}_4\text{-COO}^\ominus][\text{H}_3\text{O}^\oplus]}{[\text{X-C}_6\text{H}_4\text{-COOH}]} \tag{8-13}$$

$$pKa = -\log Ka \quad (\text{酸度定数の使用もある}) \tag{8-14}$$

$$\log\frac{Kax}{Ka_0} = \rho\sigma \tag{8-15}$$

反応定数 ρ

$$\text{X-C}_6\text{H}_4\text{-COOH} \longrightarrow \text{X-C}_6\text{H}_4\text{-COO}^- + \text{H}^+ \text{ (基準)} \quad 1.00 \tag{8-16}$$

$$\text{X-C}_6\text{H}_4\text{-CH}_2\text{COOH} \longrightarrow \text{X-C}_6\text{H}_4\text{-CH}_2\text{COO}^- + \text{H}^+ \quad 0.56 \tag{8-17}$$

$$\text{X-C}_6\text{H}_4\text{-OH} \longrightarrow \text{X-C}_6\text{H}_4\text{-O}^- + \text{H}^+ \quad 2.11 \tag{8-18}$$

$$\text{X-C}_6\text{H}_4\text{-NH}_2 + \text{H}_2\text{O} \longrightarrow \text{X-C}_6\text{H}_4\text{-NH}_3^+ + \text{OH}^- \quad -2.77 \tag{8-19}$$

$$\text{X-C}_6\text{H}_4\text{-CH}_2\text{NH}_2 + \text{H}_2\text{O} \longrightarrow \text{X-C}_6\text{H}_4\text{-CH}_2\text{NH}_3^+ + \text{OH}^- \quad -0.72 \tag{8-20}$$

表8.3の3行より置換基定数, 即ち酸解離性などが分子のイオン化エネルギー IP (イオン化され難さ) の大きさの差とよく相関していることが分かる。また5行でそれらは PM5 法の HOMO の差と相関していることが判断でき, MO 法での反応性が示唆される。

表8.3 ハメット則での置換基定数 σ_p と C_6H_5-X でのイオン化エネルギー (IP) および MOPAC での HOMO データとの関係

(X:)	NH₂	OH	CH₃	H	COCH₃	C≡N	NO₂
1 σ_p値 (文献 9)	-0.66	-0.37	-0.17	0	0.38	0.79	0.78*
2 IPx(eV) (文献 10)	8	8.81	8.78	9.24	9.4	9.77	9.99
3 IP$_X$-IP$_H$(eV)	-1.24	-0.43	-0.46	0	0.16	0.53	0.75
4 -HOMOx(eV) (a)	7.98	8.95	9.11	9.47	9.86	9.94	10.46
5 HOMO の差(eV) (b)	-1.49	-0.52	-0.36	0.00	0.39	0.47	0.99

a. MOPAC-PM5 法による HOMO データ
b. 置換ベンゼンの HOMO 値からベンゼンのそれを引いた値(eV)

8.6.3 ニトロベンゼンとアニリンの反応性の MOPAC による理解

8.6.1 項で示したように置換ベンゼンの NO_2^+ イオンによるニトロ化の反応性は，陽イオン中間体の安定性から共鳴理論で定性的に説明した．また 8.6.2 項でハメット則の置換基定数（σ）や反応定数（ρ）のイオン化エネルギー（IP）との関係も記した．

この項では置換ベンゼン類の混酸によるニトロ化反応を，8.3.2 項のナフタレンの求電子置換反応と同様に取り扱うことを試みる．すなわちフロンティア軌道論の反応性指数 fa と Sr に最も関係する図 8.14 と図 8.15 の HOMO と IP データを用いて説明する．また図 8.16 にベンゼン：ニトロベンゼン：アニリンのニトロ化の反応速度比（r_{rel}）（$1:10^{-7}:15$）と後二者の異性体生成割合（%）の実験データ[11]と共に，図 8.13 の中間体の個々の生成熱 HOF の計算値を示す．陽イオンの計算では作図後キーワードに CHARGE = 1 を追加する．

まず (8-9)～(8-11) 式の反応機構において，ニトロベンゼン（$C_6H_5NO_2$）の MO 出力（図 8.14）で，特に IP = 10.5 eV と大きい値をもつのは，陽イオンになり難い，即ち NO_2^+ と反応し難いことを示す．HOMO はほぼ縮重し，全体では 3, 5 位（メタ位）の係数が大きく，フロンティア電子密度 $fa(E)$ を計算すると，オルト：0.152，メタ：0.170，パラ：0.151 となり，メタ位が大きい．また電荷でも 3, 5 位が大きいことは，この分子の示すメタ配向性などの実験結果と一致する．これらのことは原系から遷移状態，中間体へかけて図 8.13 のエネルギー曲線がパラレルになっていることを示唆する．アニリンの大きな反応性と配向性も，$Sr(E)$ と $fa(E)$ の主な情報をもつ図 8.15 を用いて同様にして説明される．

次に図 8.16 では，8.6.1 項に示した中間体の安定性を，図 8.13 により出発系の 2 基質とのエネルギー差から判断する．また 3 反応の反応性（と配向性）をその差の値で予測する．

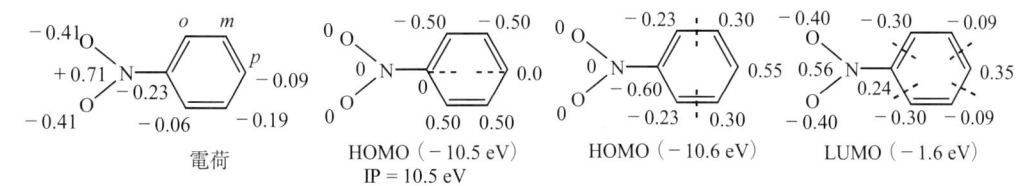

図 8.14 ニトロベンゼンの電荷とフロンティア軌道情報

図 8.15 アニリンの電荷とフロンティア軌道情報

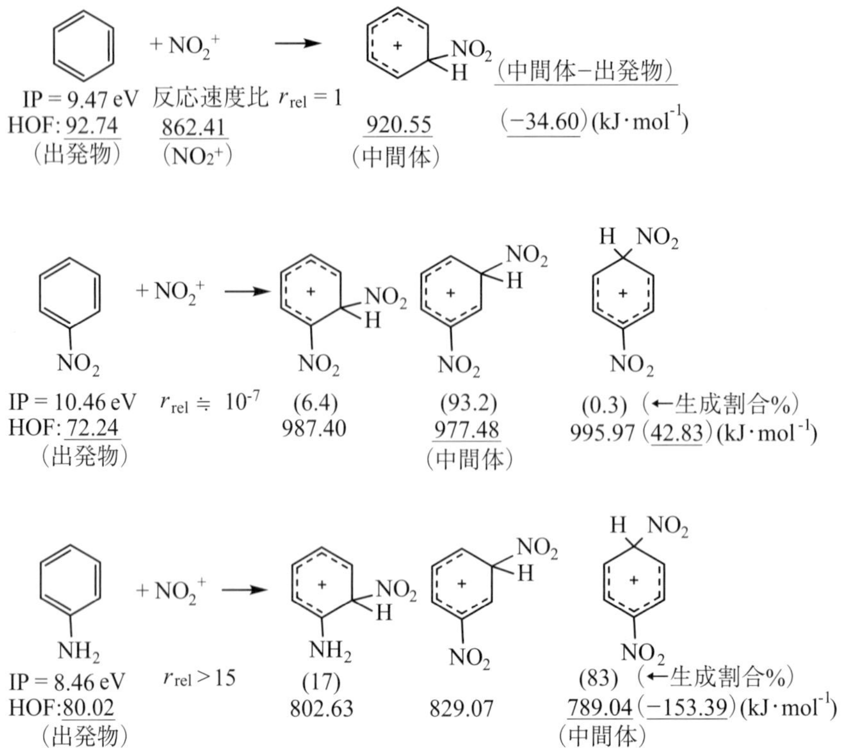

$$
\begin{array}{c}
\underset{\substack{\text{IP}=9.47\,\text{eV} \\ \text{HOF:}\,92.74 \\ (\text{出発物})}}{\text{C}_6\text{H}_6} + \underset{\substack{\text{反応速度比}\,r_{\text{rel}}=1 \\ 862.41 \\ (\text{NO}_2^+)}}{\text{NO}_2^+} \longrightarrow \underset{\substack{920.55 \\ (\text{中間体})}}{\text{中間体}} \quad \underline{(\text{中間体}-\text{出発物})} \quad (-34.60)\,(\text{kJ}\cdot\text{mol}^{-1})
\end{array} \quad (8\text{-}21)
$$

$$
\text{ニトロベンゼン} + \text{NO}_2^+ \longrightarrow \text{オルト}(6.4)\ 987.40 \quad \text{メタ}(93.2)\ \underline{977.48} \quad \text{パラ}(0.3)\ 995.97 \quad (\underline{42.83})\,(\text{kJ}\cdot\text{mol}^{-1}) \quad (8\text{-}22)
$$

IP = 10.46 eV, $r_{\text{rel}} \fallingdotseq 10^{-7}$, HOF: 72.24 (出発物), (←生成割合%), (中間体)

$$
\text{アニリン} + \text{NO}_2^+ \longrightarrow \text{オルト}(17)\ 802.63 \quad \text{メタ}\ 829.07 \quad \text{パラ}(83)\ \underline{789.04}\ (\underline{-153.39})\,(\text{kJ}\cdot\text{mol}^{-1}) \quad (8\text{-}23)
$$

IP = 8.46 eV, $r_{\text{rel}} > 15$, HOF: 80.02 (出発物), (←生成割合%), (中間体)

図 8.16 芳香族求電子置換反応・ニトロ化の置換基による変化（PM5 法）
(（　）内の数値は中間体の HOF エネルギーから反応物 2 者のそれを引いた値，kJ mol^{-1})

図 8.16 のニトロ化中間体の MO データで，（　）内に示した（中間体－出発物）のエネルギー差はベンゼンの時 -34.60 kJ mol^{-1}，ニトロベンゼンで 42.83 kJ mol^{-1}，アニリンで -153.39 kJ mol^{-1} と算出された。アニリンが最も反応しやすく，ベンゼン，ニトロベンゼンの順になる実験結果と一致している。また IP 値ともパラレルであることは先に述べ，大きい反応速度比 r_{rel} となることも推察される。次にニトロベンゼンとアニリンからの各異性体生成割合 %（配向性）に関して，前者でメタ体，後者でパラ体の中間体 HOF が低くなり，実験結果をよく説明している。なおニトロ化の混酸からの発生イオンは NO$_2^+\cdot$HSO$_4^-$ であり，ここでは簡単に NO$_2^+$ で示した。このように MOPAC 計算では，Sr に関わるフロンティア軌道の軌道係数とエネルギー，および中間体と出発系の HOF でのエネルギー差を算出することにより置換基の量的評価が可能である。

8.7　ピリジンとピロールなど複素環の性質

8.7.1　複素環化合物の有機化学での理解（共鳴理論）

6 員環のピリジン C$_5$H$_5$N と，5 員環のピロール C$_4$H$_5$N は，共に 6π 系芳香族化合物であり，

生化学，医薬上共に重要である。しかし性質上は，ピリジンの N は塩基性を示し（$pK_b =$ 8.8），酸と反応して塩をつくり，また配位結合や水素結合を作り易く，水に任意の割合で溶ける。一方ピロールの N の n 電子 2 個は炭素 4 個の π 電子と 6π 電子芳香族化に使われて非局在化している。従ってピロールは塩基性を示さず，また水素結合しないので水に不溶である。以上の性質は，図 8.17 の構造の成り立ち，および図 8.18 の共鳴式で理解される。

次にピリジンとピロールの NO_2^+ によるニトロ化反応では，ピリジンは反応し難く，ピロールは次式の 2-ニトロピロールを与えることについて，共鳴理論に基づいた説明を行う。

$$\text{(ピロール)} + NO_2^+ \longrightarrow \text{(中間体)} \longrightarrow \text{(2-ニトロピロール)} + H^+ \qquad (8\text{-}24)$$

(8-25) 式では共鳴構造式が 3 個書けるが，(8-26) 式では共鳴構造式が 2 個しか書けないので前者の共鳴安定化が後者に比べて大きいと判断される。これが 2-ニトロピロールが選択的に生成することの説明である。なおピリジンが NO_2^+ と環置換反応を起こし難いのは，図 8.18 で示されるように，$-N=$ は求引基であり環を形成する炭素を陰電荷不足にしていることによる。

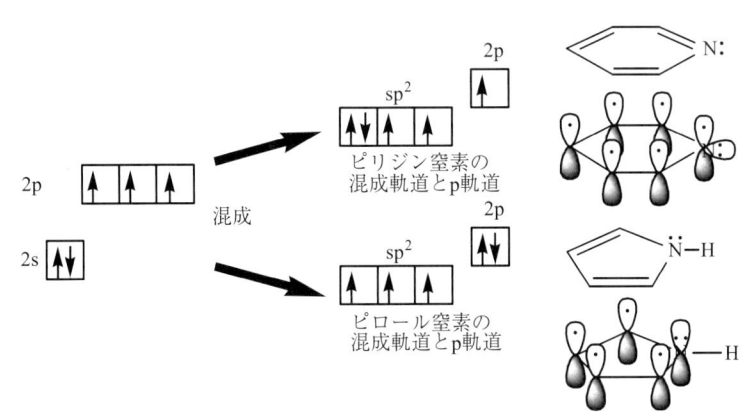

図 8.17　ピリジンとピロールの構造

図 8.18　ピリジンとピロールの共鳴構造式

ピロールでは-NH- がその n 電子を供出する供与基であり，環炭素の陰電荷が豊富で置換反応が起こりやすいと考える。

$$\text{(8-25)}$$

$$\text{(8-26)}$$

8.7.2 複素環化合物の MOPAC での理解

共鳴理論でピリジンやピロールの水溶性や塩基性，そしてニトロ化反応の難易と置換位置の定性的理解は得られることを述べた。ここでは MOPAC で計算した情報を用いて上記の性質，特にピロールにおける NO_2^+ イオンの置換位置が 2 位である (8-24) 式の反応事実を，$Sr(E)$ と $fa(E)$ の主な出所であるフロンティア軌道データなどから説明する。ピリジンとピロールの結果を整理して図 8.19 と図 8.20 に示す。

ピリジンでは N（電気陰性度 3.0）が，ベンゼン（表 8.1, 炭素電荷 −0.16）と比較して 2 位と 4 位の電子不足化を進めている。HOMO（−9.86 eV）は $2p_z$ の係数が大きいことから π 性であり，IP = 9.86 eV（実測値 10.5 eV）と大きいので，前節の環炭素のニトロ化反応の起こり難さが説明される。また図 8.17 で N の n 電子は，φ_{14} (HOMO-1) 軌道に局在し，その

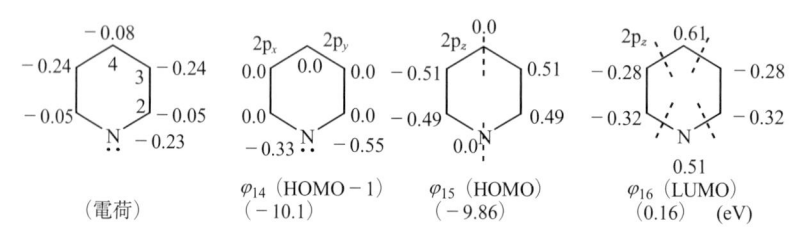

図 8.19 ピリジンの MO データ（N-C² が主軸（x 軸），xy が分子面，$2p_z$ が π 軌道）

図 8.20 ピロールの MO データ

($2p_z = -0.33$, $2p_y = -0.55$) の係数値から，N-C^4 軸上で N-C^2 軸（主軸）に約 60° 傾き，N から分子外に伸びる n 電子雲となっていることが理解される。H$^+$ とは分子面内で反応し，塩基性を示すことなどが説明される。この n 電子雲の方向性は，番号変更アイコン㉕を用いて主軸を N-C^4 とする分子にすることで簡単にわかる。

ピロールでは，IP が小さく，電子密度で N の電子密度（主に p$_z$ 軌道）が小さく，N の π 電子が環炭素に電子供与され（炭素電荷 −0.21，−0.22），環炭素での NO$_2$$^+$ イオンとの反応性が大になっていることがわかる。電子密度は 3 位が 2 位より少し大きい。しかし φ_{13} の HOMO の 2 位の大きな係数から，(8-23) 式の 2 位での柔らかい求電子置換反応（9.2 節）の受け易さが説明される。また φ_{14} の LUMO の最大係数位置が N-H 部位であること，および H の陽電荷（+0.25）がベンゼンの H のそれ（+0.16：表 8.1）などより大きいことで，その酸性と解離によるピロールからの陰イオンの安定性が示唆される。

以上のように図 8.17 のピリジンとピロールの構造と性質の違いが数量的に説明される。

8.8　核酸塩基の性質について

前節で窒素を含む化合物で基本的なアニリン，ピリジン，ピロールの説明を通して，異なる N の性質を述べた。即ち Ph-ṄH$_2$（芳香環との共鳴型：弱塩基（pK_b = 9.37）），C$_5$H$_5$N：（環外へ広がる n 電子：塩基（pK_b = 8.75））そして C$_4$H$_4$ṄH（6π に組み込まれた n 電子と酸性化された H の存在：酸性（pK_b = 17.5））の違いである。

核酸塩基のアデニン（A），シトシン（C），ウラシル（U），チミン（T），グアニン（G）など（図 8.21）は各々複数の窒素を含み，特定の N 上での糖との結合や水素結合を通して，それぞれの生化学上の重要な機能を果たしている。

例えば A，T，G，C の 4 種の塩基とデオキシリボース（糖）およびリン酸の 3 者の脱水縮合ポリマーがデオキシリボ核酸（DNA）である。DNA では 2 種の塩基対 A-T と G-C の水素結合ペアの相補性が，生物の遺伝情報伝達や特定タンパク質合成に利用されている。U は RNA 中で使われている。C，U，T はピリミジン塩基，A と G はプリン塩基と呼ばれる。各構造中の N は，8.7 節の 3 種の N の性質と関連させて，その N の効果と機能を考えることができる。MO 法による情報がその思考を確実にするであろう。

まずウラシル（チミン，シトシン）は (8-27) 式の平衡によりピリミジン骨格（エノール型）が可能である。しかし生体内では全てケト型のウラシルとして存在している。

$$\text{ケト型ウラシル} \rightleftharpoons \text{エノール型ウラシル（ピリミジン骨格）}$$

HOF=－326.3kJ mol⁻¹　　HOF=－241.8kJ mol⁻¹
　　ケト型ウラシル　　　エノール型ウラシル（ピリミジン骨格）

(8-27)

それは PM5 法の HOF 値でケト型が 84.5 kJ mol⁻¹ も低い（安定である）ことで理解される。ウラシルなどはそのケト型の水素結合により特定の生体内情報伝達を行っている。

　チミン（T）の IUPAC 名は 5-メチル-1,2,3,4-テトラヒドロ-ピリミジン-2,4-ジオンで，別名として 5-メチル-ウラシルである。その IP と電荷の計算値を図 8.22 に示した。IP はピリジンなどと同じく大きい。電荷では 1 位と 3 位の N-H が低く，ピロールの N-H よりもさらに低い。DNA 化の糖との結合，また電子密度の高いカルボニル酸素と共に核酸の水素結合対（A-T）形成に利用されることが説明される。

　プリン型塩基のアデニン（A）の IUPAC 名は 6-アミノ-9H-プリンである。アデニンは糖 2 種およびリン酸と結合し，DNA および RNA のヌクレオチド成分となる。また生体の重要なエネルギー物質である ATP の塩基成分や補酵素を構成し，生体中に広く分布する。アデニン

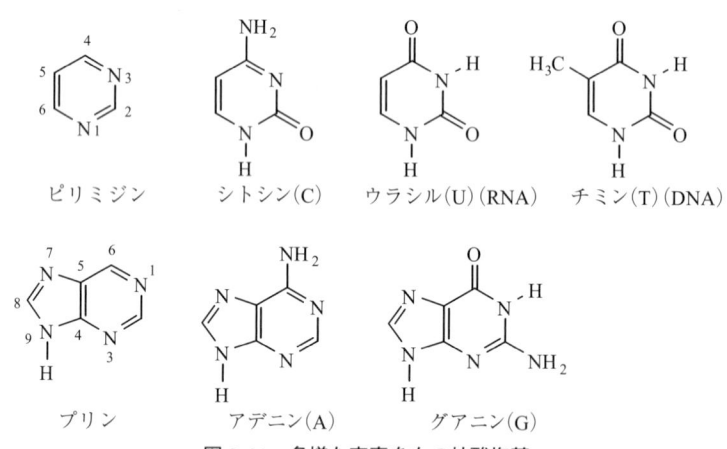

ピリミジン　シトシン(C)　ウラシル(U)(RNA)　チミン(T)(DNA)

プリン　アデニン(A)　グアニン(G)

図 8.21　多様な窒素をもつ核酸塩基

IP = 9.76 eV　　　　電荷　　　　　　　　　　　　　　　IP = 8.92 eV
図 8.22　チミン（T）の MO データ　　　　**図 8.23　アデニン（A）の MO データ**

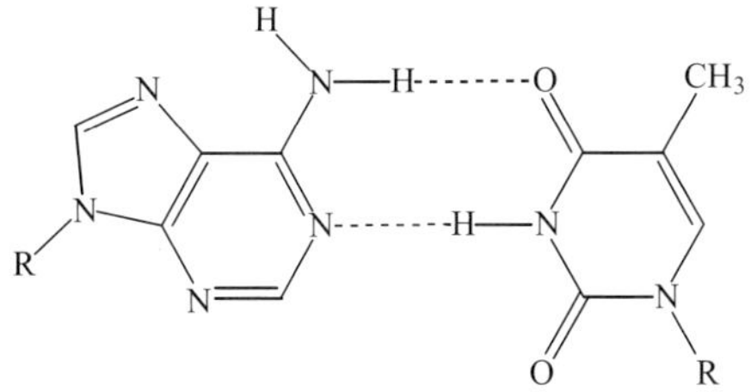

アデニン(A)　　チミン(T)

・水素結合距離（Å）
計算値（実測値，2カ所のN-O，N-N間）
2.94と3.06（2.9 ± 0.1）
・水素結合エネルギー(kcal mol^{-1})
PM6: 8.91（実測値: 9.57）

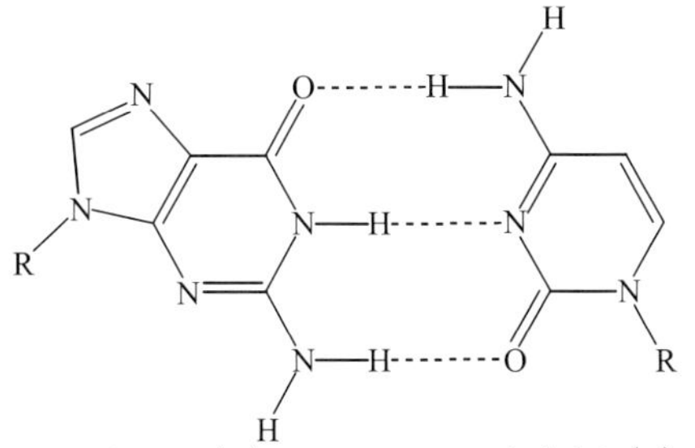

グアニン(G)　　シトシン(C)

・水素結合距離（Å）
計算値（実測値，3カ所のO-N，N-N，N-O間）
2.91と2.99と3.01（2.9 ± 0.1）
・水素結合エネルギー(kcal mol^{-1})
PM6: 18.47

図 8. 24　アデニン（A）とチミン（T），グアニン（G）とシトシン（C）（R=H について）核酸塩基対における水素結合の距離（Å）とエネルギー（kcal mol^{-1}）（実測値は DNA の値）[12, 13]

はシアン化水素とアンモニアとを加熱するだけで生成するので，地球上に早い時代から存在していたと推測されている。

アデニン分子の電荷の分布と IP の計算値を図 8.23 に示す。IP ではピリジンよりもピロールに近く，カチオンになりやすいことを示す。それは HOMO の係数で 6 位アミノ基窒素部が大きいことでその寄与と理解される。電荷の値からは，1 位の N の大きな値，アミノ基水素および 9 位 N-H の小さい値（正の電荷）が次に示す水素結合対形成および糖との縮合反応の容易さを示唆する。

次に図 8.24 に生体の遺伝情報の伝達・複製に関与する DNA 中の塩基部の水素結合対 2 種 A-T と G-C の計算値を実測値と共に示す。A-T では 2 組，G-C では 3 組の水素結合が起こっていることが再現される。図中の水素結合距離やエネルギー値は PM6 法によるもので，実測値をほぼ再現している。この 2 分子接近による MO 計算法は 11.5 節で詳しく述べる。

文　献

1　原田義也，量子化学上巻，裳華房（2007），p.378.
2　D. J. Cram, M. E. Tanner, R. Thomas, *Angew. Chem. Int. Ed. Engl.*, 30, 1024 (1991).
3　井本稔，仲矢忠雄，有機反応論（上），東京化学同人（1982），p.345.
4　P. v. R. Schleyer ら，*J. Am. Chem. Soc.*, 118, 6317 (1996).
5　藤本，森，中村，辻，河合，大和田，吉澤，吉田，吉良，高橋，有機量子化学，朝倉書店（2001），p.48.

6　Z. Chen, C. S. Wannere, C. Corminboeuf, R. Puchta, P. v. R. Schleyer, *Chem. Rev.*, 105, 3842(2005).
7　岩村, 野依, 中井, 北川編, 大学院有機化学（上）, 講談社（1988）, p.134.
8　荒井貞夫, 工学のための有機化学, サイエンス社（2001）, p.105.
9　稲本直樹, ハメット則—構造と反応性, 丸善（1983）, p.108.
10　日本化学会編, 化学便覧・基礎編, 丸善（1975）, p.1279.
11　井本稔, 仲矢忠雄, 有機反応論（上）, 東京化学同人（1982）, p.373.
12　友田修司, 基礎量子化学, 東京大学出版会（2007）, p.246.
13　市川厚監修, 福岡伸一監訳, マッキー生化学第4版, 化学同人（2010）, p.579.

演習問題

[8.1]　1）　A. ベンゼン系芳香族分子，B. 非ベンゼン系芳香族分子，C. 反芳香族分子を各々2個ずつ書け。
　2）　AとBのヒュッケル則について簡単に説明せよ。
　3）　Cの特徴を量子化学的に記せ。

[8.2]　A. ニトロベンゼンとB. アニリンについて
　1）　各々構造と共鳴式2個を書け。
　2）　下図から置換基効果としてどんなことが言えるか。

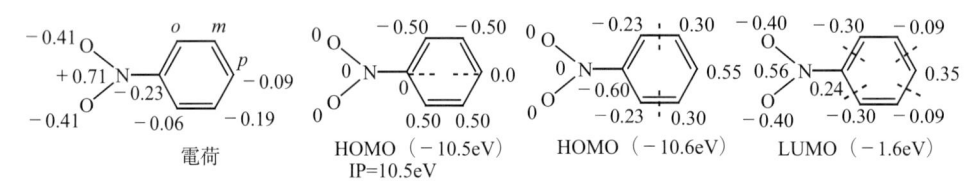

図8.25　ニトロベンゼンの電荷とフロンティア軌道情報

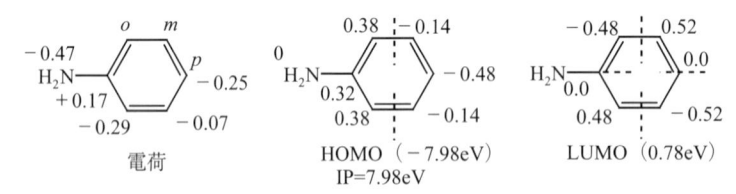

図8.26　アニリンの電荷とフロンティア軌道情報

[8.3]　ピロールのニトロ化では次のように2-ニトロピロールを生成する。しかしピリジンは反応し難い。一方で塩基性はピリジンが大きく，ピロールは塩基性をほとんど示さない。
　1）　共鳴理論からはどう説明されるか。
　2）　フロンティアMOからはどうか。8.7節にピロールのMOPAC-PM5のMOデータがある。

9章　有機化学反応の分類とイオン的反応の分子軌道法による理解

　化学反応では，例えば 2 分子（またはイオン）間反応のとき，両分子は接近し易いところで相互作用が大きくなり，反応し，生成物に至ると考えられる。その過程には反応速度とエネルギーそして立体化学的変化が伴う。分子軌道法はそのような化学反応過程の理解と解析に威力を発揮する。

　ところで 1 章と 2 章で原子の性質を理解する原子軌道について，3 章〜8 章では分子の性質を理解する分子軌道について述べた。そして最高被占軌道（HOMO）φ_{HO} と最低空軌道（LUMO）φ_{LU} のエネルギーと各軌道係数が特に分子の性質の決定に影響すると記した。本章では，主に有機分子が示す大変多くの化学反応を系統的に理解するために，反応を整理し，主に MOPAC 法による HOMO と LUMO の軌道エネルギーと各々の軌道係数を用いたフロンティア軌道論による解析の適用例を示す。

9.1　有機反応の分類と軌道相互作用

9.1.1　有機反応の分類
化学反応は一般的に (9-1) 式のように表すことができる。

$$A + B \rightarrow C \ (+ D) \tag{9-1}$$

A は反応基質（reactant），B は反応試薬（reagent），C は生成物（product），そして D は副生成物（byproduct）と考える。A → C の単純な反応もあり得る。これに反応条件（溶媒，濃度，温度，時間および触媒など）が関係する。

　有機化学では一般に，有機化合物の反応を，どんな反応が起こるか（反応の種類），どのようにして反応が起こるか（反応機構），の 2 面で整理し，次のように系統的に分類し，理解する。なお基質と試薬に絶対的区別はない。反応分類上目的の生成物構造に近いものを基質と考えるとよい。

1) **有機反応の種類**：次の 4 種であり，よく略記号 Ad, S 等が使われる。
(1)　置換反応（Substitution: S）

　　例：$CH_3CH_2Cl + OH^- \rightarrow CH_3CH_2OH + Cl^-$

(2) 付加反応（Addition: Ad）

例：$CH_2 = CH_2 + HBr \rightarrow CH_3CH_2Br$

(3) 脱離反応（Elimination: E）

例：$CH_3CH_2OH\ (+H_2SO_4) \xrightarrow{\Delta} CH_2=CH_2\ (+H_2O + H_2SO_4)$

(4) 転位反応（Rearrangement: Re）

例：

$$CH_3-\underset{\underset{OH}{|}}{\overset{\overset{CH_3}{|}}{C}}-\underset{\underset{OH}{|}}{\overset{\overset{CH_3}{|}}{C}}-CH_3 \xrightarrow[H^+]{-H_2O} CH_3-\underset{\underset{O}{\|}}{C}-C(CH_3)_3$$

2) 反応機構の種類：以下のように分類される。

(1) 均一結合開裂（形成）反応（ラジカル反応）

(2) 不均一結合開裂（形成）反応（イオン的反応）

多様なイオン的反応はさらに次の二種類に分けられる。

    a. 求核反応（Nucleophilic（N）反応）

    b. 求電子反応（Electrophilic（E）反応）

そのイオン的反応は例えば(9-2)式のように書くことができる。

$$\text{電子不足（求電子：E）基質} + \text{電子豊富（求核：N）試薬} \rightarrow \text{生成物} \qquad (9\text{-}2)$$

この反応を，試薬から見て，求核反応（N反応：例 S_N 反応）と分類する。逆の場合が求電子反応（E反応：例 S_E 反応）である。

(3) イオンもラジカルも経由しない反応（協奏的反応）

ウッドワード・ホフマン（WH）則が適用可能な反応など。

なお酸化反応と還元反応という区別もあるが，これは広い意味では反応点の電子密度の減少と増加であり，上記反応のbとaに組み込まれることがある。

また分子の光励起により起こる光化学反応もあり，その反応性は10章で説明する。
有機反応はイオン的反応が大多数であり，例えば置換反応は次のような分類と表現がなされる。イオン性は主に原子の電気陰性度による。また図中の曲がった矢印は，電子対がどのように移動するかを示す。Ⅰは飽和炭素上の，またⅡは不飽和炭素上の代表的な反応例である。

  Ⅰ．電子不足基質と電子豊富試薬の置換反応：求核置換（S_N）反応

$$\overset{\delta^+}{H_3C}-\overset{\delta^-}{\ddot{C}l:} + :\ddot{O}H\ (Na^+) \longrightarrow H_3C-\ddot{O}H + Na\ddot{C}l: \qquad (9\text{-}3)$$

    反応基質   求核試薬（Nucleophile）

Ⅱ. 電子豊富基質と電子不足試薬の置換反応：求電子置換（S_E）反応（(8-6) 式参照）

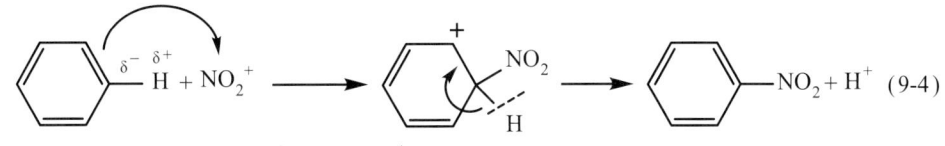

$$\underset{\text{反応基質}}{\bigcirc\!\!-\!\!\underset{\delta^-}{H}\overset{\delta^+}{}} + \underset{\substack{\text{求電子試薬（Electrophile）}\\(\text{HNO}_3 と \text{H}_2\text{SO}_4 とから発生)}}{\text{NO}_2^+} \longrightarrow \bigcirc\!\!\!\overset{+}{\underset{H}{\diagdown\text{NO}_2}} \longrightarrow \bigcirc\!\!-\!\!\text{NO}_2 + \text{H}^+ \quad (9\text{-}4)$$

この反応は，1）ニトロイルイオン NO_2^+ の求電子付加，2）プロトンの脱離，の 2 段階置換反応である。一段階目が律速過程であることから求電子置換（S_E）反応とされる。

一方でイオンもラジカルも経由しない反応の一群が存在する。よく知られたペリ環状反応のディールス・アルダー反応などがこれに分類されるが，この多くは WH 則で説明できる。詳細は 10 章で述べる。

9.1.2 軌道相互作用と静電的引力

化学反応の推進力や原因を考えるとき，これまでの 3 章や 6 章での化学結合の原因を参考にするとよい。3.5 節の H_2，He_2 等の結合可能または不可の説明では図 3.12 を用いた。

図 9.1 の (a) と (b) はそれを簡単にしたものであり，関係する原子軌道の重なりによる相互作用効果の有無を用いる。

即ち H_2 分子では 1s 軌道の重なりにより安定化した結合性軌道に電子 2 個を詰めて安定であるのに対し，He_2 では反結合性軌道にも電子 2 個を詰めねばならず，安定化が得られず結合が成立しない。

軌道相互作用は (c) のように，被占軌道と近くに存在する他の空軌道との間でも重なりによる安定化が起こる。その安定化はその軌道間のエネルギー準位差が小さいほど大きくなる。従って 2 つの分子が反応するかどうかは一方の HOMO と他方の LUMO との重なり効果が大きいかどうかで決まる。

一方で 2 原子間結合力の 1 つの指標である結合エネルギー（$kJ\cdot mol^{-1}$）を次に示すが（3.4 節から抜粋），表 1.2 の電気陰性度の差の大きい原子間が大きな結合エネルギーをもつことがわか

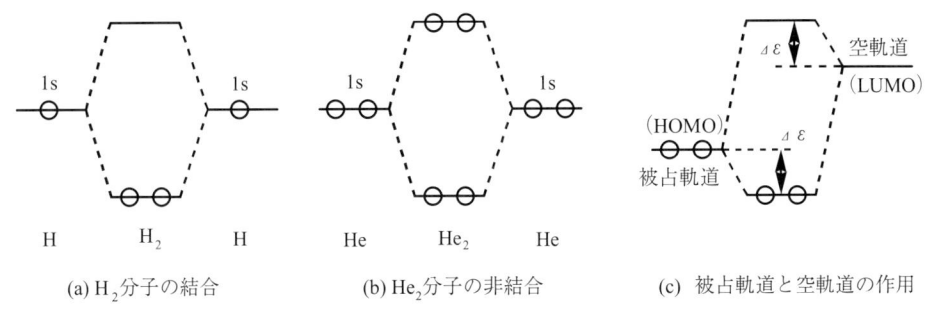

図 9.1　原子軌道の相互作用による結合の成否および安定化

(a) H_2 分子の結合　　(b) He_2 分子の非結合　　(c) 被占軌道と空軌道の作用

る。結合力に対し，軌道相互作用と共に，静電的引力によるイオン結合性も寄与していることが理解される。その両者の関係と効果は 9.2 節 (9-9) 式で示される。

H-H：436, F-F：157, H-F：568, H-Cl：431,

C-H：414, C-C：349, C=C：610 (kJ·mol^{-1})

9.2 節では反応基質と反応試薬の分類法と HOMO と LUMO での反応性の理解，および反応性を理解するための反応点間作用のエネルギー変化，さらに HOMO-LUMO 作用例について述べる。9.3 節では I の求核置換（Nuceophilic Substitution: S$_N$）反応の面白い例につき，MOPAC での解析法を示す。

9.2　反応試薬の分類と反応性

9.2.1　試薬の分類とフロンティア軌道

本項では反応試薬の分類方法について記す。

前節で基質や試薬には，求電子体や求核試薬などと，特定の性質があるらしいことを記した。これらの性質と考え方は，化学における酸と塩基の概念を拡張したピアソン（Pearson）による"硬軟酸・塩基（Hard and Soft Acids and Bases: HSAB）理論"で理解できる。即ちピアソンはイオン反応性を示す有機基質を含む多くの試薬を，大きく硬い酸と硬い塩基，そして軟らかい酸と軟らかい塩基に分類し，"硬酸は硬塩基と速く反応（または強く結合）し，軟酸は軟塩基と速く反応（または強く結合）する"等の HSAB 則で説明できることを示した。

酸はプロトン供与体，Lewis 酸，求電子試薬，電子不足体などである。塩基はプロトン受容体，Lewis 塩基，求核試薬，電子豊富体などである。その酸・塩基の分類を表 9.1 に示した[1,2]。

硬軟酸・塩基は，それぞれ次のような特徴をもつ。

表 9.1　硬軟酸と硬軟塩基

硬い酸	軟らかい酸	中間の酸
H$^+$ Li$^+$ Na$^+$	Cu$^+$ Ag$^+$ Pd^{2+}	Fe^{2+} Co^{2+} Cu^{2+}
K$^+$ Mg^{2+} Ca^{2+}	Pt^{2+} Hg^{2+} BH$_3$	Zn^{2+} Sn^{2+} Sb^{3+}
Al^{3+} Cr^{2+} Fe^{3+}	GaCl$_3$ I$_2$ Br$_2$	Bi^{3+} BMe$_3$ SO$_2$
BF$_3$ B(OR)$_3$ AlMe$_3$	CH$_2$（カルベン）	R$_3$C$^+$ NO$^+$ GaH$_3$
RCO$^+$ CO$_2$		C$_6$H$_5$$^+$
HX（水素結合分子）		
硬い塩基	軟らかい塩基	中間の塩基
H$_2$O HO$^-$ F$^-$	R$_2$S RSH RS$^-$	ArNH$_2$ C$_5$H$_5$N
AcO$^-$ SO$_4$$^{2-}$ Cl$^-$	I$^-$ R$_3$P (RO)$_3$P	N$_3$$^-$ Br$^-$
CO$_3$$^{2-}$ NO$_3$$^-$ ROH	CN$^-$ RCN CO	NO$_2$$^-$
RO$^-$ R$_2$O NH$_3$	C$_2$H$_4$ C$_6$H$_6$	
RNH$_2$	H$^-$ R$^-$	

硬い酸：サイズが小さく大きな正電荷を有し，高エネルギー準位の LUMO をもつ。

例：H_3O^+ (H^+), $CH_3-\underset{\underset{O}{\|}}{C^+}$

軟らかい酸：サイズが大きく小さい正電荷を有し，低エネルギー準位の LUMO をもつ。

例：Ag^+, Br_2

硬い塩基：高い電気陰性度と低い分極率をもつ，低エネルギー準位の HOMO を有し，通常負電荷をもつ。

例：HO^-, RO^-

軟らかい塩基：低い電気陰性度と高エネルギー準位の HOMO，高い分極率をもつ。必ずしも負電荷をもたない。

例：$CH_2=CH_2$, R_2S

例えば次のような 1) と 2) の反応性が確認されている。1) は硬い試薬間，2) は軟らかい試薬間による反応と理解される。

1) HO^- と $\overset{\delta^+}{Br}-\overset{\delta^-}{Br}$ の反応より，HO^- と H_3O^+ の反応が速い。

2) $CH_2=CH_2$ と H_3O^+ の反応より，$CH_2=CH_2$ と $Br-Br$ の反応が速い。

表 9.2 は，試薬の硬さの定性的なリストである。ピアソンは (9-5) 式を用いて試薬の絶対的硬さ η，を定量的に表現できることを示した[3]。つまり η は 3.7 節で述べたが，HOMO，LUMO のエネルギー準位を用いて表されることになる。

$$\eta=\frac{IP-EA}{2} \tag{9-5}$$

ここで IP：試薬のイオン化エネルギー

EA：試薬の電子親和力

また軟らかさ σ は，η の逆数の次式で表される。

表 9.2 試薬の絶対的硬さ η(eV)

カチオン		中性分子		アニオン	
イオン	η	化合物	η	イオン	η
H^+	∞	HF	11.0	F^-	7.0
Al^{3+}	45.8	CH_4	10.3	OH^-	5.7
Li^+	35.1	H_2O	9.5	CN^-	5.1
Na^+	21.1	NH_3	8.2	CH_3^-	4.9
Cu^{2+}	8.3	C_2H_2	7.0	Cl^-	4.7
Cu^+	6.3	C_2H_4	6.2	Me_3C^-	3.6
		C_6H_6	5.3		
		Br_2	4.3		

$$\sigma = \frac{1}{\eta} \tag{9-6}$$

IPとは、3.6節で説明したように、その基質から電子1個を取り去るのに必要なエネルギーである。実験的にIPは光電子分光法などから得られる。IPは同種の分子系ではその分子のHOMOのエネルギーとほぼ直線関係があり、分子軌道理論からは中性分子ではHOMOのエネルギー準位 ε_{HOMO} を用いて、次式で表される。実測と計算値を結ぶ便利な式である。

$$IP = -\varepsilon_{HOMO} \tag{9-7}$$

またEAは、その試薬が電子1個を内部に取り込むことによるエネルギー増から得られる。分子軌道理論からはLUMOのエネルギー準位 ε_{LUMO} を用いて次式で表される。

$$EA = -\varepsilon_{LUMO} \tag{9-8}$$

つまり、硬い試薬は、HOMOのエネルギー準位が低い、LUMOの準位が高い、およびHOMOとLUMOのエネルギー差が大きい、のいずれかの傾向をもつ。また軟らかい試薬は、HOMOのエネルギー準位が高いなどの、逆の傾向をもつ。

ここでPM5法によりアセチレン、エチレン、ベンゼンの分子軌道計算を行い、HOMOとLUMOのエネルギーを用いた η 値を示す。ピアソンの表9.2の値を（ ）内に示した。

$\eta_{アセチレン} = (11.5 + 2.1)/2 = 6.8 \ (7.0) \ (eV)$

$\eta_{エチレン} = (10.5 + 1.5)/2 = 6.0 \ (6.2) \ (eV)$

$\eta_{ベンゼン} = (\ 9.5 + 0.7)/2 = 5.1 \ (5.3) \ (eV)$

両者は同じ傾向を示し、アセチレンが最も硬い性質をもつことがわかる。MOPACのプログラムには各元素のIP値がピアソンの表をもとにして組み込まれている。従って上記のことは経験値（実験値）としてプログラム内に組み込まれている元素のIPの値が炭化水素系では妥当であることを示している。

また水、アンモニアの η 値においては7.1（9.5）、6.5（8.2）とかなり差があるが、水がより

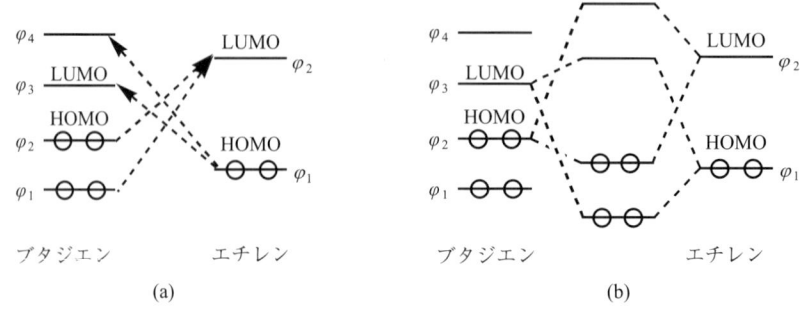

図9.2 (a) 軌道相互作用の種類、(b) 2つのHOMO-LUMO作用例：
1,3-ブタジエンとエチレン（π軌道のみ）

硬い塩基であることを示す。MOPAC では有機分子向けに IP 等の経験値が決められていることがわかる。

以上，試薬の分類と，性質の分子軌道法からの評価方法を記した。2 分子の反応評価に当たっては次節で記すように関与する 2 分子間のフロンティア軌道の HOMO-LUMO 間エネルギー差が重要な指標となる。図 9.2 に 1,3-ブタジエンとエチレンの軌道相互作用の例を示す。これらのディールス・アルダー反応に対する置換基効果については 9.2.3 項の 3) で詳しく述べる。

9.2.2 反応性の予測

クロップマン（G. Klopman）は化学反応性を予測解釈するため，半経験的分子軌道法による摂動法を用いて多くの研究を行った[4]。それによると反応は主に (9-9) 式によって決まる。即ち ΔE は，反応の初期において 2 つの試薬の相互作用により安定化される場合の安定化の大きさを示す。ΔE が大きいと活性化エネルギーの低下に寄与し，速度が大となる[5]。

$$\Delta E = -\frac{q_{nuc.} q_{elec.}}{\varepsilon_0 R} + \underbrace{\frac{2(c_{nuc.} c_{elec.} \beta_{nuc.elec.})^2}{\varepsilon_{HO(nuc.)} - \varepsilon_{LU(elec.)}}}_{\text{フロンティア軌道項}} \tag{9-9}$$

ここで $q_{nuc.}$, $q_{elec.}$：求核体，求電子体の上の反応点の全電荷

ε_0 ：反応点局部の比誘電率

R ：反応点間の距離

$c_{nuc.}(c_{elec.})$：求核体（求電子体）の分子軌道の反応点の原子軌道の係数

$\varepsilon_{HO(nuc.)}$ ：求核体の分子軌道の HOMO のエネルギー

β ：反応点の軌道間の共鳴積分

ΔE の大きさは静電的引力のクーロン項（第 1 項）とフロンティア軌道間の相互作用のフロンティア軌道項（第 2 項）に支配される。前者は低いエネルギーの HOMO をもつ負電荷の求核体（硬塩基）と，高いエネルギーの LUMO をもつ正電荷の求電子体（硬酸）との反応において大きな値となる。第 2 項は小さい。求核体の HOMO のエネルギーが高いほど，その試薬は軟らかく，求電子試薬の LUMO のエネルギーが低いほど，その試薬はその求電子性が軟らかく，第 2 項が大きく寄与する，と理解される。9.2.1 項の HSAB 則の理論的根拠が与えられたことになる。

このようなことから第 14 族の炭素などが関わる反応は多くの場合は軟らかく，第 2 項より HOMO と LUMO のエネルギー差と，反応点の大きな分子軌道係数値が反応の方向を支配することになる。即ち HOMO と LUMO の性質が支配する，"フロンティア軌道論"の世界となり，求核体では反応物の HOMO の，また求電子体では反応物の LUMO の軌道エネルギーとその軌道係数の大きさで反応が支配されると理解される。次項ではその反応例を示す。また

9.2.3 典型的有機反応における HOMO-LUMO 作用

反応基質と試薬との反応性は (9-9) 式中の HOMO と LUMO 間エネルギー差を見ることで理解されることを述べた。ここでは 9.1 節で挙げた典型的な有機反応 3 種の具体例につき，関係データを用いて説明する。

1) 求核置換（S_N）反応：$CH_3Br + OH^-(Na^+) \rightarrow CH_3OH + Br^-(Na^+)$

実験上は活性化エネルギーが 88 kJ·mol⁻¹ 程度の，容易に起こる反応である。反応に係わる 2 分子の MO データを下記の（　）内に示す。単位は最初のものに示し，以後省略する。

CH_3Br：HOF(-31.5 kJ·mol⁻¹ $= -7.52$ kcal mol⁻¹)，IP(10.51 eV)，HOMO(-10.51 eV)，LUMO(0.15 eV)，電荷 C(-0.30)；Br(-0.13)；H($+0.14$).

OH^-：HOF(-174.3 kJ·mol⁻¹ $= -41.66$ kcal mol⁻¹)，IP(2.23 eV)，HOMO(-2.23 eV)，LUMO(11.69 eV)，電荷 O(-1.1)；H($+0.1$).

これらのデータから出発系（反応系）につき図 9.3(a) が書ける。

この反応は飽和炭素上の S_N2（2 分子的求核置換）反応としてよく知られている。それがここでは (9-9) 式の第 2 項分母の HOMO-LUMO 間が狭いことから，第 2 項の寄与が大きい，軟らかい反応と判断される。また生成熱（HOF）について，出発系の和は -206 kJ·mol⁻¹，生成系の和は -235 kJ·mol⁻¹ と算出された。この反応が発熱反応であることを示唆

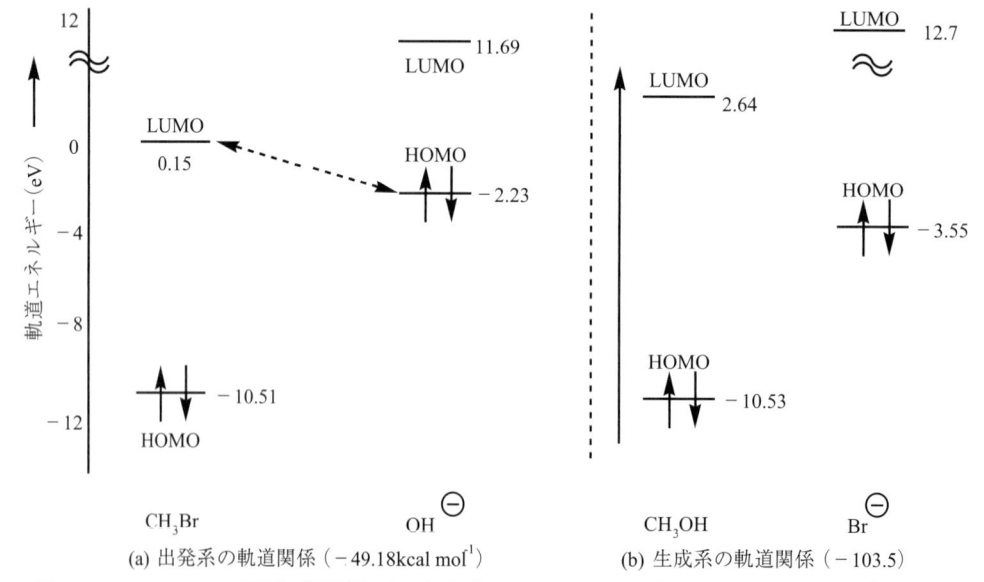

図 9.3 CH_3Br への 2 分子的求核置換（S_N2）反応の HOMO-LUMO 作用関係のエネルギープロフィル
（（　）内は反応に係わる 2 分子の HOF 値の和）

(a) 出発系の軌道関係（-49.18 kcal mol⁻¹）　　(b) 生成系の軌道関係（-103.5）

する。出発系でNaOH，生成系でNaBrを用いても同様のエネルギープロファイルが得られる。CH$_3$BrとNaOHのLUMO-HOMOエネルギー差は，次の3)のディールス・アルダー反応と同程度であり，この観点からも軟らかい反応とみなせる。

なお有機化学テキストではこのS$_N$2反応の機構を(9-10)式の立体的反転で表現する。

$$\text{HO}^{\ominus} + \overset{\text{H}}{\underset{\text{H}}{\text{C}}}{}^{\delta+}\text{—Br}^{\delta-} \rightarrow \left[\text{HO}\text{----}\text{C}\text{----}\text{Br} \right] \rightarrow \text{HO—C} + :\text{Br}:^{\ominus} \quad (9\text{-}10)$$
遷移状態

まずMOデータの電荷では出発系の炭素Cは3個の水素からの電子供与で負電荷（−0.30）であり，CH$_3$グループとしてはじめて陽電荷（+0.13）となる。一方で反応は上述のように軟らかい反応であり，CH$_3$Brの主軸方向のLUMOの最大係数点としてのCが，OH$^{\ominus}$のHOMO最大係数点Oと作用すると理解される。一般に静電相互作用は軌道相互作用より長い距離の間でも有効である。従ってこの反応の動的イメージとして次のように判断される。先ずOH$^{\ominus}$はCH$_3$の陽電荷に接近する。そこでOH$^{\ominus}$のHOMOの最大軌道係数位置の酸素は，CH$_3$Brの主軸上でLUMOの最大係数をもつ炭素と軌道相互作用で結合し，Br$^{\ominus}$が解離されCH$_3$OHが生成する。このような反応が進行する状態を，MOPACプログラムでは11.2節に示す2分子接近による遷移状態解析で，ワークスペース上で観察できる。

なお有機化学のテキストでは最近静電ポテンシャルマップを用いて，CH$_3$Brの陽電荷部とOH$^{\ominus}$の陰電荷との接近による反応と説明している。

2) 求電子置換（S$_E$）反応： ⌬ + NO$_2^{\oplus}$ ⟶ ⌬—NO$_2$ + H$^{\oplus}$

実験上はベンゼンと混酸（理論量の硝酸と硫酸とからのNO$_2^+$）とを60℃，40分程度で

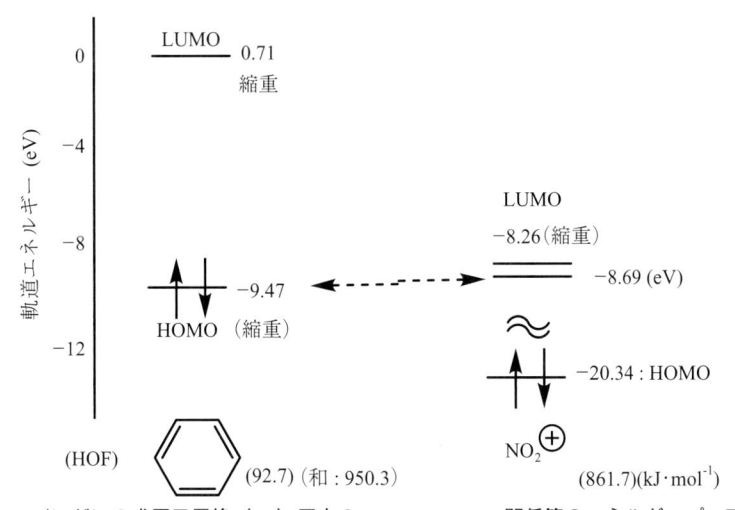

図9.4 ベンゼンの求電子置換（S$_E$）反応のHOMO-LUMO関係等のエネルギープロファイル

（左側）ベンゼン：LUMO 0.71（縮重），HOMO −9.47（縮重），(HOF)(92.7)（和：950.3）

（右側）NO$_2^{\oplus}$：LUMO −8.26（縮重），−8.69 (eV)，HOMO −20.34，(861.7)(kJ·mol^{-1})

軌道エネルギー (eV)

反応させるとニトロベンゼンが 98％収率で得られる[6]。

図 9.4 に反応に関する出発系の MO データを示す。( ) 内は HOF 値（kJ·mol⁻¹）である。この反応は芳香環への S_E 反応としてはよく知られているが，ベンゼンの HOMO とニトロイルの LUMO の間が狭いことから軟らかい反応が起こり易いと判断される。即ち求電子試薬 NO_2^+ は LUMO が非常に低く，ベンゼン環上の HOMO との強い作用で攻撃し易く，60℃程度でも反応が起こることになる。

3) **WH 則許容のディールス・アルダー（DA）反応**：① 1,3-ブタジエン（BD）とエチレン（ET）の反応，②シクロペンタジエン（CP）と無水マレイン酸（MA）の反応

図 9.5 に上記①と②の DA 反応（[4π＋2π] 付加：6.4 節，10.4 節および 11 章で説明）のエネルギープロフィルを示す。

①と②は典型的な DA 反応で，①は 200℃程度の温度条件でシクロヘキセンを生成する（11.2 節：活性化エネルギー ΔE_a ＝ 115.0 kJ·mol⁻¹ （＝ 27.5 kcal·mol⁻¹））。

②は室温で CP と MA は反応し，エンド付加体（11 章）を生成する（11.3 節：ΔE_a ＝ 51.5 kJ·mol⁻¹ （＝ 12.3 kcal·mol⁻¹）。反応②が起こりやすいのは，図 9.5 ②の，近くになった HOMO-LUMO の相互作用増大による。またエンド付加の立体選択性は残余 π 結合間の二重結合の重なり効果に因る（11.3 節），等のことが説明される。

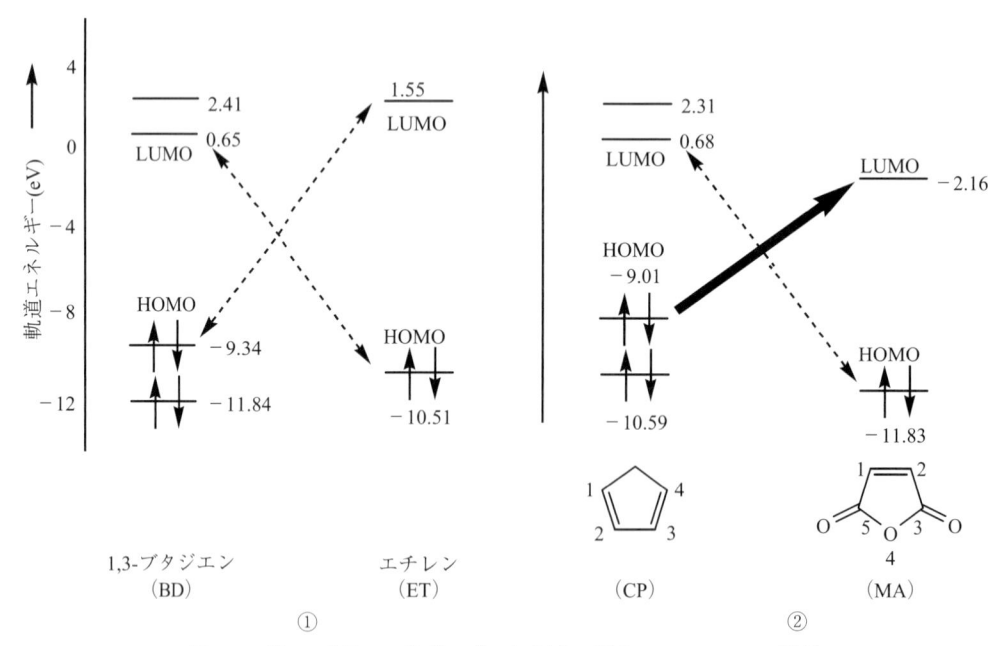

図 9.5　ディールス・アルダー（DA）反応 2 種の HOMO-LUMO 関係

9.3 求核置換（S_N）反応における両性求核試薬の反応の分子軌道法での理解

9.3.1 両性求核試薬の反応

合成反応として重要な両性求核試薬の反応選択性は，HSAB 理論でよく説明される[3]。

これまで種々の試薬（および基質）の性質を述べた。ここでは一つの分子中に二つ以上の原子上に電子対を有する，両性求核試薬について述べる。即ち二つ以上の原子上に孤立電子対を有する共鳴構造式を書くことができる求核試薬は反応条件により 2ヶ所以上の原子上で反応し，それぞれ異なった生成物を与える可能性がある。(1)～(3)のような試薬例がある（ここでは孤立電子対を : で示す）。以下 (1) の選択的反応例について説明する。

(1) CN⁻イオン : :C≡N:⁻ ⟷ :C=N:⁻

軟らかいサイトでの反応ではニトリル（R-C≡N:），硬いサイトでの反応ではイソニトリル（R-N=C: ⟷ R-N⁺≡C:⁻）が得られる。

(2) 亜硝酸イオン（NO_2^-）: :O-N=O:⁻ ⟷ :O⁻=N=O: ⟷ :O=N-O:⁻

亜硝酸エステル（R−O−N=O）またはニトロ化合物（R−NO_2）が得られる。

(3) エノラートタイプイオン : —CR⁻—C=O: ⟷ —CR=C—O:⁻

R'X 等との反応で炭素（C-アルキル化）または酸素（O-アルキル化）誘導体が得られる。

マロン酸エステル合成，フェノキシドイオンのオルト置換体誘導などもこの利用例であり，合成化学的にも重要である。

9.3.2 シアン化物イオンの反応例

ここでは (1) のシアン化物イオンの示す，反応条件に依存する，次の 1a と 1b の位置選択的求核置換（S_N）反応の結果，異なる生成物を与える具体例を説明する。

S_N 反応では条件により，S_N2（2分子）反応と，S_N1（1分子）反応の反応性の差が生じることがあり，その例である。その反応機構は次項の (9-15) と (9-16) 式に示す。

(1a)　EtI + KCN → Et−C≡N + KI　　　　　　　　　　　　　　　　　(9-11)

軟らかいニトリル EtCN を合成する反応は，このような第一級アルキルやベンジルハライド

などからは良好な収率で起こる。しかし第二級ハロゲン化合物を用いると収率は低下する[7]。溶媒によってあまり変化せず，以上のようにS_N2反応性を示す。

(1b)　EtI + AgCN → Et−N=C:・AgI $\xrightarrow{2KCN}$ Et−N=C: + KAg(CN)$_2$ + KI
$$\tag{9-12}$$

この窒素側が結合した硬いイソニトリルを合成したいならばAgCN（またはCuCN）を用いるとよい[8]。銀イオンが存在するとアルキルハライドからハロゲン化物イオンが炭素原子から脱離しやすくなる。即ち炭素の陽イオン（硬い）化が誘起され，S_N1反応性をもったと説明される。

9.3.3　シアン化物イオンの両性求核反応のMOPACによる理解

$CN^⊖$の分子軌道法による計算を次のキーワード：EF PM5 CHARGE ＝−1 XYZ VECTORSで行う。出力データは図9.6のように整理される。即ちHOMOでは炭素，電荷では窒素がより活性と判断される。出力結果を$CN^⊖$イオンのS_N反応として整理すると次のようである。

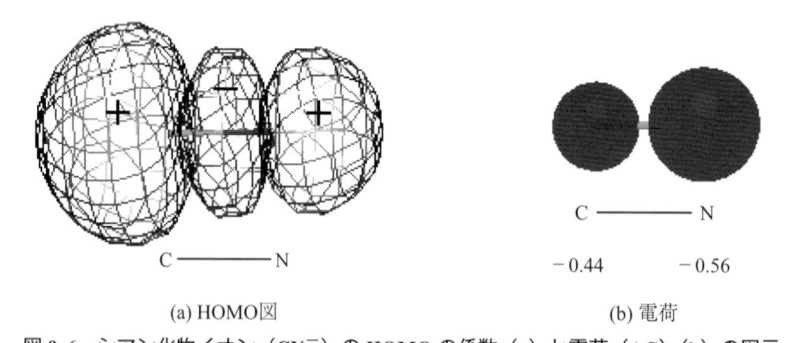

(a) HOMO図　　　　　　　　　(b) 電荷

図9.6　シアン化物イオン（CN^-）のHOMOの係数(a)と電荷(AC)(b)の図示

HOMO：$\varphi_5 = 0.45\chi_{2s}^C - 0.66\chi_{2p_x}^C + 0.57\chi_{2p_x}^N$ $\tag{9-13}$

Net Atomic Charge(AC)：$q_C = -0.44$
$$q_N = -0.56 \tag{9-14}$$

HOMOを表す図9.6(a)と式(9-13)ではNの係数よりもCの係数の方が大きいことから，求核種の軟らかいサイトとしては炭素がより活性であることがわかる。一方図9.6(b)と式(9-14)の原子上の電荷の計算値は窒素の方が大きく，硬いサイトとしてNがより活性であることを示している。

このように$CN^⊖$イオンは硬および軟反応で反応サイトが異なり，そしてイオン化され易い（イオン化エネルギー IP ＝ 3.3 eV）の両性求核種であることが確認される。

結局反応(9-11)はCNの軟らかいサイトの炭素が，(9-15)式に示すように，EtI（のLUMOの係数の大きい）CH$_2$部炭素に軟塩基・酸反応したものである。

反応 (9-12) では Ag$^+$ イオンが存在するので I がハロゲン化物イオン，即ち AgI として脱離しやすくなり，(9-16) 式のように反応点の CH$_2$ 炭素は遷移状態でカルボニウム陽イオンに近い状態，即ち硬い求電子体となり，(9-9) 式の第 2 項の寄与が小さくなる。即ち S$_N$2 反応ではなくなる。そこで CN$^\ominus$ の硬いサイトの窒素が，Et$^+$ と硬塩基・酸反応して Et－N＝C: が生成したものと説明される[9]。

$$|N\equiv C|^\ominus \quad \overset{\delta+}{H_2C}\underset{CH_3}{\overset{1}{\underset{2}{|}}}\overset{\delta-}{I} \tag{9-15}$$

$$|C\equiv N|^\ominus \quad \overset{+}{H_2C}\underset{CH_3}{|}\cdots\overset{-}{I}\cdots Ag^+ \tag{9-16}$$

なお CH$_3$(2)CH$_2$(1)I の LUMO の 1 位の性質を明らかにする MO データも得ることができる。この分子の価電子数は 20 個であるので HOMO は 10 番目，また S$_N$ 反応の基質として重要な LUMO は 11 番目（$\varepsilon_{11}=-0.96$ eV）である。その LUMO と電荷（AC）は (9-17) と (9-18) のようである。

$$\text{LUMO}：\varphi_{11}=0.29\chi_{2s}^{C1}+0.17\chi_{2p_x}^{C1}-0.63\chi_{2p_y}^{C1}+0.21\chi_{2p_x}^{I}-0.63\chi_{2p_y}^{I}+0.14\chi_{1s}^{H} \tag{9-17}$$

（係数が 0.1 以下は省略した）

$$\text{AC}：q_{C(2)}=-0.28,\ q_{C(1)}=-0.25,\ q_I=-0.10,\ q_{H(1)}=0.11\sim0.12,\ q_{H(2)}=0.14 \tag{9-18}$$

従って CH$_3$CH$_2$I は軟らかい求電子種として，軌道混合により係数のより大きい C(1) が主に作用することがわかる。

一方電荷（AC）値から C(1) はむしろ（I より）負に（CH$_2$ としてはわずかに正に）帯電しているので，そのままでは硬い求電子サイトにはなり難い。

(9-12) の反応では，Ag$^+$ が (9-16) 式に示したように硬い Et$^+$ を誘起して，硬いサイトになり，その結果 (9-9) 式の第 1 項の硬いサイト同士の反応を有利にし，イソニトリルの生成をもたらしたことが推定される。

両性求核試薬として，エノラートイオン（増炭素反応に利用：問題 [9.3]）等があり，有機化学上面白い対象である。また両性求電子試薬の S$_E$ 反応の例もあり[3]，同様に解析される。

以上のように分子またはイオンの電荷，HOMO，LUMO 等を算出し，基質間の軌道相互作用を考慮することでいろいろな化学種の反応性が理解され，有機合成化学の予測や指針も得られる。

文　献

1. M. B. Smith, J. March（山本嘉則ら訳），マーチ有機化学・上，丸善（2003），p.243.
2. I. フレミング（福井謙一監修，竹内敬人・友田修司訳），フロンティア軌道法入門，講談社（1978），p.41.
3. I. フレミング（福井謙一監修，竹内敬人・友田修司訳），フロンティア軌道法入門，講談社（1978），p.26, 69.
4. G. Klopman(Editor), *Chemical Reactivity and Reaction Paths*, Wiley (New York, 1974).
5. I. フレミング（福井謙一監修，竹内敬人・友田修司訳），フロンティア軌道法入門，講談社（1978），p.44.
6. 井本稔，仲屋忠雄，有機反応論・下，東京化学同人（1982），p.688.
7. I. Friedman, H. Shechter, *J.Org. Chem.*, 25, 877(1960).
8. H. L. Jackson, B. C. Mckusick, *Org. Synth.*, Coll. Vol.4, 438(1963).
9. I. フレミング（福井謙一監修，竹内敬人・友田修司訳），フロンティア軌道法入門，講談社（1978），p.47.

演習問題

[9.1] 次の4つの反応を①付加（Ad），脱離（E），置換（S），転位（Re）反応に分類せよ。②それぞれどんな反応機構かを示せ。

(a) $CH_3Br + KOH \rightarrow CH_3OH + KBr$

(b) $CH_3CH_2OH / H_2SO_4 \; CH_2=CH_2 + H_2O$

(c) $CH_2 = CH_2 + HBr \rightarrow CH_3CH_2Br$

(d) $(CH_3)_2C(OH)-C(OH)(CH_3)_2 \xrightarrow{H_2SO_4} CH_3-C(=O)-C(CH_3)_3$

[9.2] 有機極性溶媒中，CH_3CH_2I を KCN で処理すると $CH_3CH_2-C\equiv N$ が生成する。$CN^{\ominus}$ イオンの HOMO と CH_3CH_2I の LUMO を下に記した。このときなぜ $CH_3CH_2-N=C:$ が生成しないか。

$CN^{\ominus} : \varphi_5(HOMO) = 0.45\chi_{2s}^{C} - 0.66\chi_{2px}^{C} + 0.22\chi_{2px}^{N}$

$CH_3CH_2I : \varphi_{11}(LUMO) = 0.29\chi_{2s}^{Cl} + 0.17\chi_{2px}^{Cl} - 0.63\chi_{2px}^{Cl} + 0.21\chi_{5px}^{I} - 0.63\chi_{5py}^{I}$

[9.3] エノラートイオン $CH_2=CH-O^{\ominus}$ の反応性は，次のような式で表せる。この説明のためのMO法の出力を示す。

$$CH_3CH_2CHO \xleftarrow{CH_3I} H_2C\underset{1}{=}CH\underset{2}{-}O^{\ominus}_{3} \xrightarrow{H^{\oplus}} \diagup\!\!\!\!-OH \; \left(\rightleftarrows H_3C-C(=O)-H \right)$$

キーワード：PM5 EF CHARGE ＝ －1 等による出力

HOMO($\varepsilon_\mu = -2.63$ eV)

$\varphi_\mu = 0.77\chi_{2pz}^{C1} + 0.27\chi_{2pz}^{C2} - 0.58\chi_{2pz}^{O}$

$\varphi_{\mu+1} = 0.54\chi_{2pz}^{C1} - 0.77\chi_{2pz}^{C2} + 0.35\chi_{2pz}^{O}$

$q_{C1} = -0.69, q_{C2} = 0.23, q_O = -0.75, q_{H3} = 0.09, q_{H4} = 0.11, q_{H5} = -0.01$

(1) μ はいくらか。$\varepsilon_\mu(\varphi_\mu), \varepsilon_{\mu+1}(\varphi_{\mu+1})$ などからこのイオンの性質を述べよ。

(2) エノラートイオンの反応性を説明せよ。

[9.4] アルケンへの HBr の付加反応性につき次のデータがある。この付加配向選択性を説明せよ。ヒント：プロペンをモデルとして1）共鳴理論から，2）MOから説明せよ。表9.3にプロペンのMOデータを示す。

+ HBr →(エーテル) （収率80%）　(¹HNMRでメチルのシグナルは1本)

表 9.3　プロペンの PM5 法によるデータ抜粋（HOMO，原子電荷）

```
EF PM5 VECTORS ALLVEC                                    （キーワード）
 プロペン (CH₂(2)CH(1)CH₃(3))
FINAL HEAT OF FORMATION (HOF) = 6.947 (kcal·mol⁻¹)      （生成熱）
IONIZATION POTENTIAL (IP)     = 9.849 (eV)              （イオン化電位）
NO. OF FILLED LEVELS          = 9                       （被占軌道数）

              (HOMO    LUMO)         NET ATOMIC CHARGES(電荷 AC)
Root No.        9       10           ATOM NO.   TYPE   CHARGE
            （分子軌道エネルギー）         1        C     -0.159
             -9.849   1.496           2        C     -0.307
            （軌道係数）                 3        C     -0.257
  S  C 1    0.0000   0.0000           4        H      0.140
  Px C 1    0.0000   0.0000           5        H      0.139
  Py C 1    0.0000   0.0000           6        H      0.141
  Pz C 1   -0.6039  -0.6834           7        H      0.103
  S  C 2    0.0000   0.0000           8        H      0.098
  Px C 2    0.0000   0.0000           9        H      0.103
  Py C 2    0.0000   0.0000
  Pz C 2   -0.6822   0.6872
  S  C 3    0.0000   0.0000
  Px C 3    0.0000   0.0000
  Py C 3    0.0000   0.0000
  Pz C 3    0.2548  -0.0774
```

10章 フロンティア軌道論と
ウッドワード・ホフマン（WH）則

　化学反応の方向を予測し，希望通りの合成反応を設計して成功に導くことは，有機化学の主要な目標のひとつである。前章で有機反応の分類と反応例を示し，主にイオン的反応においてHOMO，LUMO のフロンティア軌道の性質で反応性を説明した（フロンティア軌道論）。一方でディールス・アルダー（Diels-Alder）反応のような協奏的反応があり，その反応性はウッドワード・ホフマン（WH）則で説明できることを簡単に記した。本章では化学反応理論で20世紀最大の発見とも言われる，WH 則が適用されるペリ環状反応主な4種のうち，(1) 電子環状反応（electrocyclic reaction）と，(2) 付加環化反応（[4π＋2π] 環化反応（熱反応）と[2π＋2π] 環化反応（光反応））について具体例を用いて詳しく述べる。他にグループ移動反応やエン反応などもある。WH 則は対称性保存則とも呼ばれ，反応に関与するフロンティア軌道の対称性，単純には分子軌道の各原子軌道の係数の正負符号（対称は S，反対称は A で示す）を用いて説明される。

10.1　フロンティア軌道論とペリ環状反応に対する WH 則

　本章では反応過程を示す図 10.1 において先ず反応物の性質から結果を予測できる反応群，ペリ環状反応とその理解の仕方を述べる。

　歴史的には 1952 年以降福井博士らによりナフタレンなどの反応性，ディールス・アルダー反応の立体選択性などがフロンティア軌道論で説明され，また 1965 年以後ウッドワードとホフマンはペリ環状反応群に対する WH 則を提出し，1981 年福井とホフマン両博士のノーベル

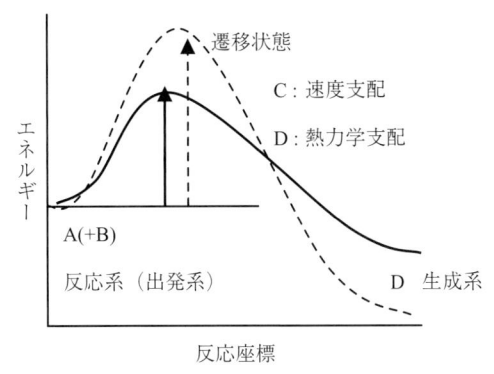

図 10.1　化学反応のエネルギー曲線

化学賞となった。なおウッドワードは 1974 年有機合成化学関連でノーベル賞を受け，1979 年亡くなっていた。

ペリ環状反応（WH 則許容の反応）とは環状の遷移状態を経て進行し，主に HOMO または LUMO の対称性によって反応の方向が決まる反応の一群である。

下記 (1)〜(4) の反応は，関係する電子が環状に配置して進行するのでペリ（周辺）環状反応（pericyclic reaction）と総称されている。これらの反応は，以下に示す WH 則に従い，反応を通じ分子軌道（特にフロンティア軌道）の対称性を保ち環状の遷移状態を経て進む。それ故「WH 則」を「軌道対称性保存則」とも言う。例えば，式 (10-1) の電子環状反応ではフロン

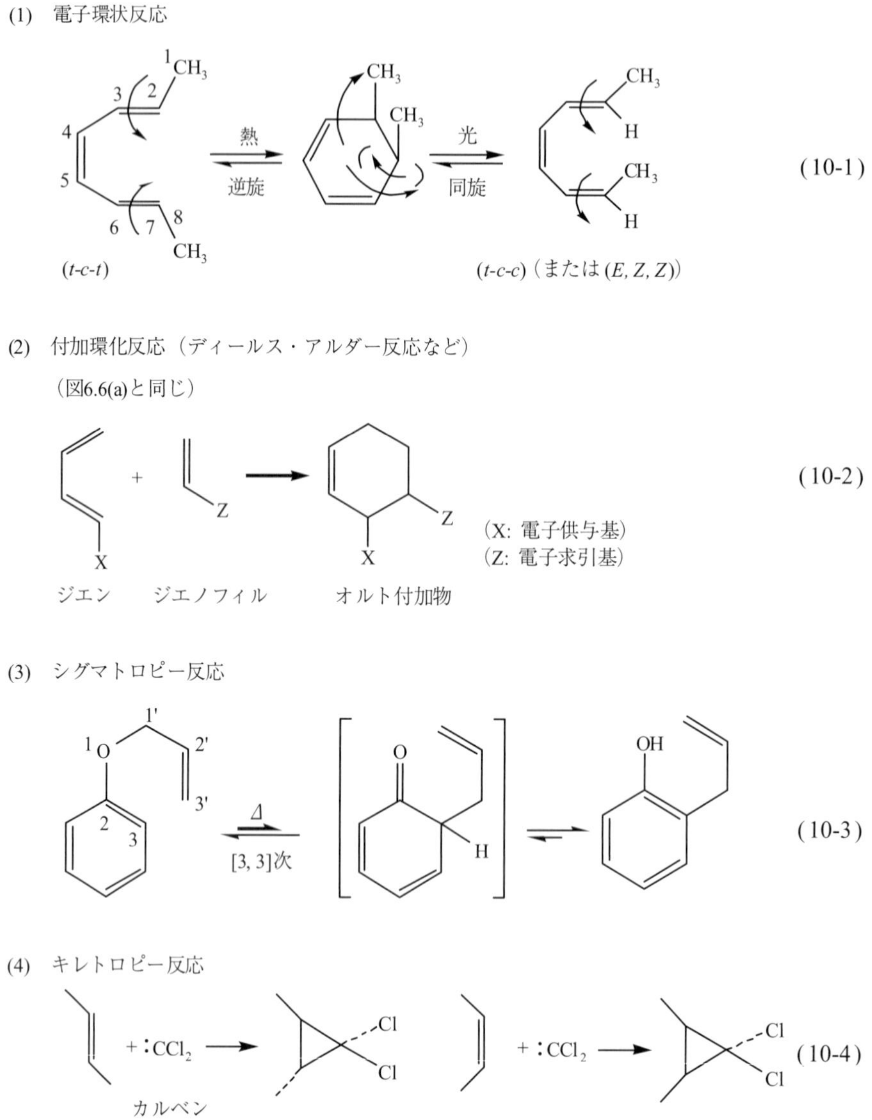
(1) 電子環状反応
CH3
熱
逆旋
光
同旋
H
(t-c-t)
(t-c-c)（または (E, Z, Z)）
(10-1)
(2) 付加環化反応（ディールス・アルダー反応など）
（図6.6(a)と同じ）
X
Z
(X: 電子供与基)
(Z: 電子求引基)
ジエン
ジエノフィル
オルト付加物
(10-2)
(3) シグマトロピー反応
O
OH
[3, 3]次
(10-3)
(4) キレトロピー反応
+ :CCl2
Cl
カルベン
(10-4)

図 10.2　ペリ環状反応の例

ティア軌道の末端2ヶ所の係数の符号の関係で回転の方向が決まる。また式(10-2)のブタジエン類（4π系）とエチレン置換体（2π系）との[4π+2π]付加のディールス・アルダー反応では，2個のσ結合がほとんど同時に生成し，その反応性はほとんど前章の(9-9)式のフロンティア軌道項だけに影響される。その際前者のHOMOと後者のLUMOの対称性が同じであることが2ヶ所の結合を同時に進めることになる。そのような反応を協奏反応という。

10.2 電子環状反応

4π，6π，8π電子系などの熱による（Δ）立体選択的閉環反応，およびその逆の立体選択性を示す光化学的（hν）閉環反応（式(10-5)など）は，WH則で説明でき，WH則許容の電子環状反応と呼ばれる。

$$(10\text{-}5)$$

この6π系反応の例として(10-6)式のキノコ中のエルゴステロールが太陽光などにより開環し，水素移動後ビタミンD_2に変換することがあげられる[1]。

$$(10\text{-}6)$$

これらの反応がどのような選択性により起こるかは，開環物における6π電子系の分子軌道のHOMOまたはLUMOの性質から説明できる。この反応は$(4n+2)\pi$電子系の反応である。次節で簡単な系を用いて説明する。

10.2.1 2,4,6-オクタトリエン（1）の熱による逆旋的閉環反応（1→2）

標題化合物1の6π系（ヘキサトリエン）部分のヒュッケル法による分子軌道データ$\varphi_1 \sim \varphi_6$は図10.3のように書ける。黒は＋，白は－の軌道係数を示す。

各軌道の対称性は，対称面（σ）に対し，SまたはAであり，安定な方からS→A→S→Aとなる性質があり，この系ではHOMOは図の対称面σの左右で同じなので対称（Symmetric:

φ_6 A

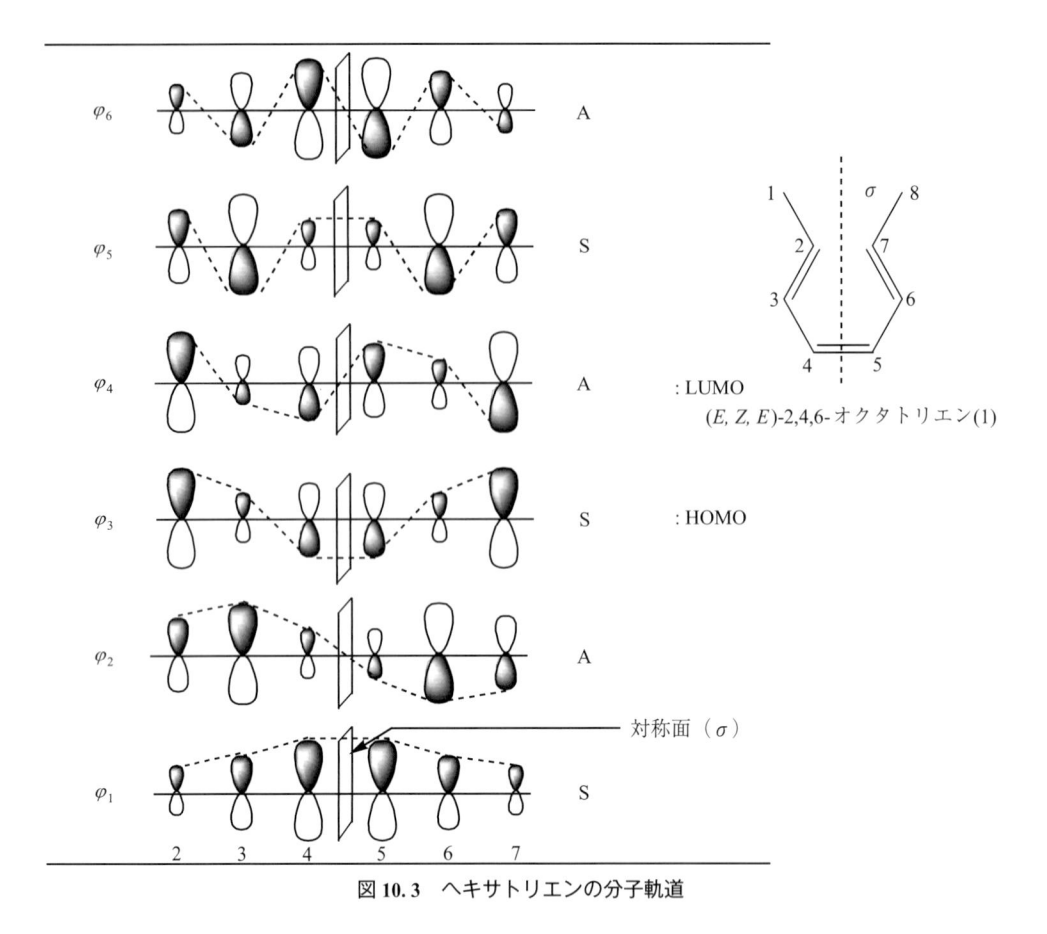

φ_5 S

φ_4 A   : LUMO

                       (E, Z, E)-2,4,6-オクタトリエン(1)

φ_3 S   : HOMO

φ_2 A

            対称面（σ）

φ_1 S

     2   3   4   5   6   7

図10.3　ヘキサトリエンの分子軌道

S），LUMO は右の図の符号を入れ換えたものが左の図になっているから反対称（Antisymmetric: A）である。化合物 1 は閉環すると，5,6-ジメチル-1,2-シクロヘキサジエンを生成する。この生成物には (10-5) 式のシス体（2）とトランス体（3）の 2 種の異性体が存在する。

　1 の 2 位と 7 位が結合して 2（または 3）を生成するということは，そこの過程には何らかの結合の回転があり，生成物では同符号の (10-7) 式右辺のような重なり（黒色重なり部）（置換基がシス体）ができることを意味する。その回転の方向は WH 則では次のように説明される。

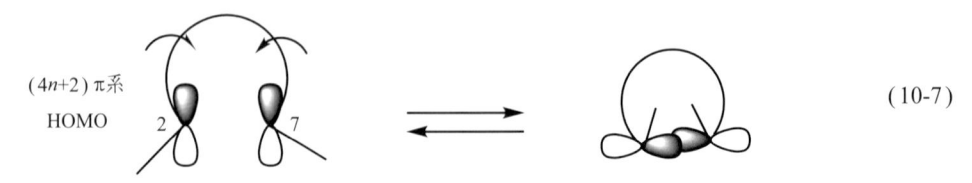

$(4n+2)\pi$系
HOMO   2   7   ⇌   (10-7)

> 第一則：一つの反応は，原系，遷移状態，生成系を通じて同一の対称性を保つ。
> 第二則：電子環状反応は，熱反応はHOMOの形で，光反応はLUMOの形で反応生成物の立体化学が決まる。

このことより 1 → 2 の変化の WH 則での説明は，次のように逆旋回転による反応で説明できる。この間面対称性は S を保持している。

$$\text{HOMO(1)} \xrightarrow{逆旋} シス体(2) \equiv \qquad (10\text{-}8)$$

1 の光照射下のトランス体 3 の生成は，WH 則で 1 の LUMO を用いて，次のような同旋的過程で説明できる。

$$\text{LUMO(1)} \xrightarrow{同旋} \longrightarrow トランス体(3) \qquad (10\text{-}9)$$

なお閉環が起こるか開環が起こるかは生成物との安定性差が関係する。

10.2.2 $4n\pi$ 電子系の電子環状反応

$4n\pi$ 系の 4π，8π 系（オクタテトラエン）でも同様にして上述した第二則で，電子環状反応が起こる。従って熱反応は同旋 (10-10)，(10-11) 式，光反応は逆旋過程 (10-12) 式となる。

$$\xrightarrow[同旋]{\Delta} \quad (4\pi) \qquad (10\text{-}10)$$

2-ピリドン

$$(8\pi) \xrightarrow[同旋]{\Delta} (6\pi+2\sigma) \xrightarrow[エステル化]{メチル} (6\pi) \xrightarrow[逆旋]{\Delta} \qquad (10\text{-}11)$$

$$\text{シス体} \underset{逆旋}{\overset{h\nu}{\rightleftarrows}} \text{トランス, トランス}(E, E)\text{体} \tag{10-12}$$

$4n\pi$系（8π）の電子環状反応は熱で同旋，光で逆旋であり，$(4n+2)\pi$系と逆になっている。2-ピリドンの光照射では3-6結合によるフォトピリドン（ラセミ体：演習解答例）が生成するが，そこでは4π系の光逆旋反応が起こっている。その反応は不斉ホストにより不斉化され，その際のエネルギー変化と立体的変化はMOPACシミュレーションにより解析できる[2]。

その原因は，図10.4に示したように，反応を支配するフロンティア軌道の対称性が，$4n\pi$

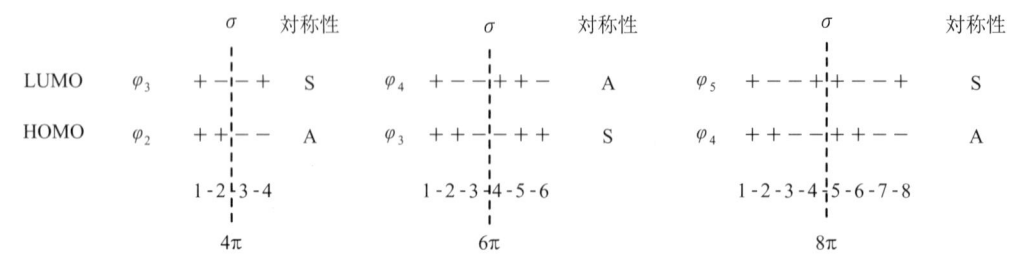

図10.4　4πと8π（$4n\pi$）電子系と6π（$(4n+2)\pi$）電子系のフロンティア軌道の符号と対称性

表10.1　同旋的および逆旋的電子環状反応

反応	熱反応	光反応
4π	同旋 t	逆旋 c
6π	逆旋 c	同旋 t
8π	同旋	逆旋
6π	逆旋	同旋

t: *trans*; c: *cis*

系の HOMO は A（反対称），LUMO は S（対称）であるのに対し，$(4n+2)\pi$ 系の HOMO は S，LUMO は A となり，対称性が逆になっていることによる。

このようなことは他の多くの π 電子系でも起こることがわかり，表 10.1 のように整理される。ペンタジエニルアニオン（6π 系）の閉環五員環化なども同様である。

10.2.3 2,4,6-オクタトリエン（1）の電子環状反応の MOPAC での理解
(a) フロンティア軌道の係数符号の利用

ここでは (2E, 4Z, 6E)-オクタトリエン（1）を PM5 レベルで作図し，分子軌道情報を得る。また逆旋的反応（熱反応）を計算するために，11.2 節同様遷移状態解析を行い，図 10.1 のようなエネルギー（HOF）の曲線と立体構造の変化を観察する。

1 の構造は，図 10.3 のものをそのまま描くと 2,7 間で接触するので，ここに示す 3-s-trans, 5-s-trans 型の 1 を作図入力し，2-7 を結合させる手順を示す。

先ずメタンを描き，つづいて sp^2 の炭素を 6 個結合させてからメチル基と結合する。立体化学は cis でも trans でも分子軌道の係数にほとんど影響しない。

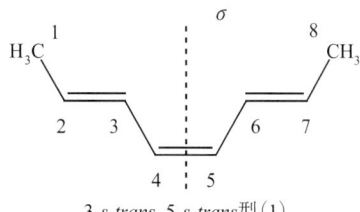

PM5 法による HOMO のエネルギー ε_{22} と分子軌道 φ_{22} は式 (10-13) のように求まる。(2E, 4Z, 6E)-オクタトリエンの分子式は C_8H_{12} であるので価電子総数は 44 個である。

HOMO：

$\varepsilon_{22} = -8.35$ eV

$$\varphi_{22} = 0.42\chi_{2p_z}^2 + 0.31\chi_{2p_z}^3 - 0.43\chi_{2p_z}^4 - 0.43\chi_{2p_z}^5 + 0.31\chi_{2p_z}^6 + 0.42\chi_{2p_z}^7$$
$$+ (-0.10\chi_{2p_z}^1 - 0.10\chi_{2p_z}^8) + (-0.11\chi_H^9 + 0.11\chi_H^{11} + 0.11\chi_H^{18} - 0.11\chi_H^{20}) \quad (10\text{-}13)$$

ここで $H^9 \sim H^{11}$ は C^1 上の H，$H^{18} \sim H^{20}$ は C^8 上の H である。

この結果は，HOMO の係数，符号とも，σ 面（C^4-C^5 の中央を通り，分子平面に直交する対称面）に関して対称（面対称）であることを示す。

閉環反応に関与する π 系だけを模式的に示すと (10-8) 式の左辺のように書ける。そこで面対称性を保ちつつ同符号の C2 と C7 が結合する方法は，どちらも内側（またはどちらも外側）に旋回（逆旋回）して同符号の軌道胞が重なって (10-8) 式のようになるやり方である。この反応は対称性を保存しつつエネルギー的に有利に起こり，cis-ジメチル体を与える。即ち WH 則に従う反応の一つである。

一方光反応では反対称な LUMO が関係するので，生成物の軌道胞が重なる回転は同旋となる。

(b) 閉環反応エネルギーの解析から[2]

MOPAC では，4.4 節に示したように回転異性体（例：n-ブタンのトランスとゴーシュ）や配座異性体（例：シクロヘキサンのいす型とねじれ舟形）のエネルギー差やエネルギー障壁は，関係する二面角を適当に変化させてシミュレーションを行い，その生成熱（HOF）の差またはエネルギー変化から算出することができる。上記閉環反応にも同様の方法が使える。

(10-1) 式の逆旋反応の計算を説明する。まず出発物（PM5 法で HOF = 110.4 kJ·mol⁻¹）の二面角 5-4-3-2 を 180° から 50° まで変化し，次に二面角 7-6-5-4 を −155° から −40° までその逆旋で変化させ，3-2-1 面と 6-7-8 面をほぼ対面させる（約 207.9 kJ·mol⁻¹まで約 96 kJ·mol⁻¹ の増，距離 R_{2-7} = 4.2 Å）。次に R_{2-7} を 1.55 Å まで縮めて生成物とし，最適化する（シス体 2：HOF = 26.4 kJ·mol⁻¹）。この間の活性化エネルギーは，ΔEa = (207.9 − 110.4 =) 97.5 kJ·mol⁻¹ と求められる。図 10.1 に相当するエネルギー曲線が描ける。加熱で十分起こる反応と推定される。

10.3　付加環化反応

10.3.1　付加環化反応の概要

光で起こるエチレンなどの 2π 系同志の [2π＋2π] 付加環化による四員環化（(10-14) 式），熱で起こる [4π＋2π] 付加による六員環化，窒素原子などが入る 3 原子だが 4π 系と他の 2π 系との五員環化，また光による [4π＋4π] 付加による八員環化（(10-17) 式）など，多くの環化反応がある。歴史的には熱による [4π＋2π] 付加環化，即ち 1950 年ノーベル賞のディールス・アルダー反応は特に重要で，現在でも合成によく利用されている。光 [2π＋2π] 付加環化と共に述べる。

10.3.2 エチレン類の光[2π+2π]付加によるシクロブタン環形成

光励起したエチレン（置換体）は基底状態のエチレン（置換体）と反応してシクロブタン環を形成する。その反応式は(10-18)式のように表せる。

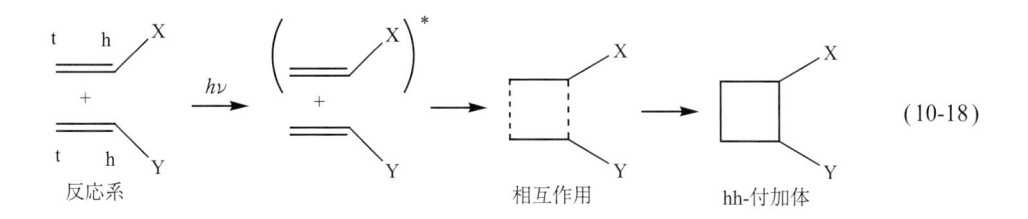

(10-18)

6.4.3 項の図 6.6 に示したが，そこでは励起により単占被占軌道となった LUMO の軌道 (LUMO'：HSOMO) は，励起していない（基底状態の）エチレンの LUMO 軌道と下図のように作用する。軌道胞の ＋ と ＋，－ と － が作用すると結合が起こる。その作用を LUMO'-LUMO 作用と呼ぶ。対称性は反応を通して維持される（(10-19)式）。

(10-19)

もう少し詳しく述べると，通常光励起状態には，電子スピンの状態により励起一重項（^{1}S）と三重項（T）の 2 種がある。エネルギーは ^{1}S が高く，図 10.5 のような ^{1}S→T の項間交差が起こり得る。ベンゾフェノンなどは ^{1}S→T 遷移しやすい物質として知られ，増感剤などとしての利用がある。また HOMO からの単占被占軌道（SOMO）2 種は LUMO' と HOMO' と呼ばれることもあるが，LUMO' は Higher SOMO（HSOMO），また HOMO' は Lower SOMO（LSOMO）とも呼ばれる。エネルギーの失活方法としては，熱としての失活（無輻射失活）と光を出しての失活（輻射失活），エネルギー移動などがあり，^{1}S からの蛍光，T からのリン光（失活）は応用性が高い（有機 EL 材料など）。

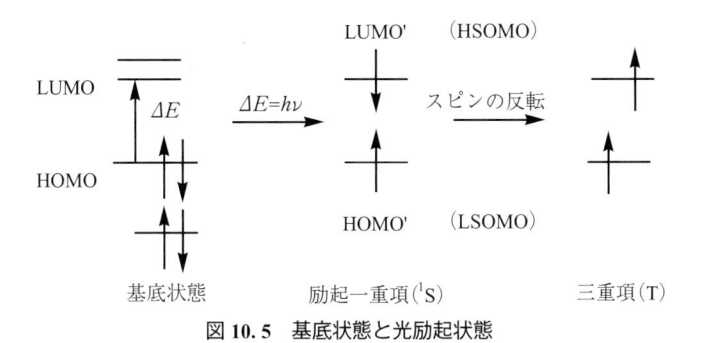

図 10.5　基底状態と光励起状態

光化学反応は ¹S で起こると協奏的で，T ではラジカル的反応が起こりやすい傾向にある。光付加では (10-19) 式のオレフィン反応での炭素四員環化と，ケトンが関与するオキセタン化（含酸素四員環化）の反応を起こす。その際 HSOMO-LUMO（または LSOMO-HOMO）作用により付加配向に選択性（hh-付加：(10-14) 式）などがある[3]。従って図 6.7 や表 6.6 に示したように反応物のフロンティア軌道のエネルギーと係数値を求めると，付加物の置換基の配向位置が予測または推定できる。h: head（頭）と t: tail（尾）の記号は付加配向表示に使われる。またフロンティア軌道による反応性の判断は光反応でのラジカル重合による高分子合成にも利用される[4]。

10.4 [4π＋2π] 付加のディールス・アルダー（DA）反応

よく知られているようにその基本はブタジエンとエチレンとの (10-20) 式であり，前者をジエン化合物，後者を親ジエン（dienophile）と呼ぶことが多い。

$$\text{ジエン} + \text{親ジエン} \xrightarrow[\text{1,4 付加}]{\Delta} \text{シクロヘキセン系化合物} \tag{10-20}$$

ジエンに電子供与性基，親ジエンに電子求引性基が付くと反応が起こり易く，膨大な合成反応例があり，立体化学，付加配向などについてきれいな説明がなされる。その DA 反応に対する HOMO-LUMO 間エネルギー差の効果については図 9.5 を用い詳しく述べた。

10.4.1 ブタジエンとエチレンのディールス・アルダー反応の MO 図と WH 則

図 10.6 に反応とその分子軌道と対称性を記した。二つの分子の各中点を通り，分子面を 2 分する対称面 σ がある。先ず反応系と生成系の S と S，A と A を結んだ線が特に（励起）点線以下でスムーズであるので，特別の活性化は必要ないことを示す。

二つの分子間の付加環化反応には次の WH 則がある。

第三則：二つの分子間の付加環化反応は同一の対称性を保ちつつ進行するが，
    1) 熱反応では一方は HOMO，他方は LUMO，の HOMO-LUMO 相互作用
    2) 光反応では両方とも LUMO の LUMO'-LUMO 相互作用の形で反応の仕方が決まる。
    3) 相互作用はそのフロンティア軌道間のエネルギー差が小さいほど大きい。

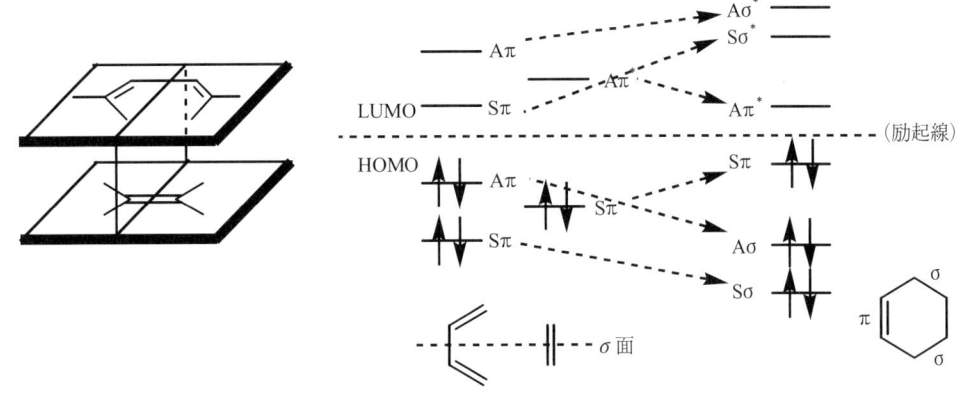

図 10.6 ブタジエンとエチレンの反応と分子軌道の対称性

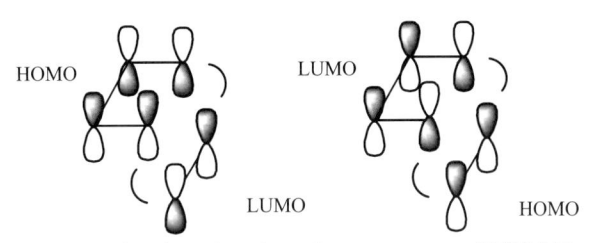

図 10.7 ブタジエンとエチレンとのフロンティア軌道間作用

そこでブタジエンの HOMO とエチレンの LUMO との場合, またその逆で, 図 10.7 のような相互作用が働き, 結合に至る。分子を切る面 (σ) に対し, 前者は A, 後者は S の対称性があることがわかる。

10.4.2 ディールス・アルダー反応の性質

2 分子反応の本反応には特有の特徴があることがよく知られている。

1) HOMO-LUMO 間エネルギー差と反応速度

ジエンの HOMO が高く, 親ジエンの LUMO が低いと, 反応速度は大となり室温以下で反応するようになる。ジメチルアントラセンは無水マレイン酸と非常に反応しやすい。

(10-21)

これは式 (9.9) と第三則 3) から説明される。即ち熱反応のディールス・アルダー反応では, (10-21) 式のような場合 HOMO-LUMO 間エネルギー差が 5.63 eV と小さく, 反応しやすい。図 9.5 のブタジエンとエチレンとのそれは 10.89 eV であった。反応例は非常に多い。

2) エンド (endo) 則

シクロペンタジエンと無水マレイン酸やアクリル酸エステルとの反応では，より低温でエンド付加体が優先する。

$$\text{(シクロペンタジエン)} + \text{(無水マレイン酸)} \longrightarrow \text{エンド体} \quad (\text{エキソ体}) \tag{10-22}$$

$$\text{(シクロペンタジエン)} + \text{CH}_2\text{=CHCOOEt} \longrightarrow \text{エンド体} \quad \text{エキソ体} \tag{10-23}$$

それは図 9.5 と図 10.8 の置換基の π 軌道（7-位）とシクロペンタジエンの内部二重結合（3-位）との重なりによる安定化効果で，活性化エネルギーが小さいためである。即ち二次的作用である。エキソ体ではこの安定化は得られない。

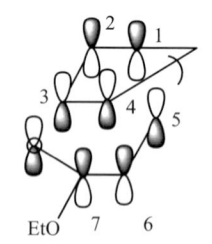

図 10.8 ディールス・アルダー反応におけるエンドの重なり

3) 付加配向選択性 (Regioselectivity)

このことは 10.1 節で (10-2) 式を用いて簡単に記した。例えば 1-置換ブタジエンはエチレン置換体とはオルト体を与える傾向が大きい（(10-24) 式）。

$$\text{(1-置換ブタジエン)} + \text{CH}_2\text{=CHY} \longrightarrow \text{(オルト)} \quad (\text{メタ}) \tag{10-24}$$

これをオルト配向選択性が大という。X に電子供与基，Y に電子求引基のときこの効果が大きいことがわかっている。その効果は，図 6.7 および表 6.6 を用い，X により HOMO で 4 位，Y により LUMO の β 位の係数が大となり，それらの結合により遷移状態でのエネルギー減少に大きく寄与するとして説明される（(10-25) 式）。具体例としてはメトキシ-1,3-ブタジエンと

アクロレインの反応などがある。

$$\text{(10-25)}$$

文　献

1　友田修司, 基礎量子化学, 東京大学出版会 (2007), p.374.
2　染川賢一, 尾堂結華, 大戸朋子, 橋本浩晃, 宮地淳, 下茂徹朗, *J. Comput. Chem., Jpn.* (日本コンピュータ化学会学会誌) 9, 79(2010).
3　水主高昭, 小幡透, 下茂徹朗, 染川賢一, 日本化学会誌, 167(2000).
4　米澤貞治郎, 永田親義, 加藤博史, 今村詮, 諸熊奎治, 三訂量子化学入門 (上), 化学同人 (1983), p.235.

演習問題

[10.1]　ブタジエンとエチレンからシクロヘキセンが生成する反応で, どのような結合の組み替えが起きるか。WH則の軌道の性質を用いて説明せよ。

[10.2]　(2E,4Z,6E)-オクタトリエン (1) は, 熱反応で2を与え, 光反応で3 (光学異性体の存在) を与える原因を説明せよ。ヒントを図10.9に示す。

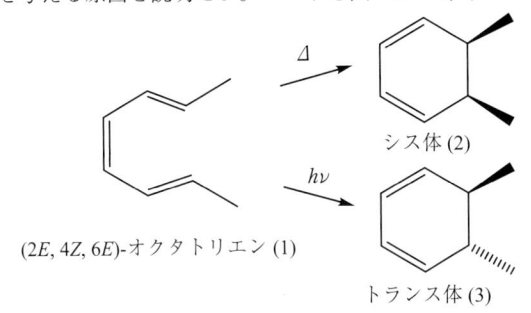

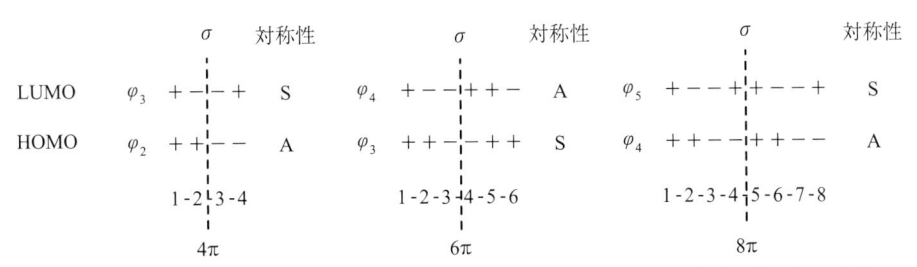

図10.9　4π と $8\pi(4n\pi)$電子系と $6\pi((4n+2)\pi)$電子系のフロンティア軌道の符号と対称性

[10.3]　2-ピリドンは薄い濃度での光化学反応でフォトピリドン (2-アザビシクロ[2.2.0]ヘキサ-5-エン-3-オン) を与え, それは光学的にラセミ体である。この反応を立体的に書け。

2-ピリドン

[10.4] 次の反応の機構を，軌道と分子の性質を用いて説明せよ。

11章　分子の接近による遷移状態および水素結合の解析

　量子化学による分子情報が，有機分子の化学反応現象の理解や予見にたいへん有効であることを述べてきた。即ち9章では有機反応を分類し，反応は反応点間での(9-9)式の2つの相互作用（静電作用と軌道相互作用）の競合でその方向や選択性が決まる例を示した。10章では図10.1の化学反応過程で，反応物の対称性が生成物に至るまで保存される特別の反応群があり，その場合反応物の HOMO と LUMO のフロンティア軌道の対称性と係数の大きさでその反応経路が支配される（HW則），と記した。

　本章では先ず，分子間接近による変化の可能性の3種を示した後，分子間の作用または反応において動的解析（遷移状態解析）の必要な数例を挙げる。11.2 と 11.3 節でディールス・アルダー反応2種（立体選択性解析を含む）の動的解析によって活性化エネルギーと遷移状態構造の MOPAC による求め方の具体的方法を記す。即ち化学反応におけるエネルギーと分子構造の変化が同時に観察され，遷移状態即ち活性化エネルギー（ΔEa）の推定ができる。11.4 節では酢酸2分子の接近による水素結合エネルギー，および 8.8 節に記したアデニン（A）-チミン（T）およびグアニン（G）-シトシン（C）間水素結合エネルギーの求め方を示す。またこれらのエネルギーの実測値との比較による正確さについても言及する。反応の追跡が自習できるよう，計算化学ソフトの体験版と付記説明書を添付した。パソコン画面上で変化が観察されるのは感動的であり，分子レベルの理解に役立ち，示唆に富む。

11.1　分子の接近による変化の解析

11.1.1　分子の接近による変化

　2分子（または2点間など）の接近により，系のエネルギーは単純にはおよそ図11.1の（Ⅰ）〜（Ⅲ）のいずれかの変化を示す。Ⅰでは何も起こらず，Ⅱでは遷移状態（TS）を経て生成物Cを与え，Ⅲでは何らかの安定な錯体（A・B）を生成する。Ⅱは9章の種々の化学反応で起こり，二段階反応では2コブ型となり反応中間体が存在する。9章で述べた S_N1 反応や芳香族の置換反応などでよく見られる。Ⅲの例は，水や酢酸などの水素結合による二量化，多量化による物性変化や効果，タンパク質のアミド結合の水素結合による二重ラセン構造，DNA 中の核酸塩基ペア水素結合（A-T，G-C）による遺伝情報伝達の生命化学，電荷移動（CT）錯体，各種触媒反応における錯形成効果，さらに光化学反応における励起錯体（Exciplex）な

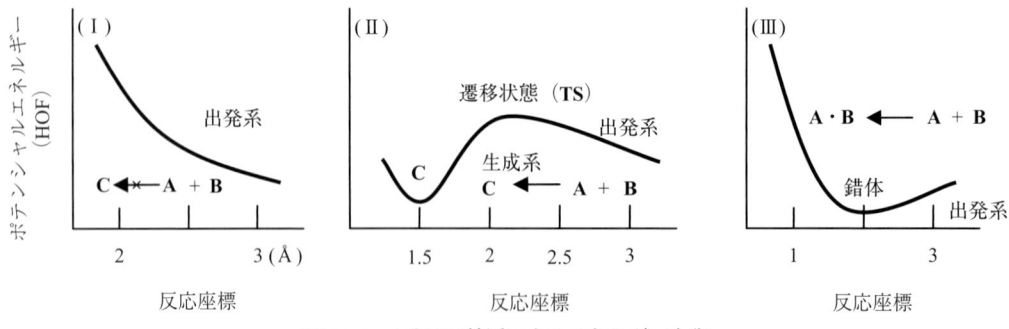

図11.1 2分子の接近によるエネルギー変化

どで見られ、多くの化学現象が計算対象となる。

本章では、IIとしてその最も簡単な系の1つ、(10-20)式のブタジエンとエチレンの[4π+2π]付加反応の遷移状態（TS）をMOPACで解析する方法について11.2節で述べる。11.3節で(10-22)式のエンド則の計算による確認も行う。またIIIとして、酢酸2分子接近による水素結合二量体形成反応、およびA-T, G-Cの水素結合の解析を11.4節と11.5節で述べる。

11.1.2　遷移状態（TS）解析の必要性

化学反応は、出発系 → 中間体 → 生成系、の過程を経る場合が多いが、8～10章で反応物のMO特にフロンティア軌道のエネルギーと軌道係数の値が、反応の起こり易さや選択性に大きく影響することを学んだ。しかしいずれも図10.1の反応過程全体、特にその分子構造とエネルギーの変化を直接考慮したものではない。初期過程では同等でも遷移状態では逆転する例（(10-22)式：エンド則：C：速度支配）、平衡反応成立条件では生成物の安定性によること（(10-22)式：エキソ体：D：熱力学支配）、HOMOとLUMO以外の要素、置換基効果（(11-1)式）[1]や環のひずみ効果（(11-2)式）[2]などによる逆転もある。

(10-22)

(11-1)

1a X=H
 b X=F
 c X=Me

2

3a X=H

syn
4b X=F
(4c X=Me)

anti
(5b X=F)
5c X=Me

置換基による面選択性の逆転

(11-2)

n=1
 2
 3

hh（頭-頭）　　ht（頭-尾）

hh/ht
n=1　95以上
n=2　50/50
n=3　11/89

環の大きさによる光付加配向の逆転

また多くの分子内や分子間，さらに核酸塩基対間で見られる水素結合などがある。さらに多様なホスト−ゲスト化による不斉誘導反応などがある。これらは反応点・作用点または分子間での接近によるエネルギー変化および立体化学的状況を，分子軌道法で解析することで理解できる[3,4,5]。なお本章では文献データとの関係でエネルギー単位は kcal mol^{-1} で示す。

11.2　ブタジエンとエチレンとのディールス・アルダー（DA）反応の遷移状態解析

　DA 反応の立体選択性などの原因は，9.2.3 項の図 9.5 と 10.4 節で示したように 2 分子間の HOMO-LUMO 作用，そして二次的重なり効果でよく説明されるが，まだ定性的である。ここでは図 11.2（(10-20) 式）のブタジエン（ジエン）とエチレン（ジエノフィル）の 2 分子の上下接近において，活性化エネルギーや遷移状態構造などの定量的なデータを得る方法を述べる。図 11.1(Ⅱ) の反応座標とポテンシャルエネルギー曲線を作成する場合，MOPAC で出発系のエネルギー（縦軸）はジエンとジエノフィルの生成熱（HOF）の和，(HOF(dien)+HOF(dphil)) として求められる。この反応の遷移状態（TS）のエネルギー（HOF(TS)）は，MOPAC の TS 解析法による TS の振動解析（キーワード：FORCE）を経て求められる。

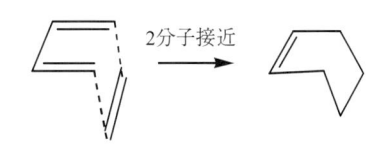

図 11.2　ディールス・アルダー反応の方法

従って反応の活性化エネルギー（ΔEa）は(11-3)式で算出される。

$$\Delta E\text{a}=\text{HOF(TS)}-[\text{HOF(dien)}+\text{HOF(dphil)}] \tag{11-3}$$

MOPACでは反応座標の変化によるポテンシャルエネルギーの変化と，反応物の構造上の変化をワークスペース上で逐次観察することができ，理解し易い。PM5とPM6レベルは後述するようにDA反応の計算精度がよくなっている。

その2分子反応の計算は次の(1)～(7)の手順で行う。この方法は分子間相互作用のエネルギー評価などに広く応用できる。操作法は前著（時田・染川，パソコンで考える量子化学の基礎，裳華房（2005），p.137）に記したが，さらに詳しく述べる。

(1) 反応2分子のMOデータの作成

ブタジエンについては s-cis 体を描画し，キーワードでEFとPM5を用い，最適構造とエネルギーを得る。この操作で出力ファイルのWMPファイル（拡張子 .wmp）等が作成される。エチレンのMOデータ例は5章にも示した。

(2) 2分子のWMPファイルの利用によるDA反応用DATファイルの作成

① 「File」からOpenをクリックして図3.8(e)の状態にし，画面右下のファイル名(N)の◻内を WinMOPAC files(*wmp) にしておいて，対象分子を選択し，「プログラムから開く」をクリックするとその分子のメモ帳が現れる。cis-ブタジエンとエチレンのWMPファイルのZ-Matrix部をコピーし，パソコンの「アクセサリ」にある新しく出した「メモ帳」に上下に貼り付ける（ブタジエンのメモ帳（Note pad）を用いてもよい）。この際上の3行は空けておく（後で1行目はMOPACのKeywordsなどが書き込まれる。2行目は化合物名などCommentsに記入したメモが書かれる。3行目は必ず空くことになる）。表11.1のようになる。但し左端の原子番号の記号Iとその番号はわかりやすいよう著者が追加した。

表11.1 ブタジエン（上）とエチレン（下）

(I)									
(1)	C	0.00000000	0	0.0000000	0	0.0000000	0	0	0	0
(2)	C	1.31955434	1	0.0000000	0	0.0000000	0	1	0	0
(3)	C	1.45686754	1	125.8260096	1	0.0000000	0	2	1	0
(4)	C	1.31960360	1	125.8180469	1	-0.0003676	1	3	2	1
(5)	H	1.09070035	1	124.1993713	1	0.0003483	1	1	2	3
(6)	H	1.09150440	1	121.7882230	1	-179.9999940	1	1	2	3
(7)	H	1.09906234	1	119.9293641	1	-0.0000272	1	2	1	6
(8)	H	1.09911623	1	114.1386197	1	179.9996712	1	3	2	1
(9)	H	1.09075453	1	124.1661991	1	0.0003775	1	4	3	2
(10)	H	1.09154638	1	121.8226824	1	179.9995974	1	4	3	2
(1)	C	0.00000000	0	0.0000000	0	0.0000000	0	0	0	0
(2)	C	1.31044716	1	0.0000000	0	0.0000000	0	1	0	0
(3)	H	1.09177656	1	123.0119900	1	0.0000000	0	1	2	0
(4)	H	1.09175884	1	123.0008928	1	180.0000001	1	1	2	3
(5)	H	1.09180918	1	123.0057665	1	180.0000002	1	2	1	4
(6)	H	1.09179162	1	122.9947502	1	0.0000002	1	2	1	4

表 11.2　初期構造用 Z-Matrix（左端番号など（　）内は著者による追加）
（EF PM5 PRECISE VECTORS ALLVEC：1行目はキーワード）
（2行目はコメント行，3行目は空白行）
（I）
(1)　C　0.00000000　0　　0.0000000　0　　0.0000000　0　0　0　0
(2)　C　1.31955434　1　　0.0000000　0　　0.0000000　0　1　0　0
(3)　C　1.45686754　1　125.8260096　1　　0.0000000　0　2　1　0
(4)　C　1.31960360　1　125.8180469　1　 -0.0003676　1　3　2　1
(5)　H　1.09070035　1　124.1993713　1　　0.0003483　1　1　2　3
(6)　H　1.09150440　1　121.7882230　1　-179.9999940　1　1　2　3
(7)　H　1.09906234　1　119.9293641　1　 -0.0000272　1　2　1　6
(8)　H　1.09911623　1　114.1386197　1　179.9996712　1　3　2　1
(9)　H　1.09075453　1　124.1661991　1　　0.0003775　1　4　3　2
(10)　H　1.09154638　1　121.8226824　1　179.9995974　1　4　3　2
(11)　C　2.50000000　-1　90.0000000　1　-90.0000000　1　1　2　3
(12)　C　1.31044716　1　90.0000000　1　 54.1000000　1　11　1　2
(13)　H　1.09177656　1　123.0119900　1　 90.0000000　1　11　12　1
(14)　H　1.09175884　1　123.0008928　1　180.0000001　1　11　12　13
(15)　H　1.09180918　1　123.0057665　1　180.0000002　1　12　11　14
(16)　H　1.09179162　1　122.9947502　1　　0.0000002　1　12　11　14
(2.4 2.3 2.2 2.1 2.0 1.9 1.8 1.7 1.6 1.55（2分子間の距離（Å）の変化））

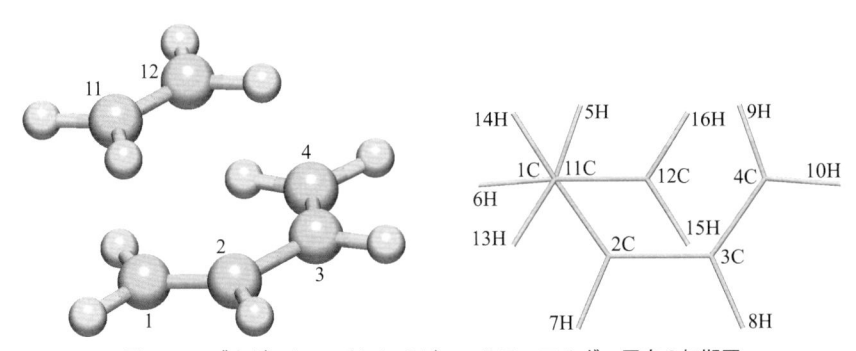

図 11.3　ブタジエン-エチレンのディールス・アルダー反応の初期図

なお計算用キーワードと2分子間距離と立体関係を挿入したものは表 11.2 となる。

② 表中の上下の位置関係を特定のもの（2.5Å 離れ，平行）にするため，ブタジエンの原子番号 1～10，に次いでエチレンの 1～6 を 11～16 番とし，③と④の変更をする（即ち 1→11, 2→12, ... ,6→16）（但し Z-Matrix では左端の（I）番目は省略される）ことで表 11.2 のようになる。

③ 図 11.3 に示すように，DA 反応の性質で両分子の平面を上下で平行にし，C^{11} を C^1 の真上 2.5 Å（任意だが，収束させるため，この程度からの反応開始が適当）に置き，初期反応点とする。勿論エチレンの C^{11} と C^{12} をブタジエンの C^1 と C^4 の真中に置いてもよいが，位置特定の計算が必要である。計算結果は同じになる。

④ これにより C^{11} をブタジエンの原子 C^1, C^2, C^3 を基準にして表す（分子のイメージや二面角の理解が必要である。事前に2分子の分子模型を作っておき上下させ，角度，二面

角の概略等を得るとよい）。

　Z-matrix で各原子の情報は特定の一行に次のように表現されることは 4.1 節に述べた。エチレンの Z-matrix を貼り付けた直後の 14 行目（エチレンの C¹）は次のようであった。

(No.)	原子の種類	距離	Flag	角度	Flag	二面角	Flag	関係原子 3 個の番号
(1)	C	0.0	0	0.0	0	0.0	0	0　0　0

これを図 11.3 のように，11 番の原子（エチレンの炭素）が，1-2-3 番の原子（ブタジエンの炭素）と次のように関係しているという指定に変更する。

(No.)	原子の種類	距離	Flag	角度	Flag	二面角	Flag	関係原子 3 個の番号
(11)	C	2.5	−1	90.0	1	−90.0	1	1　2　3

12 番の C，13 番の H も次のように変更する。

| (12) | C | 1.31 | 1 | 90.0 | 1 | 54.1 | 1 | 11 | 1 | 2 |
| (13) | H | 1.09 | 1 | 123.0 | 1 | 90.0 | 1 | 11 | 12 | 1 |

14 番以降は結合情報の番号の変更（10（ブタジエンの原子の数）の和）だけでよい（表 11.2）。なお（16）H の下の行の距離のことは (3) で記す。

　以上の反応物配置済のファイルを butadien-ethen.dat などと「.dat」をつけて保存する。

(3) DA 反応の進行のための編集と結果

① DAT ファイル読み込みのため，File-Open から図 3.8(e) とし，(*dat) のファイルから，butadien-ethen.dat を選択する。［開く］をクリックすると，ワークスペース上に，予想通り cis-ブタジエンとエチレンが 2.5 Å 離れ平行に表示される（図 11.3）。そこで Edit から Edit Z-matrix（図 3.8(c) 相当）を選択し，画面右上の Z-Matrix をクリックして表 11.2 に相当する Z-matrix を出す。

② ハイライト部を 11 行に移し，2.5 Å の Flag を −1 に変更，また Additional data 部に 2.4 2.3 2.2 2.1 … 1.8 1.7 1.6 1.55 と入力，OK とし，Calculation を Start させる。即ち C¹¹ と C¹ の距離を，2.5 Å から 1.55 Å まで約 0.1 Å きざみで近づけて，各距離でのポテンシャルエネルギーと立体変化を計算させる。

③ ワークスペースでは反応像が変化し，計算が終了すると画面左下（Status bar）に "MOPAC Done" が表示される（図 3.8(d) 相当）。計算結果は butadien-ethen.wmp や butadien-ethen.out 等として作成されている。また Properties から Reaction を選択すると図 11.4 の Select reaction step 画面が表示される。横軸は C¹¹-C¹ 間距離であり，縦軸は HOF 値のポテンシャルエネルギー (kcal mol⁻¹) で，2 Å 付近で遷移状態になることを示唆する。また付表のセル（ハイライト部：赤点）を指定し，OK をクリックすると，そのエネルギー値の立体構造がワークスペースに表示される。

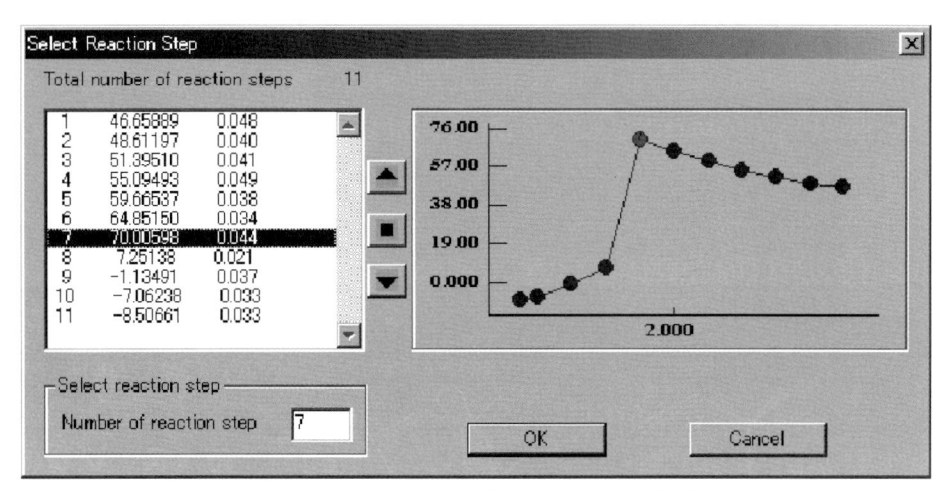

図 11.4 ディールス・アルダー反応のエネルギー曲面

(4) 遷移状態（TS）の構造最適化
① エネルギーの極大点（またはその近くの点）を，遷移構造探索の初期構造として選択し OK とする。
② Edit Z-matrix（図 3.7(b) 相当）でキーワードの EF を TS に変更する。ファイル名を butadien-ethen-ts.dat などにする。
③ 右上 Z-Matrix をクリックして表示し，表 11.2 相当の 11 行目，C^{11} の結合長 2.0 Å の Flag を －1（ここでは 0 になっている）から 1 に変更する。
④ OK ボタンを押して後 Calculation から Start をクリックして計算を行い，TS の最適な構造（$R_{1-11} = R_{4-12} = 2.12$ Å）とエネルギー値（HOF エネルギー：$HOF_{TS} = 67.9$ kcal mol^{-1}（$= 284.0$ kJ mol^{-1}））（図 11.7 に示す）を得る。

(5) 基準振動（FORCE）計算による遷移状態の確認[5]
① TS の最適化が終わってから Edit Z-matrix を開き，Name を butadien-ethen-for.dat などに変える。またキーワードで TS を FORCE ISOTOPE に変更する。
② Calculation から Start にして計算を行う。計算後 Properties から Normal Mode を選択すると図 11.5 が得られる。図中 －952 cm^{-1} 付近に負（即ち虚）の基準振動が一つあることから，これが TS 構造であることが確認される。

(6) 極限反応座標（Intrinsic Reaction Coordinate: IRC）の解析
① File を Close にして Force を閉じ，改めて File を Open にする。
② 下部"File の種類"を wmp にして後，保存された File から butadien-ethen.ts のファイルを選択する。
③ Edit から Z-matrix をクリックし，Name を butadien-ethen-irc.dat に変更する。またキーワードを IRC = 01 LARGE = 100（MO Compact では LARGE =10）にする。

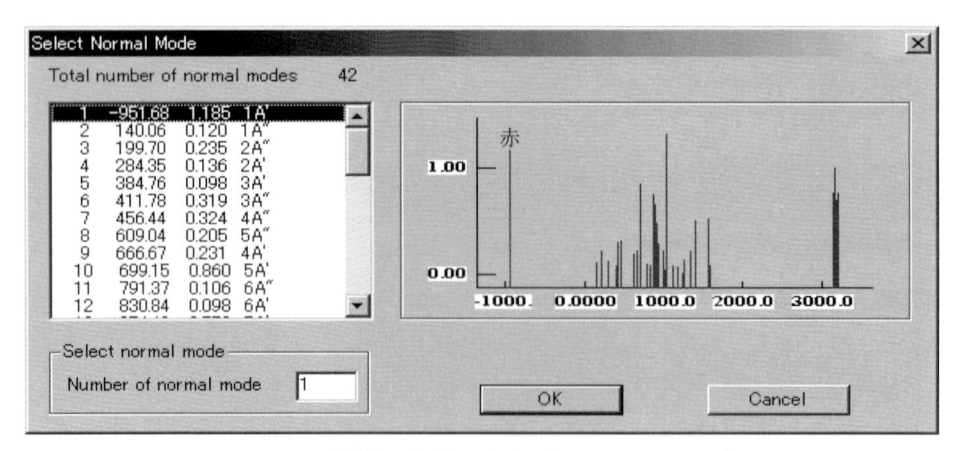

図 11.5　遷移状態の基準振動解析（負の値：−951.7cm^{-1}）

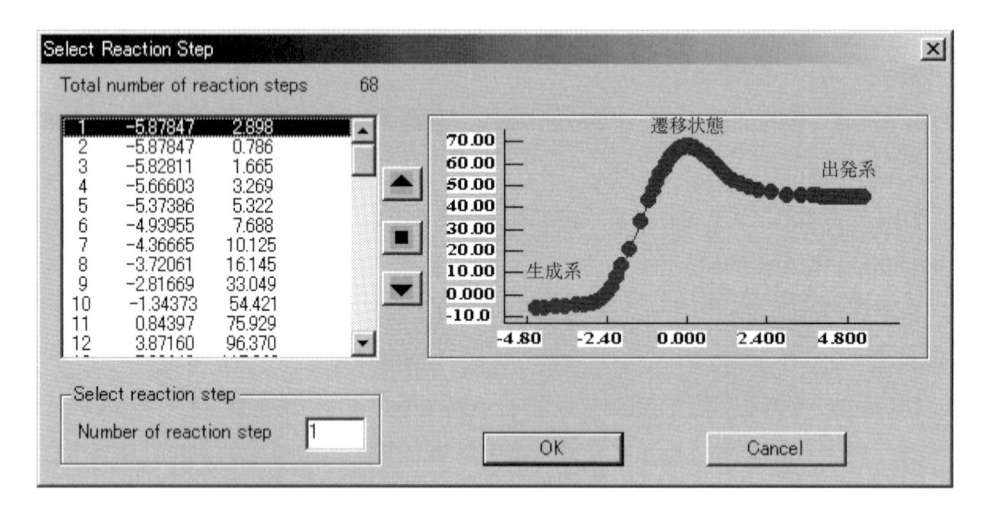

図 11.6　ディールス・アルダー反応の固有反応座標（IRC）解析

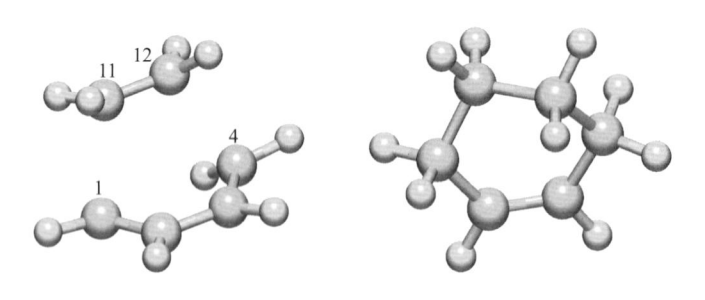

TS: $R_{1\text{-}11}=R_{4\text{-}12}=2.12$Å
HOF$_{TS}$=67.9kcal mol^{-1}　　　　　　　生成物:HOF=−5.9 kcal mol^{-1}

図 11.7　ディールス・アルダー反応の遷移状態（TS）と生成物

LARGE = n は出力制御のキーワードで，IRC では図 11.6 のデータの数を決める。

④ OK 後 Calculation を Start させる。Properties から Reaction を選択すると図 11.6 の IRC 曲線を得る。横軸は反応座標で，単位は Bohr 半径（53 pm = 0.53 Å（1.2 節参照））である。ゼロ点が遷移状態（TS）で，右端は出発系，左端が安定な生成系を示す。

図 11.7 に，TS 点での本反応の遷移状態構造（面対称）と DA 反応生成物を記す。

(7) 活性化エネルギー（ΔEa）の算出

先ずブタジエンとエチレンの HOF のエネルギー和は，次のようであった。

$$\text{HOF(dien)} + \text{HOF(dphil)} = 15.1 + 28.7 = 43.8 (\text{kcal mol}^{-1}) \tag{11-4}$$

次に本反応の TS 点での HOF エネルギー（HOF$_{TS}$）は，次の値が得られた。

$$\text{HOF}_{TS} = 67.9 \text{ kcal mol}^{-1} \tag{11-5}$$

従って活性化エネルギー ΔEa は次の値となる。実験値を（　）内に示す。

$$\Delta E\text{a} = 24.1 \text{ kcal mol}^{-1}（実験値：27.5 \text{ kcal mol}^{-1}） \tag{11-6}$$

(8) PM6 法の結果および計算法による比較

先ず前項 (1)〜(7) の計算でキーワードを PM5 から PM6 に変えた結果を示す。

① エチレン：HOF = 15.7 kcal mol^{-1}，IP = 10.67 eV

　ブタジエン：HOF = 29.44 kcal mol^{-1}，IP = 9.57 eV

② DA 反応

　TS の HOF = 70.80 kcal mol^{-1}（R_{1-11} = 2.12 Å）

従って活性化エネルギー：ΔEa = 25.6 kcal mol^{-1}

実験値（27.5 kcal mol^{-1}）と，種々の計算法による結果との関係は文献など[6,7]で調べることができ，概略を表 11.3 に示す。活性化エネルギー ΔEa 値だけからは PM3 がよく，PM6，B3LYP[7]，PM5 はほぼ同様な結果である。次節 11.3 の計算結果と合わせて考慮することが求められ，PM3 よりも PM6，PM5，そして B3LYP/6-31G* 法などの利用が推奨される。

表 11.3　エチレンと 1,3-ブタジエンとのディールス・アルダー反応[6]

	実験値[6]	PM3	PM5	PM6	RHF[6]	MP4[6]	B3LYP/6-31G*[6]	B3LYP/6-31 + G(d)
ΔEa(kcal mol^{-1})	27.5	26.3	24.1	25.6	47.2	21.2	24.8	23.3
R_{1-11}(Å)		2.14	2.12	2.12	2.20		2.27	2.27

11.3 シクロペンタジエンと無水マレイン酸の DA 反応における立体選択性

式 (10-22) に示したシクロペンタジエン（CP）と無水マレイン酸（MA）とのディールス・アルダー反応の立体（エンド）選択性と活性化エネルギーにつき次の実験データがある。

$\Delta Ea_{(endo)} = 12.3 \text{ kcal mol}^{-1}$ ($0 \sim 40$℃)[8]

エンド体／エキソ体 $= 98.5 / 1.5$ (25℃)[9]

この反応は，速度支配の反応であり，生成物は安定である。そこで次式によりエキソ体の活性化エネルギー $\Delta Ea_{(exo)}$ は速度式 $\ln\frac{k_1}{k_2} \fallingdotseq \frac{-\Delta\Delta Ea}{RT}$ に，$\frac{k_1}{k_2} = 98.5 / 1.5$ (25℃) を入れて求められる。

$-\Delta\Delta Ea = -(12.3 - \Delta Ea_{(exo)}) = 4.13 RT = 2.46$ (kcal mol^{-1})

これにより

$\Delta Ea_{(exo)} = 14.8 \text{ kcal mol}^{-1}$ (11-7)

一方で 11.2 節に示した方法で PM5 法を用い，2 分子をエンドおよびエキソに接近して，$\Delta Ea_{(endo)}$ と $\Delta Ea_{(exo)}$ 値を求め，実験値と比較する。以下 MO 計算の出力を示す。

(1) 先ず CP と MA の HOF などの結果

CP:　HOF $= 33.0$ kcal mol^{-1},　IP $= 9.02$ eV　　　　　　(11-8)

$\varepsilon_{ho} = -9.02$ eV

$\varepsilon_{lu} = 0.69$ eV

MA:　HOF $= -87.9$ kcal mol^{-1},　IP $= 11.83$ eV　　　　　(11-9)

$\varepsilon_{ho} = -11.83$ eV

$\varepsilon_{lu} = 2.16$ eV

この反応の性質は (9-9) 式と WH 則第三則から CP の HOMO と MA の LUMO の相互作用が大きく，反応しやすいことがわかる。この反応のエネルギーの定性的理解は図 9.5 に示した。エンドとエキソの反応前の立体的関係は図 11.8 と図 11.10 に示す。

(2) エンド体の遷移状態 (TS) の構造とエネルギー

エンド体への初期配置は前節と前著[6]を参考に，表 11.4 と図 11.8 のように示される。即ち CP（C$_5$H$_4$O$_2$ の原子 11 個（1〜11 番））を上に配置し，下の MA（C$_4$H$_2$O$_3$ の原子 9 個（ここでは 12〜20 番））の 12 番を CP の 1 番の真下に 2.5 Å の距離で置き，分子平面間が平行でエン

11章 分子の接近による遷移状態および水素結合の解析　　165

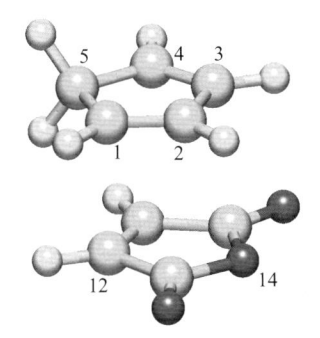

図 11.8　エンド初期配置

表 11.4　CP と MA のエンド付加解析表

```
EF PM5 PRECISE
cp-ma-da
C    0.00000  0   0.00000  0    0.00000  0   0   0   0
C    1.34198  1   0.00000  0    0.00000  0   1   0   0
C    1.47364  1 109.23589  1    0.00000  0   2   1   0
C    1.34198  1 109.23275  1    0.00125  1   3   2   1
C    1.51243  1 109.55381  1   -0.00162  1   4   3   2
H    1.08658  1 128.38572  1 -179.99657  1   1   2   3
H    1.08713  1 128.07975  1    0.00610  1   2   1   6
H    1.08713  1 122.69036  1 -179.99974  1   3   2   1
H    1.08658  1 128.36795  1  179.99976  1   4   3   2
H    1.10693  1 111.43937  1 -119.25526  1   5   4   3
H    1.10693  1 111.44145  1  119.26256  1   5   4   3
C    2.50000 -1  90.00000  1  -90.00000  1   1   4   3
C    1.32947  1  90.00000  1    0.00000  1  12   1   4
C    1.51768  1 108.09419  1   90.00000  1  13  12   1
O    1.19460  1 131.62225  1  179.96611  1  14  13  12
O    1.39251  1 107.22875  1   -0.01843  1  14  13  12
C    1.39253  1 109.34953  1    0.02375  1  16  14  13
O    1.19459  1 121.14772  1  179.97516  1  17  16  14
H    1.09115  1 130.49703  1 -179.99565  1  12  13  14
H    1.09114  1 130.51364  1   -0.01304  1  13  12  19

2.4 2.3 2.2 2.1 2.05 2 1.95 1.9 1.8 1.7 1.6 1.55
```

ドの関係になるようにする。エキソ配置との違いは次項で述べる。2.5 Å の距離をおよそ 0.1 Å きざみで 1.55 Å まで変化させ TS データを得る。

TS, FORCE, そして IRC 解析後の TS データを示す。図 11.9 にそのエンド付加の TS 構造と生成物を示す。

$$\text{HOF}_{TS} = -41.2 \text{ kcal mol}^{-1} \qquad \text{故に } \Delta E a_{(endo)} = 13.7 \text{ kcal mol}^{-1} \qquad (11\text{-}10)$$

$$R_{1\text{-}12} \fallingdotseq R_{4\text{-}13} = 2.17 \text{ Å} \qquad \text{負の振動数} = -762.1 \text{cm}^{-1}$$

(3) エキソ体の遷移状態 (TS) の構造とエネルギー

エキソ体の初期配置を表 11.5 と図 11.10 に示す。表 11.4 との違いは 12～14 行の二面角の部分にある。図 3.3 二面角の定義, を用いると, 二面角 14-13-12-1 がエンド配置では 90°, エキソ配置では -90° である。

エキソ体の TS データは次のようである。図 11.11 にエキソ付加の TS 構造と生成物を示す。

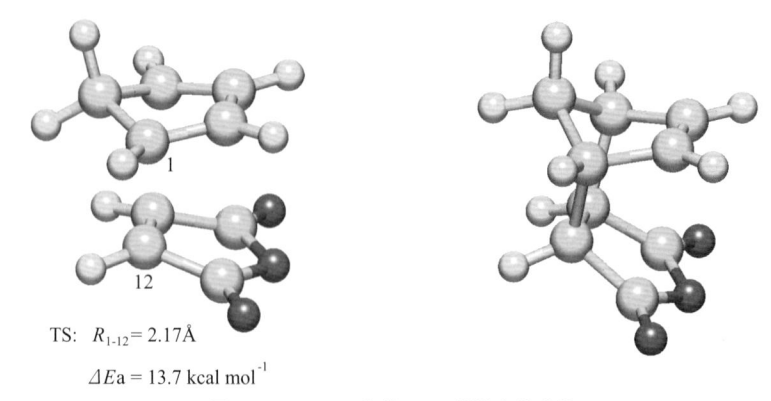

図 11.9(a)　エンド体の TS 構造と生成物

TS: $R_{1\text{-}12} = 2.17\,\text{Å}$

$\Delta Ea = 13.7\,\text{kcal mol}^{-1}$

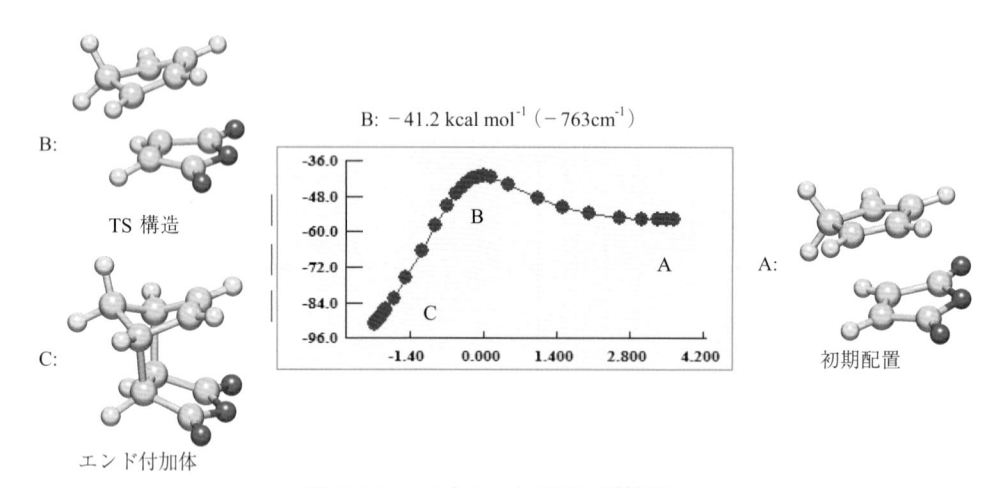

B: $-41.2\,\text{kcal mol}^{-1}$ ($-763\,\text{cm}^{-1}$)

TS 構造

エンド付加体

初期配置

図 11.9(b)　CP と MA とのエンド付加の IRC

$$\text{HOF}_{TS} = -38.9\,\text{kcal mol}^{-1} \qquad \text{故に}\ \Delta Ea_{(exo)} = 16.0\,\text{kcal mol}^{-1} \tag{11-11}$$

$$R_{1\text{-}12} = R_{4\text{-}13} = 2.17\,\text{Å} \qquad \text{負の振動数} = -739.9\,\text{cm}^{-1}$$

PM5 法計算によるディールス・アルダー反応の活性化エネルギー値は実験値にかなり一致する。また立体選択性を示す活性化エネルギーの差 $\Delta\Delta Ea$ は次のようである。

$$\Delta\Delta Ea = \Delta Ea_{(exo)} - \Delta Ea_{(endo)} = 2.3\,\text{kcal mol}^{-1} \tag{11-12}$$

$\Delta\Delta Ea$ 値も実測値 2.5 kcal mol^{-1} に近い（表 11.6 参照）[10]。

(4)　PM6 法の結果および計算法による比較

PM5 を PM6 に変えた場合の計算結果と他の計算法の結果も入れ，表 11.6 に示した。

先ず活性化エネルギー（ΔEa）の値が実験値に，より近いのは PM5 法，そして B3LYP/6-31＋G(d)法である。次にエンド体生成の事実即ち立体選択性（$\Delta\Delta Ea$）が再現できているのは

11章 分子の接近による遷移状態および水素結合の解析

表 11.5 CP と MA のエキソ付加解析表

```
cpwa10exo - メモ帳
ファイル(F) 編集(E) 書式(O) 表示(V) ヘルプ(H)
EF PM5 PRECISE
cp-ma-da-exo
C    0.00000  0   0.00000  0    0.00000  0    0   0   0
C    1.34198  1   0.00000  0    0.00000  0    1   0   0
C    1.47364  1 109.23589  1    0.00000  0    2   1   0
C    1.34198  1 109.23275  1    0.00125  1    3   2   1
C    1.51243  1 109.55381  1   -0.00162  1    4   3   2
H    1.08658  1 128.38572  1 -179.99657  1    1   2   3
H    1.08713  1 128.07975  1    0.00610  1    2   1   6
H    1.08713  1 122.69036  1 -179.99974  1    3   2   1
H    1.08658  1 128.36795  1  179.99976  1    4   3   2
H    1.10693  1 111.43937  1 -119.25526  1    5   4   3
H    1.10693  1 111.44145  1  119.26256  1    5   4   3
C    2.50000 -1  90.00000  1  -90.00000  1    1   4   3
C    1.32947  1  90.00000  1    0.00000  1   12   1   4
C    1.51768  1 108.09419  1  -90.00000  1   13  12   1
O    1.19460  1 131.62225  1  179.96611  1   14  13  12
O    1.39251  1 107.22875  1   -0.01843  1   14  13  12
C    1.39253  1 109.34953  1    0.02375  1   16  14  13
O    1.19459  1 121.14772  1  179.97516  1   17  16  14
H    1.09115  1 130.49703  1 -179.99565  1   12  13  14
H    1.09114  1 130.51364  1   -0.01304  1   13  12  19

2.4 2.3 2.2 2.1 2.05 2 1.95 1.9 1.8 1.7 1.6 1.55
```

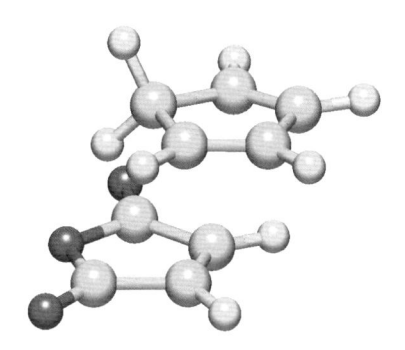

図 11.10 エキソ初期配置

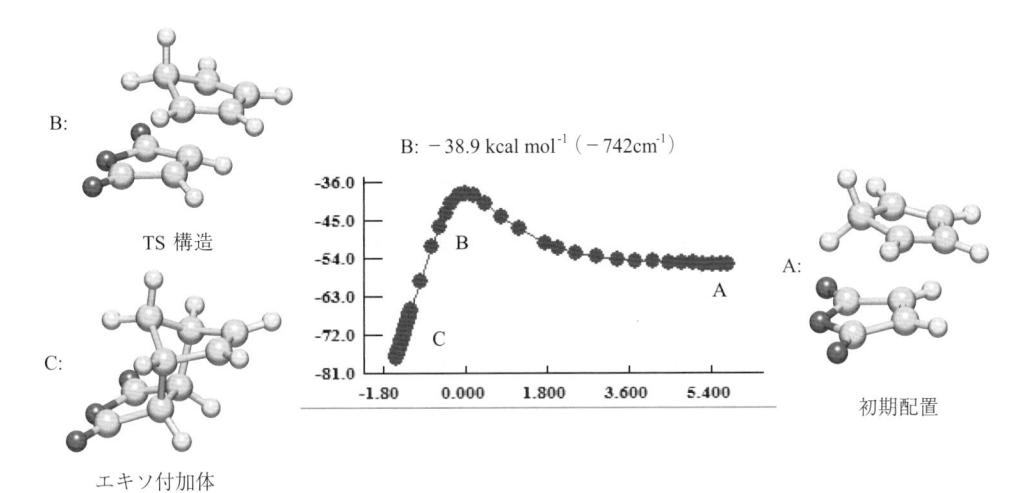

B:
TS 構造

C:
エキソ付加体

B: -38.9 kcal mol^{-1} (-742cm^{-1})

A:
初期配置

図 11.11 CP と MA とのエキソ付加の IRC

表 11.6 CP と MA の DA 反応の活性化エネルギー(ΔEa)と立体選択性($\Delta\Delta Ea$)の評価[10]

	実験値[9]	計算値(ΔEa)				
		PM3	PM5	PM6	RHF/6-31＋G(d)	B3LYP/6-31＋G(d)[1]
エンド体	12.3	27.8	13.7	19.5	31.8	15.6(13.7)
エキソ体	14.8	27.8	16.0	22.0	34.1	16.9(15.1)
$-\Delta\Delta Ea$	2.5	0	2.3	2.5	2.3	1.3(1.4)

( )内は零点エネルギーの補正なし。すべて kcal mol^{-1}

PM5, PM6, RHF そして B3LYP 法である。しかし前項でよい結果を与えていた PM3 は ΔEa 値, $\Delta\Delta Ea$ ともよくない。従って DA 反応の解析では PM5 法での評価が推奨され、このような例で著者らは利用している[1]。

但し CP-MA 系の反応はより高温では可逆反応が進行し、熱力学支配でエキソ付加体が生成し易いことがわかっている。付加体の計算では、PM5 法はエンド体とエキソ体が同一エネルギーを与え、PM6 法ではエキソ体が 1.0 kcal mol^{-1} 低くなり、実験事実を再現でき、立体化学的にも納得される。このようなことからさらに近似度を上げるための方策が期待される。

11.4 分子の接近による酢酸（CH$_3$COOH）の水素結合による二量体の解析

酢酸など有機カルボン酸はその分子量の割に高い沸点をもつ、などのことから通常水素結合による二量体（図 11.12）として存在することがわかっている。このような図 11.1 のⅢ型の、2分子接近による安定化の情報は、MOPAC プログラム（この場合ホームページで推奨されている）PM3 法で 11.2 節と同様次の手順で得られる。

(1) 二量化の左側分子 H$_3$C—C=O と、右側分子 H—O—C—CH$_3$ のデータの作成
 (1)(2)(3)　　　　　(1)(2)(3)(5)
 (4) OH (8)　　　　(4) O

右側分子は左側分子の番号変更で、水素結合する OH の H を 1 番にし、次いで O→C→O→C→H→H→H（8 番）の順とする。即ち図 3.5 のアイコン㉕（番号変更）を押した後 H-O-C-O...H の順でクリックして新しい分子入力をし、命名して、出力を得る。そして両方の WMP ファイル「aceticacid.wmp」と「aceticacidre.wmp」を得る。

(2) 水素結合形成用 DAT ファイルの作成（表 11.7 と (11-13) 式）

① 先ず左分子について、ファイルの種類を WinMOPAC files (*wmp) にしておいて、右クリックで「aceticacid」を「アプリケーションから開く」から Word Pad を選択して、ワードパッドにこの分子データを開く。そのうちの Z-matrix 部だけを残し、上 3 行を空

11章　分子の接近による遷移状態および水素結合の解析

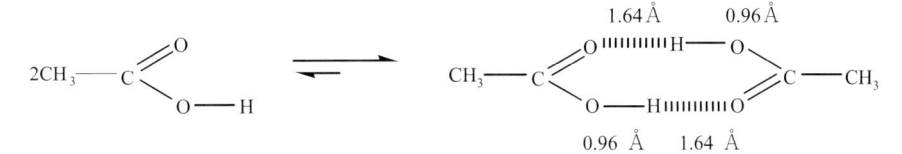

図 11.12　酢酸の水素結合による二量化

表 11.7　酢酸の水素結合二量体形成のための初期構造用 Z-Matrix

(1)	C	0.00000000	0	0.0000000	0	0.0000000	0	0	0	0
(2)	C	1.49719857	1	0.0000000	0	0.0000000	0	1	0	0
(3)	O	1.21839967	1	128.9163503	1	0.0000000	0	2	1	0
(4)	O	1.35414453	1	115.4269718	1	-179.9999991	1	2	1	3
(5)	H	1.09794798	1	112.7212612	1	179.9999259	1	1	2	3
(6)	H	1.09792233	1	110.1743166	1	-59.3461228	1	1	2	3
(7)	H	1.09792227	1	110.1742802	1	59.3459832	1	1	2	3
(8)	H	0.95221289	1	110.0419735	1	179.9999098	1	4	2	1
(9)	H	3.00000000	-1	150.0000000	1	180.0000000	1	3	2	1
(10)	O	0.95219867	1	180.0000000	1	180.0000000	1	9	3	2
(11)	C	1.35414510	1	110.0416422	1	0.0000000	1	10	9	3
(12)	O	1.21841804	1	115.6551191	1	-0.0008105	1	11	10	9
(13)	C	2.45315689	1	28.3505206	1	179.9951285	1	12	11	10
(14)	H	1.09794700	1	135.4654526	1	0.3088064	1	13	12	11
(15)	H	1.77582558	1	36.0284053	1	121.8065204	1	14	13	12
(16)	H	1.77300586	1	60.0553615	1	37.6120959	1	15	14	13

け，ポインターを 8 番 H の下方にし，Z-matrix 部を最小化しておく。

　以下の手順は 11.2 節の (2) と (3) の，反応の場合の 2 分子入力と同じである。この場合は平面内での作用となる。9 番から 16 番までが右側分子の原子である。

② 次に右側分子について，File から同様にして番号変更の「aceticacidre」を開き，その Z-matrix 部分だけをコピーする。

③ ①を拡大し，その最下段に，②のコピーを「貼り付け」する。

④ 両分子を初期配置距離 $r_{OH(1)/O=C} = 3.0$ Å にした，およそ水素結合型の Z-matrix を作成し，ファイル名を aceticaciddimer.dat などとして「保存」する。1〜8 行が左分子，9〜18 行が右分子の表 11.7 となる。

即ち，平面で 2 ヶ所で水素結合が起こるよう，角度，二面角も考える（9〜11 行）。12 行以下には 8 が加えられる。

(3) DAT ファイルの読み込みと水素結合進行のための編集と結果（出力）

① File-Open 画面の .dat ファイルで④の aceticaciddimer を選択し「開く」をクリックすると，予想通り両者が 3.0 Å 離れた (11-13) 式が表示される。そこで Edit メニューから Edit Z-matrix に入り，Z-matrix をクリックして表 11.7 に相当する Z-matrix を出す。

```
         3  3.0Å 9   10
     1      O-----H   O         11
    CH₃  C              C    CH₃    (11-13)
            O    H-----O       13-16
         2  4    8    12
```

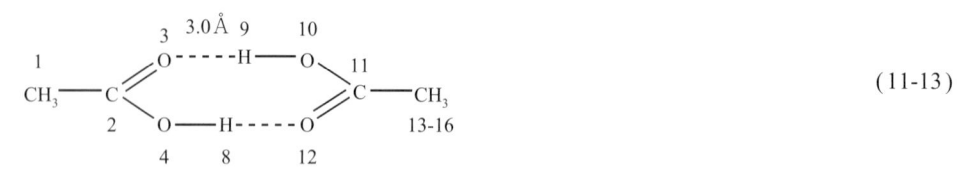

（CH₃COOH 二量化のための初期図）

② 9行目（H）をクリックしてハイライト部を9行に移し，3.0 Å の Flag を −1 に変更，Additional data 部に $\boxed{2.9\ 2.8\ 2.7\ ...\ 1.6\ 1.5}$ と入力，OK とし，Calculation を Start させる．即ち H^9 と O^3 の距離を 3.0 Å から 1.5 Å まで 0.1 Å 位で変化させて，ポテンシャルエネルギー（ここでは HOF）を計算させる．

③ ワークスペースでは反応像が変化し，計算終了で画面左下に "MOPAC Done" が表示される．計算結果の1つは，Properties から Reaction を選択すると，図 11.13 の Selected reaction step 画面として，そのエネルギー（と構造）の変化が表示される．

④ エネルギー極小の 1.8 Å を選ぶ（OK とする）．次に Edit Z-matrix でファイル名を…1.8st.dat として，Z-matrix をクリック表示し，9行 H^9 の Flag −1 を 1 に変更する．

⑤ OK をクリックした後 Calculation から Start して計算を行い，極小エネルギー（HOF ＝ −212.8 (kcal mol^{-1})）とその二量体構造を図 11.14 のように得る．酢酸の単量体の構造とエネルギーを付記する．

(4) 水素結合エネルギーの算出

図 11.14 のデータを用いて (11-14) 式の計算が可能である．

$$\text{水素結合2ヶ所による安定化：} -101.9 \times 2 - (-212.8) = 9.0\ (\text{kcal mol}^{-1}) \quad (11\text{-}14)$$

従って1個の水素結合エネルギーは 4.5 kcal mol^{-1} と算出される．

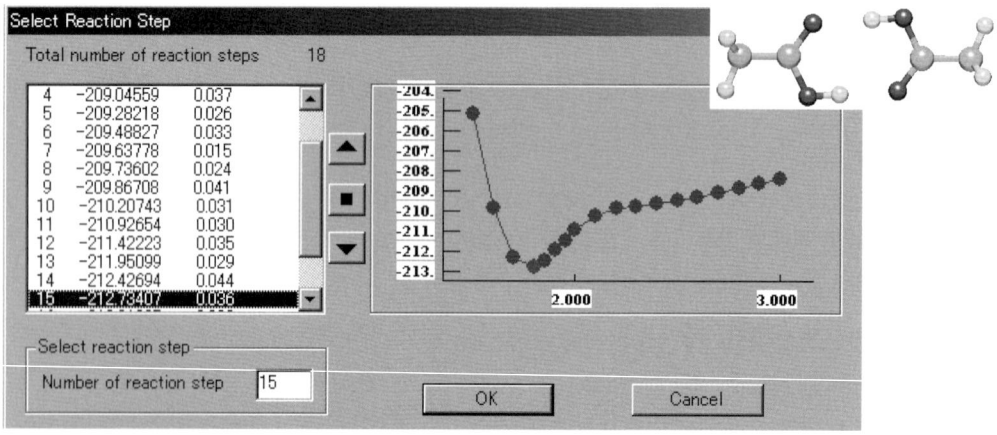

図 11.13 酢酸の二量化反応のエネルギー曲面と極小点の構造

11章　分子の接近による遷移状態および水素結合の解析　　171

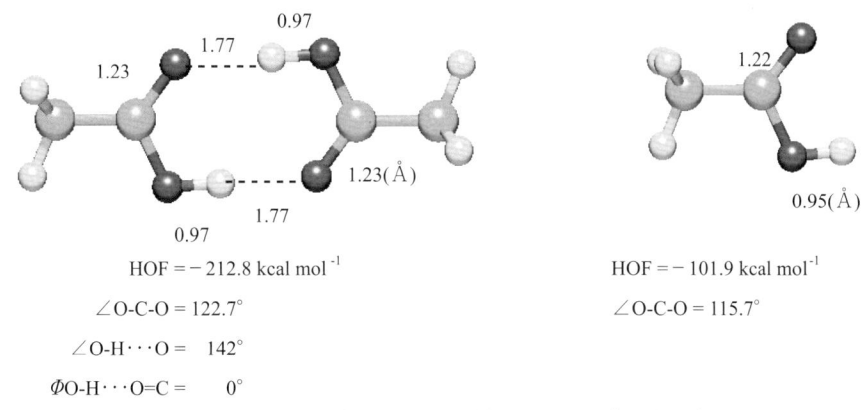

```
                0.97
        1.77
  1.23
                              1.22


                  1.23(Å)
          1.77
    0.97                              0.95(Å)

 HOF = −212.8 kcal mol⁻¹       HOF = −101.9 kcal mol⁻¹
 ∠O-C-O = 122.7°                ∠O-C-O = 115.7°
 ∠O-H⋯O =  142°
 ΦO-H⋯O=C =    0°
```

図 11.14 酢酸の水素結合二量体の構造とエネルギー（PM3）

(5) PM5 法と PM6 法での評価を入れた考察

先ず PM5 法では，水素結合距離は PM3 法より 0.5 Å 程度大きく，水素結合エネルギーは 1 個当たり 2.3 kcal mol⁻¹ と算出された。PM6 法では，水素結合距離は図 11.14 より 0.06Å 短く，エネルギーは 10.14 kcal mol⁻¹（1 個当たり 5.1 kcal mol⁻¹）と算出された。

カルボン酸の水素結合（O−H⋯O=C）は 1 個で 5.4〜7.2 kcal mol⁻¹ との情報が一般的であり，距離も考慮すると PM6 法の評価がより正確と判断される。11.5 節のデータもこれを支持する。MOPAC ホームページでも水素結合評価では PM6 レベルの改善があっている。

11.5　核酸塩基間水素結合（A-T, G-C）の MOPAC での解法

11.5.1　アデニン（A）−チミン（T）間の水素結合（PM6 法による）

(1) アデニン（A）とチミン（T）の構造，分子軌道および電荷（AC）のデータ

8.8 節で述べた A と T の MO 数値データを表 11.8 と表 11.9 に示す。ただし原子の番号は水素結合操作を行い易いように，全番号変更アイコン㉕を用い番号変更したものであり，T ではカルボニル部の酸素と炭素を 1 番，2 番として，表 11.10 で A の右横に T を配置する。具体的には A（$C_5H_5N_5$ の原子 15 個（1〜15 番））の右に T（$C_5H_6N_2O_2$ の原子 15 個（ここでは 16〜30 番））を同一面に配置する。

なお本書添付の MOPAC プログラム（MOCOM：本書限定）の制限は非水素原子が 12 個までであるので，本節のデータは非制限版を用いて得たものである。

まず A の初期構造は，Template アイコン㊵の中の 6 員環と 5 員環が縮合したものにアイコン㉜でメチレンを付加後，原子変更アイコン㉓をクリックした状態で 5 個の窒素を適当に配置し，OK をクリックする。次いで削除アイコン⑲をクリックして不要な水素を除いて作成す

る．メニューバーの Calculation の Start で計算を行い，表 11.8 の構造，フロンティア軌道そして電荷などのデータを得る．図 8.21 の PM5 法によるものとは少し違いがある．A の価電子は 50 個で HOMO が 25 番目の軌道で（−9.10 eV），そこではアミノ基 N の Pz 係数が最大（0.49）であることがわかる．

T の初期構造作成では，ベンゼン骨格に原子変更アイコン㉓をクリックした状態で，1 位と 3 位の炭素を窒素に，また 2 位と 4 位の水素を酸素に変えて OK とする．次いで sp³ アイコン㉞で 5 位水素を CH₃ に置換する．次いでこれまで述べたようにダイアログ（図 4.4）に Name，Keywords（EF PM6 VECTORS PRECISE 等）を入れ，メニューバーの Calculation を行い，構造データ等を得る．水素結合間の原子の番号変更は，アイコン㉕をクリックした状態で表 11.9 に示すカルボニルの酸素を 1 位にして水素結合に合わせた順序にする．そして再度計算したものを用いる．

表 11.8 アデニン（A）の平衡構造，フロンティア軌道付近および電荷のデータ（PM5）

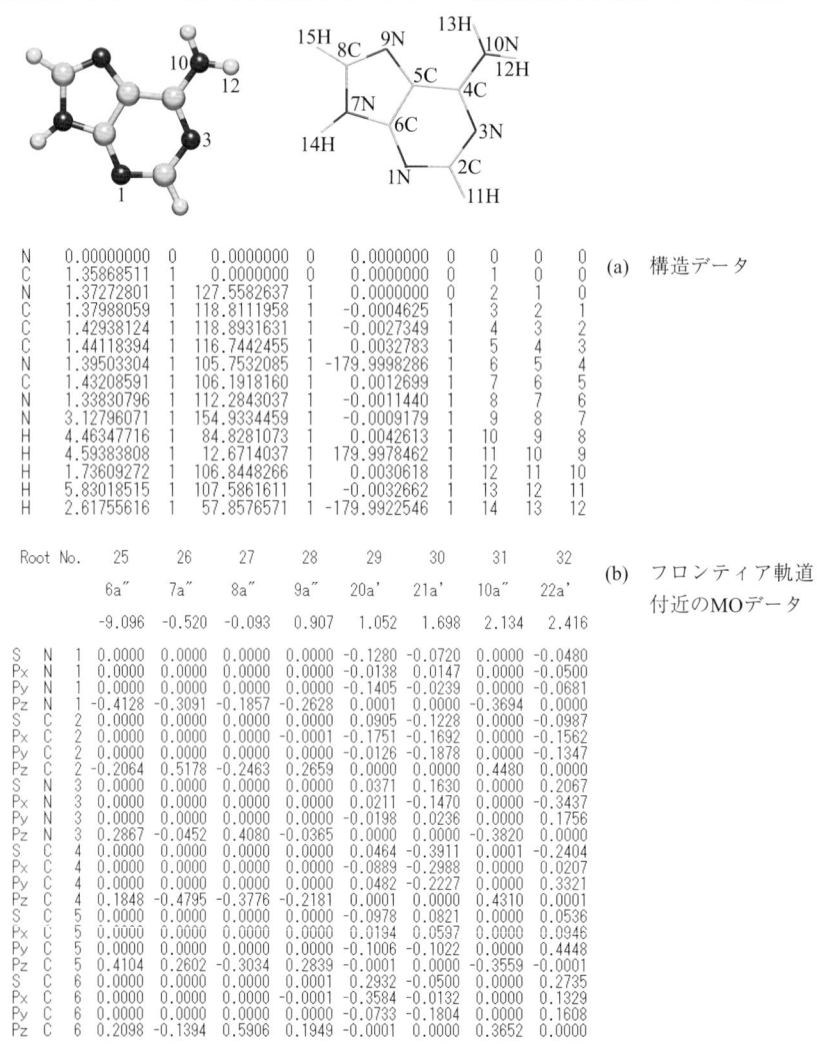

```
N   0.00000000  0    0.0000000  0    0.0000000  0   0   0   0
C   1.35868511  1    0.0000000  0    0.0000000  0   1   0   0
N   1.37272801  1  127.5582637  1    0.0000000  0   2   1   0
C   1.37988059  1  118.8111958  1   -0.0004625  1   3   2   1
C   1.42938124  1  118.8931631  1   -0.0027349  1   4   3   2
C   1.44118394  1  116.7442455  1    0.0032783  1   5   4   3
N   1.39503304  1  105.7532085  1 -179.9998286  1   6   5   4
C   1.43208591  1  106.1918160  1    0.0012699  1   7   6   5
N   1.33830796  1  112.2843037  1   -0.0011440  1   8   7   6
N   3.12796071  1  154.9334459  1   -0.0009179  1   9   8   7
H   4.46347716  1   84.8281073  1    0.0042613  1  10   9   8
H   4.59383808  1   12.6714037  1  179.9978462  1  11  10   9
H   1.73609272  1  106.8448326  1    0.0030618  1  12  11  10
H   5.83018515  1  107.5861611  1   -0.0032662  1  13  12  11
H   2.61755616  1   57.8576571  1 -179.9922546  1  14  13  12
```
(a) 構造データ

```
Root No.    25      26      27      28      29      30      31      32
            6a"     7a"     8a"     9a"    20a'    21a'    10a"    22a'
          -9.096  -0.520  -0.093   0.907   1.052   1.698   2.134   2.416

S   N  1   0.0000  0.0000  0.0000  0.0000 -0.1280 -0.0720  0.0000 -0.0480
Px  N  1   0.0000  0.0000  0.0000  0.0000 -0.0138  0.0147  0.0000 -0.0500
Py  N  1   0.0000  0.0000  0.0000  0.0000 -0.1405 -0.0239  0.0000 -0.0681
Pz  N  1  -0.4128 -0.3091 -0.1857 -0.2628  0.0001  0.0000 -0.3694  0.0000
S   C  2   0.0000  0.0000  0.0000  0.0000  0.0905 -0.1228  0.0000 -0.0987
Px  C  2   0.0000  0.0000  0.0000 -0.0001 -0.1751 -0.1692  0.0000 -0.1562
Py  C  2   0.0000  0.0000  0.0000  0.0000 -0.0126 -0.1878  0.0000 -0.1347
Pz  C  2  -0.2064  0.5178 -0.2463  0.2659  0.0000  0.0000  0.4480  0.0000
S   N  3   0.0000  0.0000  0.0000  0.0000  0.0371  0.1630  0.0000  0.2067
Px  N  3   0.0000  0.0000  0.0000  0.0000  0.0211 -0.1470  0.0000 -0.3437
Py  N  3   0.0000  0.0000  0.0000  0.0000 -0.0198  0.0236  0.0000  0.1756
Pz  N  3   0.2867 -0.0452  0.4080 -0.0365  0.0000  0.0000 -0.3820  0.0000
S   C  4   0.0000  0.0000  0.0000  0.0000  0.0464 -0.3911  0.0001 -0.2404
Px  C  4   0.0000  0.0000  0.0000  0.0000 -0.0889 -0.2988  0.0000  0.0207
Py  C  4   0.0000  0.0000  0.0000  0.0000  0.0482 -0.2227  0.0000  0.3321
Pz  C  4   0.1848 -0.4795 -0.3776 -0.2181  0.0001  0.0000  0.4310  0.0001
S   C  5   0.0000  0.0000  0.0000  0.0000 -0.0978  0.0821  0.0000  0.0536
Px  C  5   0.0000  0.0000  0.0000  0.0000  0.0194  0.0597  0.0000  0.0946
Py  C  5   0.0000  0.0000  0.0000  0.0000 -0.1006 -0.1022  0.0000  0.4448
Pz  C  5   0.4104  0.2602 -0.3034  0.2839 -0.0001  0.0000 -0.3559 -0.0001
S   C  6   0.0000  0.0000  0.0000  0.0001  0.2932 -0.0500  0.0000  0.2735
Px  C  6   0.0000  0.0000  0.0000  0.0000 -0.0001 -0.3584 -0.0132  0.1329
Py  C  6   0.0000  0.0000  0.0000  0.0000 -0.0733 -0.1804  0.0000  0.1608
Pz  C  6   0.2098 -0.1394  0.5906  0.1949 -0.0001  0.0000  0.3652  0.0000
```
(b) フロンティア軌道付近のMOデータ

(続き)

```
         S   N   7    0.0000  0.0000  0.0000 -0.0001 -0.4791  0.0359  0.0000 -0.0402
         Px  N   7    0.0000  0.0000  0.0000  0.0000 -0.1163  0.0192  0.0000 -0.0502
         Py  N   7    0.0000  0.0000  0.0000  0.0000 -0.0860 -0.0318  0.0000  0.1156
         Pz  N   7    0.1795  0.2376 -0.2354 -0.2864  0.0001  0.0000 -0.1068  0.0000
         S   C   8    0.0000  0.0000  0.0000  0.0001  0.2206 -0.0042  0.0000  0.1319
         Px  C   8    0.0000  0.0000  0.0000 -0.0001 -0.0748 -0.0212  0.0000  0.1790
         Py  C   8    0.0000  0.0000  0.0000 -0.0001 -0.4705 -0.0286  0.0000  0.1652
         Pz  C   8   -0.3471 -0.3944 -0.0693  0.5640 -0.0001  0.0000 -0.0541  0.0000
         S   N   9    0.0000  0.0000  0.0000  0.0000  0.0905  0.0374  0.0000 -0.2120
         Px  N   9    0.0000  0.0000  0.0000  0.0000  0.0297  0.0114  0.0000 -0.0020
         Py  N   9    0.0000  0.0000  0.0000  0.0000  0.0353 -0.0435  0.0000  0.2596
         Pz  N   9   -0.2526  0.1992  0.2384 -0.5322  0.0001  0.0000  0.1693  0.0000
         S   N  10    0.0000  0.0000  0.0000  0.0000 -0.0120  0.4622  0.0000 -0.0589
         Px  N  10    0.0000  0.0000  0.0000  0.0000  0.0022 -0.1262  0.0000  0.0067
         Py  N  10    0.0000  0.0000  0.0000  0.0000  0.0067 -0.1580  0.0000  0.0181
         Pz  N  10   -0.4917  0.2561  0.1946  0.0967  0.0000  0.0000 -0.1676  0.0000
         S   H  11    0.0000  0.0000  0.0000  0.0000 -0.0566  0.0446  0.0000  0.0925
         S   H  12    0.0000  0.0000  0.0000  0.0000 -0.0262 -0.3321  0.0000  0.0787
         S   H  13    0.0000  0.0000  0.0000  0.0000 -0.0052 -0.3742  0.0000 -0.0151
         S   H  14    0.0000  0.0000  0.0000  0.0001  0.3498 -0.0642  0.0000  0.1176
         S   H  15    0.0000  0.0000  0.0000  0.0000 -0.0858  0.0127  0.0000 -0.1044

                   NET ATOMIC CHARGES AND DIPOLE CONTRIBUTIONS

         ATOM NO.  TYPE       CHARGE         No. of ELECS.    s-Pop      p-Pop
            1       N        -0.451519         5.4515        1.73324    3.71828
            2       C         0.256753         3.7432        1.12479    2.61846
            3       N        -0.529853         5.5299        1.73474    3.79511
            4       C         0.457142         3.5429        1.06293    2.47993
            5       C        -0.284532         4.2845        1.08870    3.19583
            6       C         0.259672         3.7403        1.07533    2.66500
            7       N        -0.290066         5.2901        1.45686    3.83321
            8       C         0.034125         3.9659        1.12253    2.84334
            9       N        -0.237257         5.2373        1.72360    3.51365
           10       N        -0.450533         5.4505        1.43580    4.01473
           11       H         0.186365         0.8136        0.81364
           12       H         0.282090         0.7179        0.71791
           13       H         0.286871         0.7131        0.71313
           14       H         0.291333         0.7087        0.70867
           15       H         0.189410         0.8106        0.81059
         DIPOLE          X         Y         Z        TOTAL
         POINT-CHG.   -0.622     1.654     0.000      1.768
         HYBRID       -0.817     0.058     0.000      0.819
         SUM          -1.439     1.713     0.000      2.237
```

(c) 電荷（と双極子能率）のデータ

(2) A-T 水素結合ペアの解析

有名なワトソンとクリック（1962年ノーベル賞）により提唱された DNA の二重らせん中の核酸塩基部の相補的水素結合 A-T，および G-C の実測値と，モデル分子を用いた A-T，G-C の著者による水素結合計算値は，PM6 法を用いたものを 8.8 節の図 8.22 に示した。ここではその計算法を示す。

X 線結晶解析でわかっている DNA 中の A の 3 位 N とアミノ基 H と，T のイミド結合部カルボニル O と N-H とは，表 11.8 と表 11.9 からイオン的結合が主で水素結合をしていることが推定される。酢酸二量体形成の場合と同様の考え方で，表 11.10 に A-T 水素結合解析の初期配置用 DAT ファイルを示す。15 原子から成る A の下に，16 番目から T が配置される。その接近させるイミドカルボニルの酸素（16番）を 2.8Å の距離で，A のアミノ基水素（12番）と離してある。立体的関係はイミド窒素（18番）までの結合角（160°と140°），二面角（0°が3個）で決めている。19番のイミド基水素以降は番号の変更（A の原子数，15 の和）だけでよい。これを ad-ty.dat などと命名し DAT（入力）ファイルにして USB などの指定の場所に保存する。なお表中最上段のキーワード 3 種はダイヤログ記入のもの，最下段の 2.7～1.6（Å）もダイヤログ作成の次の時点のもので，この時の入力ファイルには記入しなくてよい。一度保存したものをここでは表示した。

表 11.9 チミン（T）の（番号変更後の）構造と電荷のデータ（PM6）

```
O  0.00000000  0  0.0000000  0    0.0000000  0   0   0   0
C  1.21435689  1  0.0000000  0    0.0000000  0   1   0   0
N  1.41137636  1  123.8610430 1   0.0000000  0   2   1   0
H  1.03093817  1  116.9976131 1   0.0028845  1   3   2   1
C  2.12977642  1  36.7091408  1  179.9944944  1   4   3   2
O  1.21114282  1  91.6379212  1 -179.9906009  1   5   4   3
C  2.41898893  1  28.5672082  1  179.9971137  1   6   5   4
C  1.35811585  1  144.2007967 1   -0.0291184  1   7   6   5
N  1.40304828  1  121.5143906 1    0.0202286  1   8   7   6
C  3.78983306  1  18.1120735  1    0.0289852  1   9   8   7
H  1.09896113  1  102.5715212 1  -55.4540643  1  10   9   8
H  1.76833293  1  36.7747083  1 -137.4560747  1  11  10   9
H  1.76818769  1  60.3987979  1  -38.2461683  1  12  11  10
H  2.85905464  1  109.4952075 1   53.3282396  1  13  12  11
H  2.40286565  1  136.0438630 1   63.5353158  1  14  13  12
```

(a) 構造データ

```
           NET ATOMIC CHARGES AND DIPOLE CONTRIBUTIONS

 ATOM NO.  TYPE     CHARGE     No. of ELECS.   s-Pop    p-Pop
    1       O      -0.506913      6.5069      1.85543  4.65148
    2       C       0.678311      3.3217      1.03626  2.28543
    3       N      -0.576183      5.5762      1.53782  4.03836
    4       H       0.313269      0.6867      0.68673
    5       C       0.631493      3.3685      1.07454  2.29397
    6       O      -0.483921      6.4839      1.85344  4.63048
    7       C      -0.235583      4.2356      1.09608  3.13950
    8       C       0.081325      3.9187      1.10499  2.81369
    9       N      -0.450287      5.4503      1.48498  3.96531
   10       C      -0.425566      4.4256      1.07327  3.35230
   11       H       0.160842      0.8392      0.83916
   12       H       0.184072      0.8159      0.81593
   13       H       0.161074      0.8389      0.83893
   14       H       0.167933      0.8321      0.83207
   15       H       0.300133      0.6999      0.69987
 DIPOLE         X         Y         Z       TOTAL
 POINT-CHG.   2.603    -4.282    -0.001     5.012
 HYBRID      -0.634     0.095     0.000     0.642
 SUM          1.969    -4.187    -0.001     4.627
```

(b) 電荷（と双極子能率）のデータ

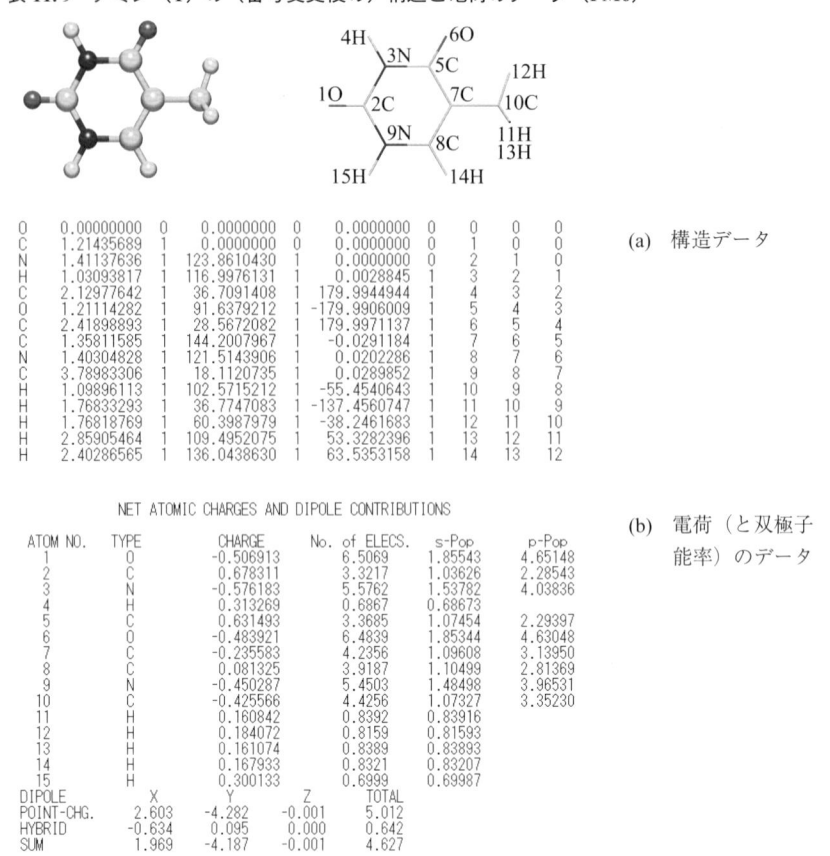

表 11.10 アデニン（A）とチミン（T）の A-T 水素結合解析の初期配置（PM6）

```
EF PM6 PRECISE

N   0.00000  0    0.00000  0    0.00000  0   0   0   0
C   1.34542  1    0.00000  0    0.00000  0   1   0   0
N   1.37341  1  125.23459  1    0.00000  0   2   1   0
C   1.36387  1  120.43171  1   -0.80289  1   3   2   1
C   1.41822  1  118.10061  1    1.59206  1   4   3   2
C   1.41565  1  117.64358  1   -1.39459  1   5   4   3
N   1.40201  1  106.35370  1 -179.87653  1   6   5   4
C   1.41328  1  107.21585  1   -0.22553  1   7   6   5
N   1.33921  1  110.17830  1    0.06967  1   8   7   6
N   3.17867  1  156.19638  1    6.13278  1   9   8   7
H   4.46844  1   83.96758  1   -7.66157  1  10   9   8
H   4.53907  1   12.63505  1 -161.13070  1  11  10   9
H   1.66610  1  107.78122  1   17.36521  1  12  11  10
H   5.79429  1  107.84626  1   -1.10460  1  13  12  11
H   2.62816  1   59.36305  1 -177.33100  1  14  13  12
O   2.80000 -1  160.00000  1    0.00000  1  12  10   4
C   1.21436  1  140.00000  1    0.00000  1  16  12  10
N   1.41138  1  123.85819  1    0.00000  1  17  16  12
H   1.03094  1  116.99751  1    0.00321  1  18  17  16
C   2.12977  1   36.70911  1  179.99517  1  19  18  17
O   1.21114  1   91.63872  1 -179.99022  1  20  19  18
C   2.41898  1   28.56761  1  179.99709  1  21  20  19
C   1.35812  1  144.20170  1   -0.02855  1  22  21  20
N   1.40306  1  121.51424  1    0.01880  1  23  22  21
C   3.78983  1   18.11163  1    0.02784  1  24  23  22
H   1.09896  1  102.56954  1  -55.45458  1  25  24  23
H   1.76833  1   36.77470  1 -137.45765  1  26  25  24
H   1.76814  1   60.39961  1  -38.24732  1  27  26  25
H   2.85908  1  109.49577  1   53.32555  1  28  27  26
H   2.40286  1  136.04426  1   63.53629  1  29  28  27

2.7 2.6 2.5 2.4 2.3 2.2 2.1 2 1.9 1.8 1.7 1.6
```

アデニン（A）
HOF$_A$ = 67.76 kcal·mol^{-1}
IP$_A$ = 9.10 eV

チミン（T）
HOF$_T$ = −82.91 kcal·mol^{-1}
IP$_T$ = 9.83 eV

(a) 初期配置　　　　　　　　　　　　　　　(b) 平衡構造

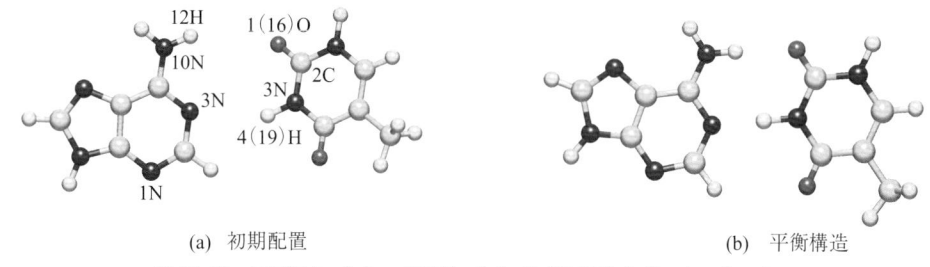

図 11.15　アデニン（A）－チミン（T）の水素結合シミュレーション

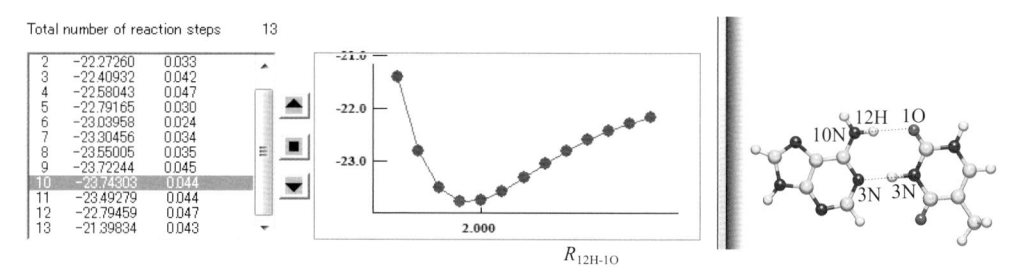

図 11.16　アデニン（A）－チミン（T）の水素結合シミュレーション
最小エネルギー点：R_{12H-1O} = 1.92 Å, HOF_{A-T} = -24.06 kcal·mol^{-1}
　　　　　　：R_{10N-1O} = 2.94 Å, R_{3N-3N} = 3.06 Å

　次に DAT ファイルの読み込みと水素結合進行のための編集と結果（出力）は，酢酸の場合の (3) と同様である。File → Open 画面の .dat ファイルでファイルを選択し，「開く」をクリックすると図 11.15 の (a) 初期配置画面が表示される。(a) では A の 12H と T の 1O の距離が 2.8Å であり，その距離が，前節と同じ手順で 1.6Å まで変化され，図 11.16 のエネルギー曲線が得られる。エネルギー極小の距離，R_{12H-1O} =1.9Å にセットしてエネルギー最小値を求める操作で，図 11.15(b) の水素結合による構造（R_{12H-1O} = 1.92Å，R_{10N-1O} = 2.94Å 等）を得る。それが図 8.22 に示したアデニン（A）－チミン（T）の水素結合構造である。その 2 カ所の距離：2.94 と 3.06 Å は，DNA 中の A-T 距離の実測値：2.9±0.1 Å（2 カ所共），をほぼ再現している。

　また水素結合エネルギーは，A と T のエネルギー（HOF）の和から図 11.16 からの最小エネルギー（HOF_{A-T}）を引くことで (11-15) 式のように求められる。

A-T 水素結合エネルギー：
$$(HOF_A + HOF_T) - (HOF_{A-T}) = (67.76 + (-82.91)) - (-24.06)$$
$$= 8.91 \text{ (kcal·mol}^{-1}) \tag{11-15}$$

DNA 中の A-T 水素結合エネルギーは 9.56 kcal·mol^{-1} の実測値があり[11]，両者は近い値である。

表 11.11 グアニン（G）の HOF，IP，構造および電荷のデータ（PM6）

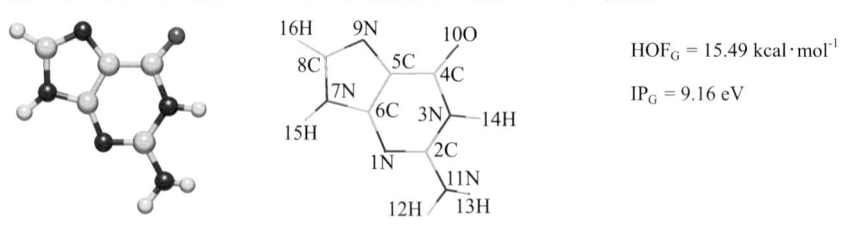

$HOF_G = 15.49$ kcal·mol^{-1}

$IP_G = 9.16$ eV

```
N  0.00000000 0    0.0000000 0    0.0000000 0   0  0  0       (a) 構造データ
C  1.35281620 1    0.0000000 0    0.0000000 0   1  0  0
N  1.40874446 1  124.2021469 1    0.0000000 0   2  1  0
C  1.47806506 1  123.6902713 1   -2.3085384 1   3  2  1
C  1.43995266 1  110.9815415 1    0.7314501 1   4  3  2
C  1.42998700 1  121.0169890 1   -0.1527821 1   5  4  3
N  1.38903714 1  106.3351721 1 -179.6762847 1   6  5  4
C  1.43612249 1  105.9464154 1    0.0292008 1   7  6  5
N  1.33712079 1  111.8269937 1    0.0035338 1   8  7  6
O  3.16893581 1  152.8739491 1    0.2033659 1   9  8  7
N  4.66962941 1   87.9914261 1    1.5081243 1  10  9  8
H  1.01815753 1  148.7680050 1  -12.6920970 1  11 10  9
H  1.69814891 1   33.0126784 1 -138.2750037 1  12 11 10
H  2.47170187 1  118.6286829 1   12.3247757 1  13 12 11
H  5.84895298 1   82.7538571 1   17.3124209 1  14 13 12
H  2.62272587 1   93.6535002 1  171.8167566 1  15 14 13
```

```
                NET ATOMIC CHARGES AND DIPOLE CONTRIBUTIONS           (b) 電荷（と双極子
  ATOM NO.  TYPE     CHARGE    No. of ELECS.   s-Pop      p-Pop           能率）のデータ
     1       N      -0.512007     5.5120       1.73583    3.77618
     2       C       0.515995     3.4840       1.06394    2.42006
     3       N      -0.573788     5.5738       1.54205    4.03173
     4       C       0.684738     3.3153       1.05827    2.25699
     5       C      -0.322717     4.3227       1.09162    3.23109
     6       C       0.283940     3.7161       1.06676    2.64930
     7       N      -0.270958     5.2710       1.45607    3.81489
     8       C      -0.007351     4.0074       1.12336    2.88400
     9       N      -0.170784     5.1708       1.71752    3.45327
    10       O      -0.449989     6.4500       1.85124    4.59875
    11       N      -0.496358     5.4964       1.50316    3.99320
    12       H       0.281108     0.7189       0.71889
    13       H       0.261252     0.7387       0.73875
    14       H       0.295039     0.7050       0.70496
    15       H       0.288913     0.7111       0.71109
    16       H       0.192968     0.8070       0.80703
  DIPOLE         X         Y         Z        TOTAL
  POINT-CHG.  -1.520    -4.870     0.541      5.130
  HYBRID       0.433    -1.037     0.530      1.243
  SUM         -1.087    -5.907     1.071      6.101
```

11.5.2　グアニン（G）－シトシン（C）間の水素結合（PM6 法による）

(1)　グアニン（G）とシトシン（C）の分子軌道，構造および電荷（AC）のデータ

GとCの初期構造作成法の記述は省く．

表 11.11 にグアニン（G）の HOF 値（HOF_G とする．他も添え字を同様に用いる），IP，構造および電荷などの MOPAC-PM6 データを示す．表 11.12 にはシトシン（C）の同様のデータを示す．IP 値ではプリン塩基のGとAの値が同様に小さく，陽イオン化し易いことを示し，ピリミジン塩基でラクタム構造でもあるCとTの IP は同程度で大きい．双極子能率ではAは小さく，GとCは大きい．GとCでは次に示すように方向性のはっきりした3カ所でのより強い相補性の水素結合を形成するが，その1つの原因ともなっている．

表 11.12　シトシン（C）の HOF, IP, 構造および電荷のデータ（PM6）

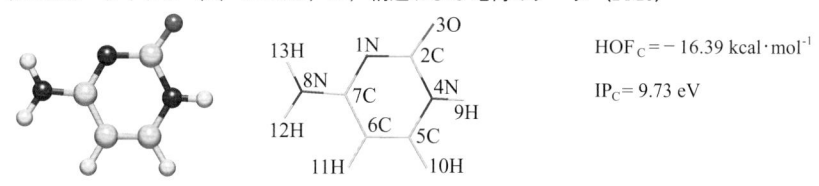

HOF$_C$ = －16.39 kcal·mol^{-1}

IP$_C$ = 9.73 eV

```
N   0.00000000  0    0.0000000  0    0.0000000  0   0   0   0
C   1.38497349  1    0.0000000  0    0.0000000  0   1   0   0
O   1.20817106  1  128.3147319  1    0.0000000  0   2   1   0
N   2.27928346  1   36.1748987  1  179.9997150  1   3   2   1
C   1.37811170  1  150.3109090  1   -0.0008087  1   4   3   2
C   1.37274735  1  120.2271409  1    0.0010049  1   5   4   3
C   1.44532188  1  117.9868702  1   -0.0001264  1   6   5   4
N   1.37771993  1  120.5504893  1  179.9987666  1   7   6   5
H   5.14461608  1    1.0403660  1 -179.9585149  1   8   7   6
H   2.42198804  1   63.4214634  1  179.9984770  1   9   8   1
H   2.50995980  1  117.8616977  1   -0.0001314  1  10   9   8
H   2.50722823  1  145.3342731  1   -0.0027074  1  11  10   9
H   1.72605610  1  121.7315851  1    0.0019881  1  12  11  10
```

(a) 構造データ

```
         NET ATOMIC CHARGES AND DIPOLE CONTRIBUTIONS
ATOM NO.  TYPE    CHARGE    No. of ELECS.   s-Pop    p-Pop
   1       N    -0.603482      5.6035      1.73572  3.86776
   2       C     0.710620      3.2894      1.05207  2.23731
   3       O    -0.482607      6.4826      1.85323  4.62938
   4       N    -0.497852      5.4979      1.52650  3.97135
   5       C     0.203594      3.7964      1.10194  2.69447
   6       C    -0.555440      4.5554      1.10174  3.45370
   7       C     0.518822      3.4812      1.06191  2.41926
   8       N    -0.485539      5.4855      1.44197  4.04357
   9       H     0.288748      0.7113      0.71125
  10       H     0.148205      0.8518      0.85179
  11       H     0.197089      0.8029      0.80291
  12       H     0.270563      0.7294      0.72944
  13       H     0.287278      0.7127      0.71272
DIPOLE         X        Y        Z       TOTAL
POINT-CHG.  -2.525   -5.494    0.000     6.046
HYBRID       0.445   -0.689    0.000     0.821
SUM         -2.079   -6.183    0.000     6.523
```

(b) 電荷（と双極子能率）のデータ

（2）G-C 水素結合ペアの解析

表 11.13 の (a) に G-C 水素結合解析の入力構造を示した。下表の上部 16 行までが G（16 原子構成），17 行から 29 行までが C（13 原子構成）である。なお G-C 用の表 11.13 では，表 11.10 の A-T の場合と比べて，入力時には不要な最上段のキーワードと下段のきざみの値を省いて示した。その入力データにつき，G の 14H と C の 1N（通し番号では 17N）との距離を，2.8 Å から 1.6 Å まで 0.1 Å きざみで変化させて図 11.17 が得られる。そして最小エネルギー点とその構造（表 11.13 の (b) 出力構造）が次のように求められる。

$R_{14H\text{-}1N}$ ＝ 1.95 Å でエネルギー最小値の HOF$_{G\text{-}C}$ ＝－19.37 kcal·mol^{-1}

また G-C の場合の水素結合構造では図 11.17 に示すように次の 2 カ所（計 3 カ所）でも水素結合が認められた。

$R_{13H\text{-}3O}$ ＝ 1.98 Å （$R_{11N\text{-}3O}$ ＝ 3.01 Å：DNA 実測値 ＝ 2.9±0.1 Å）

$R_{10O\text{-}13H}$ ＝ 1.87 Å （$R_{10O\text{-}8N}$ ＝ 2.91 Å：DNA 実測値 ＝ 2.9±0.1 Å）

　　　　　　　　　　　　（$R_{3N\text{-}1N}$ ＝ 2.99 Å：DNA 実測値 ＝ 2.9±0.1 Å）

表 11.13　グアニン（G）とシトシン（C）の G-C 水素結合シミュレーション（PM6）

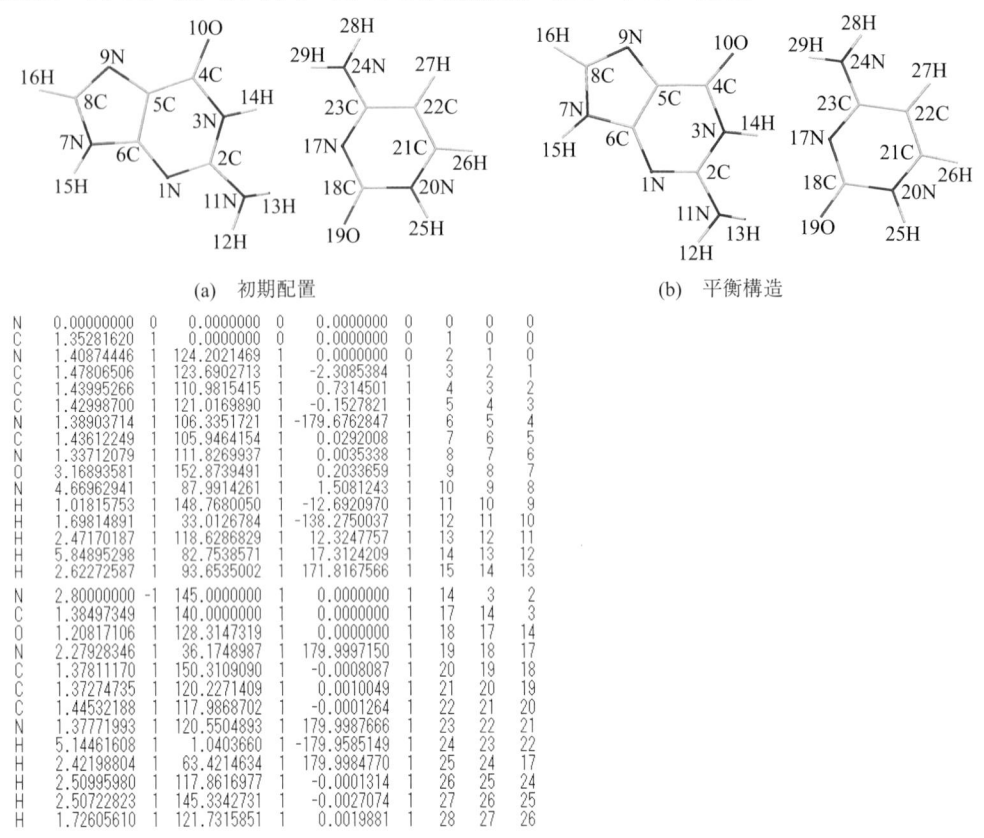

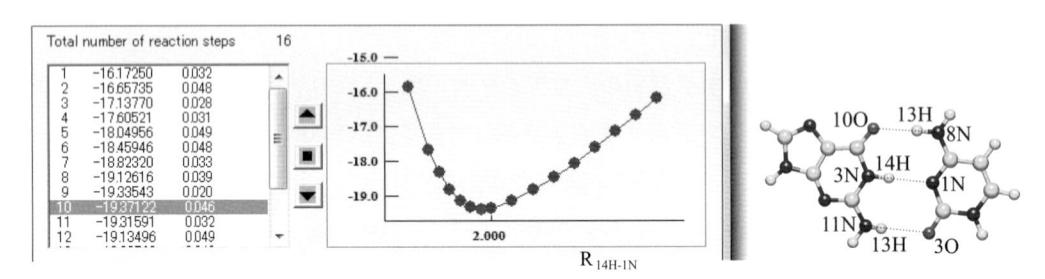

(a)　初期配置　　　　　　　　　(b)　平衡構造

```
N  0.00000000  0    0.0000000  0    0.0000000  0   0   0   0
C  1.35281620  1    0.0000000  0    0.0000000  0   1   0   0
N  1.40874446  1  124.2021469  1    0.0000000  0   2   1   0
C  1.47806506  1  123.6902713  1   -2.3085384  1   3   2   1
C  1.43995266  1  110.9815415  1    0.7314501  1   4   3   2
C  1.42998700  1  121.0169890  1   -0.1527821  1   5   4   3
N  1.38903714  1  106.3351721  1 -179.6762847  1   6   5   4
C  1.43612249  1  105.9464154  1    0.0292008  1   7   6   5
N  1.33712079  1  111.8269937  1    0.0035338  1   8   7   6
O  3.16893581  1  152.8739491  1    0.2033659  1   9   8   7
N  4.66962941  1   87.9914261  1    1.5081243  1  10   9   8
H  1.01815753  1  148.7680050  1  -12.6920970  1  11  10   9
H  1.69814891  1   33.0126784  1 -138.2750037  1  12  11  10
H  2.47170187  1  118.6286829  1   12.3247757  1  13  12  11
H  5.84895298  1   82.7538571  1   17.3124209  1  14  13  12
H  2.62272587  1   93.6535002  1  171.8167566  1  15  14  13
N  2.80000000 -1  145.0000000  1    0.0000000  1  14   3   2
C  1.38497349  1  140.0000000  1    0.0000000  1  17  14   3
O  1.20817106  1  128.3147319  1    0.0000000  1  18  17  14
N  2.27928346  1   36.1748987  1  179.9997150  1  19  18  17
C  1.37811170  1  150.3109090  1   -0.0008087  1  20  19  18
C  1.37274735  1  120.2271409  1    0.0010049  1  21  20  19
C  1.44532188  1  117.9868702  1   -0.0001264  1  22  21  20
N  1.37771993  1  120.5504893  1  179.9987666  1  23  22  21
H  5.14461608  1    1.0403660  1 -179.9585149  1  24  23  22
H  2.42198804  1   63.4214634  1  179.9984770  1  25  23  17
H  2.50995980  1  117.8616977  1   -0.0001314  1  26  25  24
H  2.50722823  1  145.3342731  1   -0.0027074  1  27  26  25
H  1.72605610  1  121.7315851  1    0.0019881  1  28  27  26
```

図 11.17　グアニン（G）－シトシン（T）の水素結合シミュレーション
最小エネルギー点：$R_{14H\text{-}1N}$ = 1.95 Å, $HOF_{G\text{-}C}$ = －19.37 kcal·mol^{-1}
：$R_{3N\text{-}1N}$ = 2.99 Å, $R_{11N\text{-}3O}$ = 3.01 Å, $R_{10O\text{-}8N}$ = 2.91 Å

表 11.11 と表 11.12 に示した G と C の HOF 値を用いると，G-C の水素結合エネルギーは次のように求められる。

G-C 水素結合エネルギー：

$(HOF_G + HOF_C) - (HOF_{G\text{-}C}) = (15.49 + (-16.39)) - (-19.37)$

$= 18.47 \text{ (kcal·mol}^{-1}\text{)}$

以上のようにG-C計算では，DNA中のG-C部で観察されている3カ所での水素結合を再現でき，距離も近い値で，エネルギーはA-T水素結合の約2倍と見積もられる。

MOPAC2009（PM6の導入）では近似の改善がなされ，水素結合精度もよく改良されている。6.1節で，PM6による有機分子の生成熱は，標準誤差でかなり改善されていることを述べた。反応解析や相互作用解析でも改善されていることを確かめた。

富士通のWinMOPACはSCIGRESS MO Compact 1.0シリーズに後継され，その計算化学ソフトは，視覚的および教育的に，また経済的によい点を備えている。特に分子内および分子間相互作用や反応の経時的変化が，パソコン画面上で基底状態では短時間で逐次観察されるので，反応機構などの示唆も得られ，教育的・発展的である。著者らはMOPACで数時間程度かかる光化学反応の動的解析をかなり経験した。分子構造とエネルギーの変化が目の前で見られるので，画面の変化に一喜一憂し，時には感動して接してきた。より正確な計算が可能なDFT法などと併用しながら，MOPACの特徴を生かした利用が期待される。

最近のMOPAC2012（PM7法搭載）では，Accuracy（正確さ）がPM6より約10%向上していると開発のスチュアート博士より通知され，その利用が奨励されている。

有機化学反応はMO法の利用で定量的な理解が可能になった。実験的には遷移状態の相対エネルギーは活性化エネルギーからの推測で得られるが，遷移構造は得られない。エネルギーと構造の同時シミュレーションで，経時的理解が得られるMO法は強力な武器である。フロンティア軌道論での情報をヒントにしながら，今後MO法による遷移状態解析をはじめとする定量的・空間的解析は，有機化学・生体関連化学教育の発展にさらに有効になると思われる。

文　　献

1　S. Kiri, Y. Odo, H. I. Omar, T. Shimo, K. Somekawa, *Bull. Chem. Soc. Jpn.*, 77, 1499(2004).
2　Y. Odo, T. Shimo, K. Hori, K. Somekawa, *Bull. Chem. Soc. Jpn.*, 77, 1209(2004).
3　藤本博（編著），有機量子化学，朝倉書店（2001）．
4　K. Somekawa, Y. Odo, T. Shimo, *Bull. Chem. Soc. Jpn.*, 82, 1447(2009).
5　堀憲次，山崎鈴子，計算化学実験，丸善（2004），p.39.
6　前著 p.147　表14.4の下部。榊茂好，有機合成化学の新潮流（化学総説 No.47），日本化学会（2000），p.18.
7　堀憲次，山本豪紀，情報化学・計算化学実験，丸善（2006），p.113.
8　A. Wassermann, *Diels-Alder Reactions*, Elsevier (1965), p.52.
9　L. M. Stephenson, D. E. Smith, S. P. Current, *J. Org. Chem.*, 47, 4170(1982).
10　時田澄男，染川賢一，量子化学の基礎，裳華房（2005），p.147.
11　友田修司，基礎量子化学，東京大学出版会（2007），p.247.

演習問題

[11.1]　$CH_3CH_2Br\ +\ :NH_3\ \rightarrow\ [CH_3CH_2-NH_3]^+Br^-$の反応は$S_N2$反応性を示すという。

(1) この反応の反応機構式（遷移状態での構造を含む）を書き，簡単に説明せよ。

(2) 予想される反応のエネルギー曲面（反応座標対ポテンシャルエネルギー）を書け。但し反応熱が 83.7 kJ·mol^{-1}，活性化エネルギーが 54.4 kJ·mol^{-1} とする。

[11.2] 水 H$_2$O の水素結合による二量化に関する次の問に答えよ。

(1) H−O−H の初期画面を C（sp^2(1H)）(R_{C-H}=1.09 Å, ∠HCH=120°)) から作る。

初期構造 $\begin{pmatrix} H^3 \\ \searrow \\ O^1 \!-\! H^2 \longrightarrow X \end{pmatrix}$ の Z-matrix を作成せよ。→X は x 軸（主軸）方向を示す。

Z-matrix の座標の取り方は 3.3.1 項に示した。

(2) 水の生成熱（HOF）等の出力（PM6 法）は次のようである。
HOF$_{H_2O}$ = −54.31 kcal·mol^{-1}。最適化した構造（A）は，R_{H-O} = 0.95 Å，∠H−O−H = 107.6°。出力での Z-matrix を推定せよ。

(3) XY 平面で右図の二量体初期構造を用いた Z-Matrix はどのように作ればよいか。R_{2H-4O} = 2.7 Å とする。

(4) (3) を用いて R_{2H-4O} を 2.7 から 1.6 Å 間で 0.1 Å 刻みで変化させたときのエネルギー曲線は，極小値を与えた。その R_{2H-4O} = 2.3 Å であった。

その HOF$_{2H_2O}$ = −113.52 kcal mol^{-1} であった。この計算における反応座標とエネルギー変化の概略図を描け。

(5) 極小部の構造を最適化して最適構造を得た（R_{2H-4O} = 2.25 Å，HOF$_{2H_2O}$ = −113.53 kcal mol^{-1} であった。水素結合エネルギーを kcal·mol^{-1} で表せ（実験値：5.26 kcal·mol^{-1}）。

[11.3] シクロペンタジエン（CP）とアクリロニトリル（AN）のディールス・アルダー反応でエンド体がエキソ体より生成し易い原因は何か。（ヒント：CP と AN の間の π 系の二次的重なり効果）

演習問題解答例

[1.1]
   a. $_3$Li:1s^{2}2s^1 b. $_7$N:1s^{2}2s^{2}2p$_x^1$2p$_y^1$2p$_z^1$ (or 1s^{2}2s^{2}2p^3)
   c. $_8$O:1s^{2}2s^{2}2p$_x^2$2p$_y^1$2p$_z^1$ d. $_{14}$Si:1s^{2}2s^{2}2p^{6}3s^{2}3p$_x^1$3p$_y^1$
   e. $_{26}$Fe:1s^{2}2s^{2}2p^{6}3s^{2}3p^{6}3d^{6}4s^2

[1.2]

a. H:N:H (with H above and lone pair)   b. H:C:O:H (with H above and below C)   c. [H:N:H with H above and below]$^{⊕}$:Cl:$^{⊖}$

d. N:::N   e. :Cl:Al:Cl: with :Cl: below

[1.3]
   a. 200 nm   b. 11,955 kJ mol^{-1} c. 153.4 kJ mol^{-1} d. X 線
   e. 近紫外線   f. 可視光線（V：visible）   g. 赤外線（IR：infrared）

[1.4]
   $\lambda = 388.94$ nm

[1.5]
   ① 「カラーサークル」とは円周上の対角線上に互いに補色の関係の色相を配置したもの。
   ② 光の補色の関係の色相は加法混色（白色化）となる。
   ③ 色素混合では減法混色（黒色化）となる。

[2.1]
   ボーア（Bohr）の $n=1$ の電子軌道：電子は原子核の周囲を円運動していて、その軌道半径は

$$r_n = \frac{n^2 h^2}{4\pi^2 me^2 k_0} \quad n=1 \text{ では } \quad r_1 = \frac{h^2}{4\pi^2 me^2 k_0} = 0.053 \text{ nm}(=53\text{pm})\text{（図 1.5）}$$

シュレーディンガー（Schrödinger）の 1s 電子：原子核から 0.053 nm（図 2.2）に極大値の電子の確率分布をもつ球状の電子軌道をしている。

[2.2]
        1) 原子－電子の立体図   2) ハミルトニアン演算子
① H

$$\hat{H} = -\frac{h^2}{8\pi^2 m}\left(\frac{\partial^2}{\partial x^2} + \frac{\partial^2}{\partial y^2} + \frac{\partial^2}{\partial z^2}\right) - \frac{e^2}{r}$$

② H_2^+

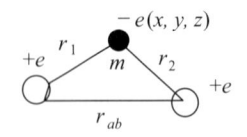

$$\hat{H} = -\frac{h^2}{8\pi^2 m}(\nabla^2) - \frac{e^2}{r_1} - \frac{e^2}{r_2} + \frac{e^2}{r_{ab}}$$

①式の下線部を上記のように置換した。

③ He

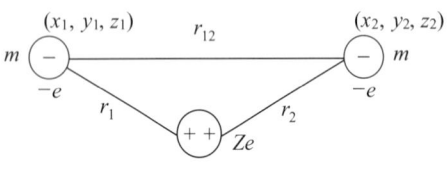

$$\hat{H} = -\frac{h^2}{8\pi^2 m}(\nabla_1^2 + \nabla_2^2) - \frac{Ze^2}{r_1} - \frac{Ze^2}{r_2} + \frac{e^2}{r_{12}}$$

（原子核の電荷が $+Ze$）

[2.3]
本文図2.4(a)と(b)の違い。エネルギーが(a)では主量子数 n に依存し，(b)では $n + l$ 値による。

[3.1]
(1) 文意から次の3式が書ける。

熱化学方程式で　$N_2 + 3H_2 = 2NH_3 + 45.9 \times 2$ (kJ mol^{-1}) ・・・①

$N_2 = 2N - 457.7$ (kJ mol^{-1}) ・・・②

$3H_2 = 6H - 457.7 \times 3$ (kJ mol^{-1}) ・・・③

① − ② − ③ から

$2N + 6H = 2NH_3 + 1922.6$

∴　$N + 3H = NH_3 + 961.3$

故に N-H の結合エネルギー $= 961.3/3 = 320.4$ (kJ mol^{-1})

(2) 　　　　　　　　　　H-H　　　C-H　　　N-H

結合エネルギー　　　457.7　　413.4　　320.4 (kJ mol^{-1})

性質：結合相手原子の原子量が大きいと，結合エネルギーは小さい傾向をもつ。

(3) 　C-C：420　　　C=C：718　　　C≡C：960

C-O：388　　　C=O：742 (kJ mol^{-1})

結合の多重度に依存する。しかし二重結合は単結合の2倍ということではない。

π 結合による安定化は σ 結合によるそれよりは小さいことがわかる。

電気陰性度差も影響するが二重結合で強くなる傾向をもつ。

[3.2]
a. ヒュッケル法　b. π電子　c. 紫外可視（または電子吸収）スペクトル　d. 色素　e. 半経験的
f. σ（電子）　g. π（電子）　h. 価電子（原子価電子）　i. 非経験的　j. 全電子　k. 計算時間
l. コンピュータ

[3.3]
a・b. 概存分子・読み込み　c. 結合・分子の回転　d. Measure　e. 球と線（での表示）　f. Spacefill
g. 計算結果の呼出し　h. Calculation　i. Change atoms　j. ひな型（(三員〜八員）環構造など）の利用　k. 分子の Z 行列の編集

[3.4]
先ず N_2 の価電子：$(2s^2 2p^3) \times 2 = 10$（個）と O_2 の価電子：$(2s^2 2p^4) \times 2 = 12$（個）の電子配置を

示す。O_2 の HOMO は縮重していて 2 個の電子はパウリのスピンの要請で同じスピンの三重項になっているので，酸素分子は常磁性を示す。

全電子数は，両者とも $1s^2$ の 2 原子分の計 4 個が加わり N_2 で 14 個，O_2 ので 16 個である。

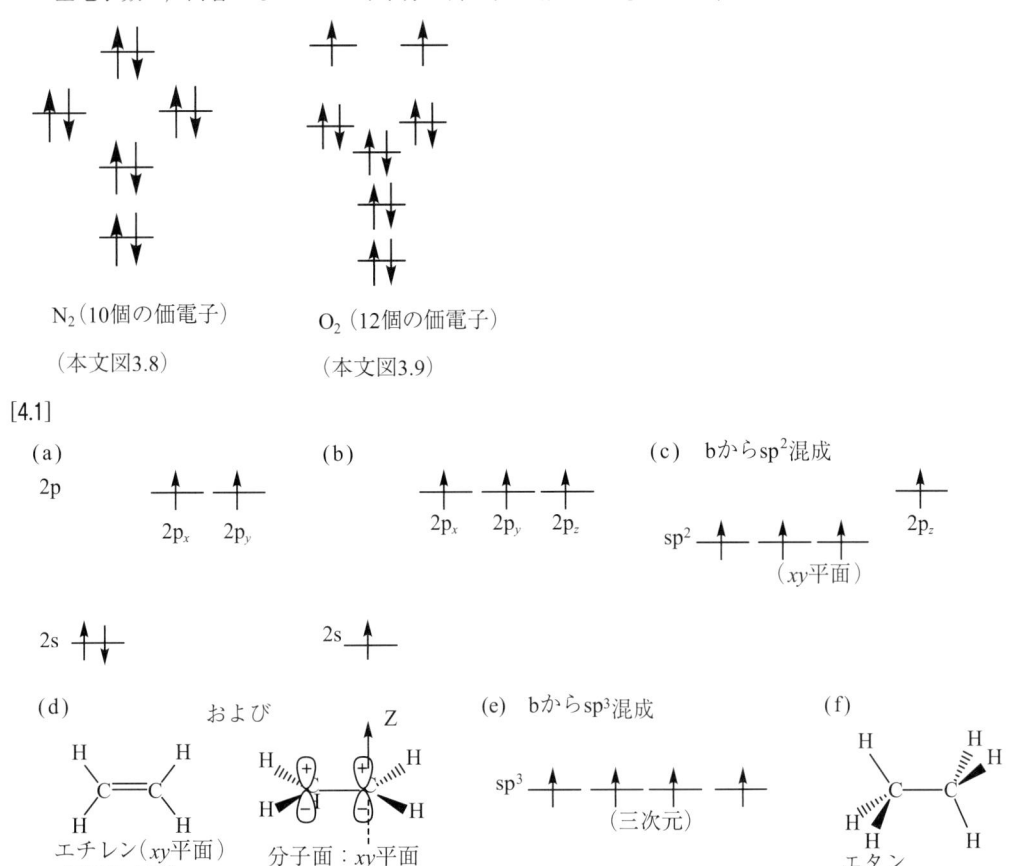

N_2（10 個の価電子）
（本文図3.8）

O_2（12 個の価電子）
（本文図3.9）

[4.1]

(a) 2p $2p_x$ $2p_y$; 2s

(b) $2p_x$ $2p_y$ $2p_z$; 2s

(c) b から sp^2 混成 sp² (xy 平面) $2p_z$

(d) および エチレン（xy 平面）∠CCH=120° 分子面：xy 平面

(e) b から sp^3 混成 sp^3 （三次元）

(f) エタン ∠CCH=109.48°

[4.2]

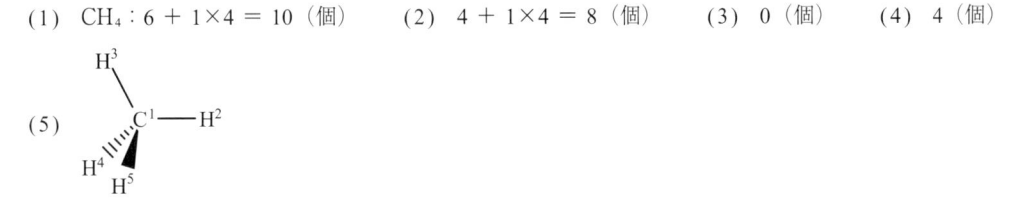

(1) CH_4：$6 + 1 \times 4 = 10$ （個）　　(2) $4 + 1 \times 4 = 8$ （個）　　(3) 0 （個）　　(4) 4 （個）

(5) （C^1 に H^2, H^3, H^4, H^5 が結合した四面体構造図）

(6) CH_4 の分子軌道 φ_μ （$\mu = 1 \sim 8$）は

$$\varphi_\mu = C_{1\mu}\chi_{2s(1)} + C_{2\mu}\chi_{2px(1)} + C_{3\mu}\chi_{2py(1)} + C_{4\mu}\chi_{2pz(1)} + C_{5\mu}\chi_{1s(2)} + C_{6\mu}\chi_{1s(3)} + C_{7\mu}\chi_{1s(4)} + C_{8\mu}\chi_{1s(5)} \quad (\mu = 1, 2, ..., 8)$$

(7) イオン化エネルギー（IP = 12.7 eV）：$CH_4 \rightarrow [CH_4]^+ + e^-$：即ちメタンを陽イオン化するのに要するエネルギーで，これが小さいほど（エチレン等）イオン化され易い。エチレンの IP は 10.5 eV である。

(8) 被占準位（軌道）数（= 4）：(2)の価電子 8 個を収容。その最高位は HOMO（最高被占軌道）である。

(9) $\varphi_4 = 0.719\chi_{2px(1)} + 0.602\chi_{2s(2)} - 0.199\chi_{2s(3)} - 0.200\chi_{2s(4)} - 0.204\chi_{2s(5)}$

[4.3]

①

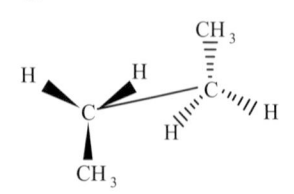

② 横軸・二面角（C-C-C-C）と縦軸・内部エネルギー（kcal mol^{-1}）

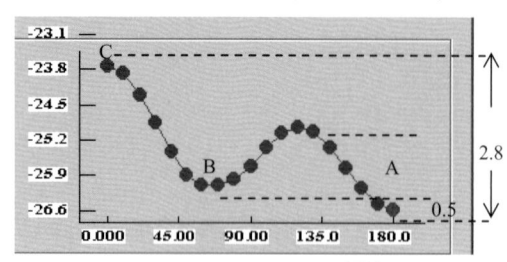

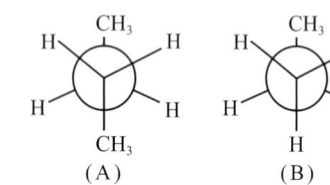

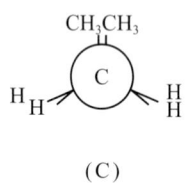

[5.1]
(1) a. 水素原子：χ_{1s}軌道の重なり　　b. エチレン：χ_{2pz}軌道の重なり

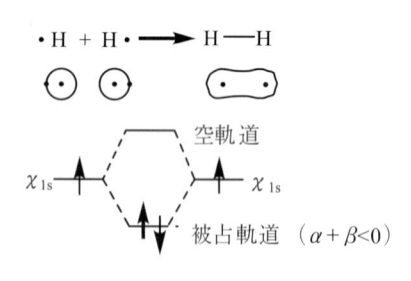

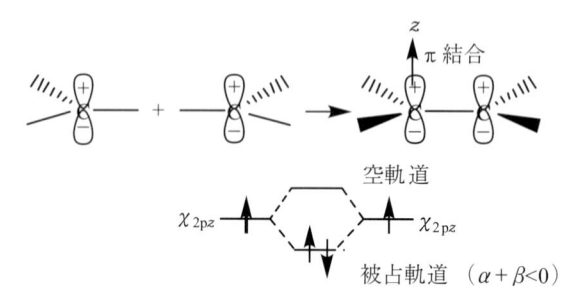

(2) $\begin{vmatrix} \alpha-E & \beta \\ \beta & \alpha-E \end{vmatrix}=0$

　　　　　　　　　　a) H$_2$　　　　　　　b) エチレン
α：クーロン積分　：水素原子核と電子との引力・・・：炭素核とχ_{2pz}電子との引力
β：共鳴積分　　　：同重なり部分電子との引力・・・：同重なり部分電子との引力

(3) 空軌道：　$\varphi^*=0.707\chi_1-0.707\chi_2$ ｝水素ではχ_1, χ_2がχ_{1s}，エチレンではχ_{2pz}
　　被占軌道：$\varphi=0.707\chi_1+0.707\chi_2$

[5.2] アセトン

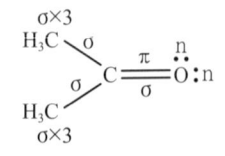

演習問題解答例　　　185

[5.3]

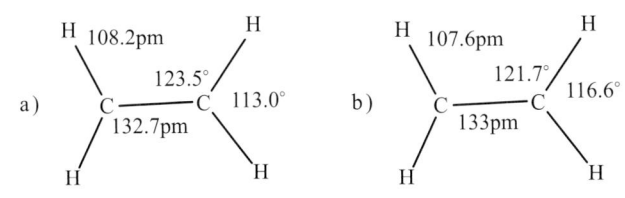

a) 構造式: H 108.2pm, 123.5°, 113.0°, C-C 132.7pm

b) 構造式: H 107.6pm, 121.7°, 116.6°, C-C 133pm

二面角 $\Phi_{CCHH}=0°$（平面）　マクマリー有機化学概説第5版（東京化学同人，2004），p.15.
結合距離は計算で再現できているが，結合角は2〜4°違う。

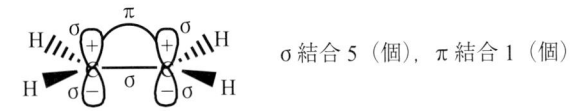

c) σ結合5（個），π結合1（個）

d) 結合性πが6番（HOMO）：$\varphi_6 = 0.707\chi_{2pz(1)} + 0.707\chi_{2pz(2)}$
反結合性πが7番（LUMO）：$\varphi_7 = 0.707\chi_{2pz(1)} - 0.707\chi_{2pz(2)}$

[5.4] 1,3-ブタジエン

a) $CH_2=CH-CH_2=CH_2 \longleftrightarrow \overset{\oplus}{CH_2}-CH=CH-\overset{\ominus}{CH_2}$ （$\longleftrightarrow \overset{\ominus}{CH_2}-CH=CH-\overset{\oplus}{CH_2}$）

（上側矢印での電子の移動）　（下側矢印での電子の移動）

b) $\begin{vmatrix} \alpha-\varepsilon & \beta & 0 & 0 \\ \beta & \alpha-\varepsilon & \beta & 0 \\ 0 & \beta & \alpha-\varepsilon & \beta \\ 0 & 0 & \beta & \alpha-\varepsilon \end{vmatrix} = 0$

c) $p_{1\text{-}2} = 0.37 \times 0.60 \times 2 \times 2 = 0.89$
$p_{2\text{-}3} = 0.60 \times 0.60 \times 2 + 0.37 \times (-0.37) \times 2 = 0.45$

d) $q_1 = q_4 = 2(0.37)^2 + 2(0.60)^2 = 1$
$q_2 = q_3 = 2(0.60)^2 + 2(0.37)^2 = 1$

e) $f_1(E) = 2 \times (0.60)^2 = 0.72$
$f_2(E) = 2 \times (0.37)^2 = 0.27$

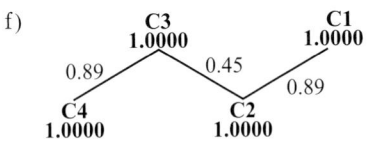

f) C3 1.0000 — 0.45 — C1 1.0000、0.89、C4 1.0000、C2 1.0000、0.89

① 二重結合性に差がある。
② 電子密度は均等。
③ HOMOの係数から1，4位が求核電子反応を受け易い。

[5.5] 1,3,5-ヘキサトリエンにつき

1) $CH_2=CH-CH=CH-CH=CH_2$

2) $\begin{vmatrix} \alpha-\varepsilon & \beta & 0 & 0 & 0 & 0 \\ \beta & \alpha-\varepsilon & \beta & 0 & 0 & 0 \\ 0 & \beta & \alpha-\varepsilon & \beta & 0 & 0 \\ 0 & 0 & \beta & \alpha-\varepsilon & \beta & 0 \\ 0 & 0 & 0 & \beta & \alpha-\varepsilon & \beta \\ 0 & 0 & 0 & 0 & \beta & \alpha-\varepsilon \end{vmatrix} = 0$

[6.1]
1) HOF = Heat of Formation：生成熱
   IP = Ionization potential：イオン化ポテンシャル
   HOMO = Highest occupied molecular orbital：最高被占軌道

2) 生成熱（HOF）：対象の分子1モルを，25℃，1気圧（1013 hPa）（標準状態）で構成している元素の単体（同士）から生成するのに必要なエネルギー。反応熱と逆符号。

   ① 熱化学方程式の表示：反応熱（右辺：生成熱：発熱のとき⊕）をいう。

   例1. メタンのとき，C（単体）＋ 2H$_2$ ＝ CH$_4$ ＋46.0 kJ mol^{-1}（発熱）：熱化学方程式表示。

   例2. C$_4$H$_6$では，4C（単体）＋ 3H$_2$ ＝ CH$_2$=CH-CH=CH$_2$ －120.1 kJ mol^{-1}（吸熱）。

   ② 熱力学及びMOPAC法での表示：エネルギーを右辺に置き，反応に要するエネルギーとして，符号が逆になる。

   例1. メタンのとき，C（単体）＋ 2H$_2$ → CH$_4$ HOF＝－46.0 kJ mol^{-1}

   例2. C$_4$H$_6$では，4C（単体）＋ 3H$_2$ → C4H6   HOF＝120.1 kJ mol^{-1}

3) 1,3-ブタジエン（A）のHOF値が最も小さく25℃で熱力学的により安定であることを示す。

4) 1,3-ブタジエン（A）のIPが最小で，これはより陽イオンになり易いことを示す。共役二重結合によってHOMO軌道エネルギーが上昇している。

5) HOMOの軌道係数が大きく，また片寄っているシクロブテン（D）の1位が求電子反応を受け易いことが示唆される。

6) C$_4$H$_6$：

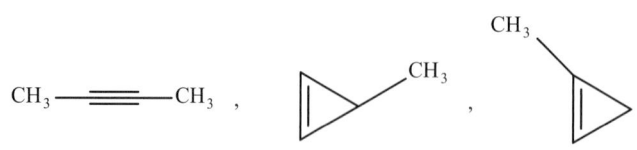

   CH$_3$—≡—CH$_3$, [methylcyclopropene structure] , [methylenecyclopropane structure]

[6.2]
1) A：プロペン　propene（またはプロピレン　propylene）
   B：アクリロニトリル　acrylonitrile
   C：1,3-ブタジエン　1,3-butadiene
   D：エチルビニルエーテル　ethyl vinyl ether

2) 陽イオン化され難さ（IPの大きさ）で分けられる。BのCNは電子求引基，A，C，Dの各々は電子供与基であることがわかる。

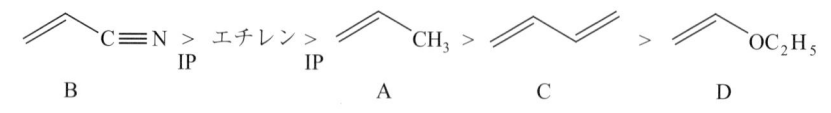

   CH$_2$=CH-C≡N ＞ エチレン ＞ CH$_2$=CH-CH$_3$ ＞ CH$_2$=CH-CH=CH$_2$ ＞ CH$_2$=CH-OC$_2$H$_5$
   B   IP   IP A   C   D

3)
   B: CH$_2$=CH-C≡N: ⟷ $\overset{\oplus}{CH_2}$-CH=C=N:$^{\ominus}$ -C≡N基により左端が⊕性になっている。
      -C≡N 基は電子求引性基

   D: CH$_2$=CH-Ö-C$_2$H$_5$ ⟷ $^{\ominus}$CH$_2$-CH=$\overset{\oplus}{O}$-C$_2$H$_5$ -OC$_2$H$_5$基により左端が⊖性になっている。
      -OC$_2$H$_5$ 基は電子供与基

[7.1]
先ず被占軌道のσが最もエネルギーが低く安定であり，非結合のnが次にエネルギーが低いので次の図が成り立つ。

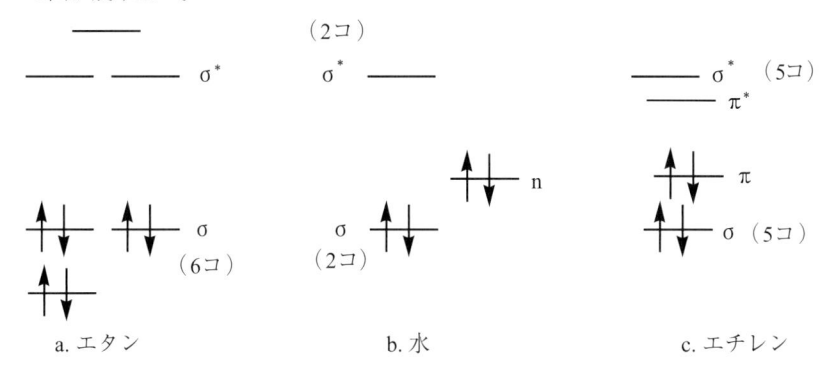

```
                                                            ─── (2コ)
─── ─── σ*        σ* ───                    ─── σ* (5コ)
                                            ─── π*

↑↓ ↑↓  σ          ↑↓ n                     ↑↓ π
↑↓       (6コ)    ↑↓ σ                      ↑↓ σ (5コ)
                     (2コ)

a. エタン          b. 水                    c. エチレン
```

[7.2]
アセトンの構造は $\begin{array}{c}H_3C\\H_3C\end{array}C\overset{\pi}{\underset{\sigma}{=\!=}}\ddot{O}:$ で，σ, π, n 電子をもち，σ* と π* の空軌道が次のように配置している。下記3種の間隔のエネルギー（n→π* ＜＜ π→π* ＜ n→σ*）の光で各々の励起が起こる可能性が大きい。なお n→π* 励起は禁制遷移の性質があり吸収強度は小さいので吸収スペクトルではピークが小さい。

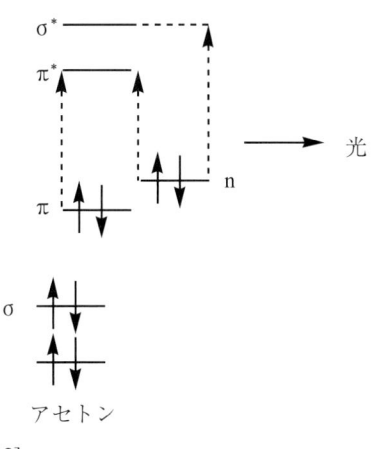

```
σ* ───
π* ───
π ↑↓        n ↑↓           → 光

σ ↑↓
アセトン
```

[7.3]
溶媒の極性は，ヘキサン＜CHCl₃＜エタノール＜メタノール＜水，であるから，極性での短波長化で，n→π* 吸収であることを示す。即ち水など極性溶媒でn電子が安定化し，励起エネルギー ΔE が大きくなり，小さい λ，即ち大きなエネルギーが必要になったと推定される。

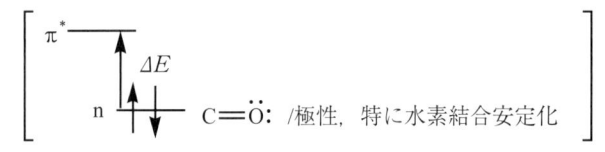

$$\left[\begin{array}{l}\pi^*\ \overline{}\\ \quad\ \uparrow \Delta E\\ n\ \underline{\uparrow\downarrow}\quad C=\ddot{O}:\ /極性，特に水素結合安定化\end{array}\right]$$

[7.4]

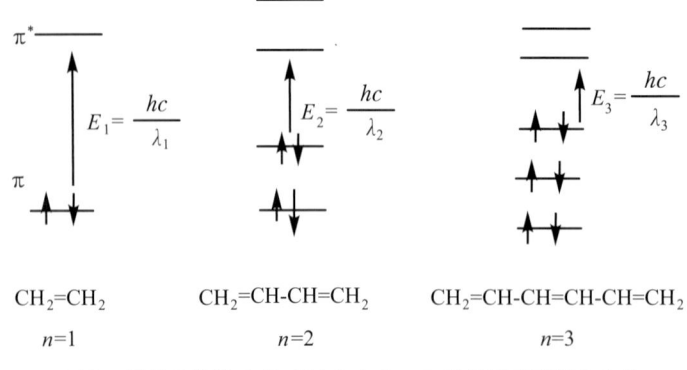

$E_1 = \dfrac{hc}{\lambda_1}$ $E_2 = \dfrac{hc}{\lambda_2}$ $E_3 = \dfrac{hc}{\lambda_3}$

CH$_2$=CH$_2$ CH$_2$=CH-CH=CH$_2$ CH$_2$=CH-CH=CH-CH=CH$_2$

$n=1$ $n=2$ $n=3$

$n = 3$ は π 電子の増加で E_3 が小となり，λ_3 は長波長吸収となる。

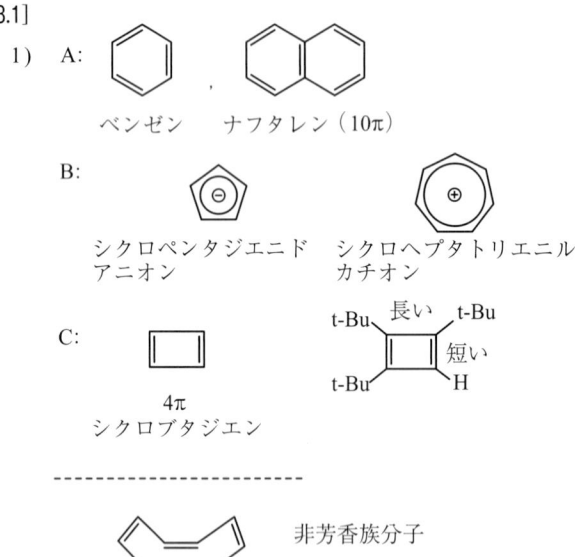

[8.1]

1) A: ベンゼン　ナフタレン（10π）

   B: シクロペンタジエニドアニオン　シクロヘプタトリエニルカチオン

   C: 4π シクロブタジエン

   t-Bu, t-Bu, 長い, 短い, H

   8π シクロオクタテトラエン　非芳香族分子

2) ヒュッケル則：A と B

   環状で $(4n+2)$ $(n = 0, 1, 2 \cdots)$ コの π 電子系が共役した平面分子群が共鳴エネルギーが大きいなど特別の熱化学的安定性がある。

3) 特徴：$4n\pi$ の環状化合物群

   見かけは π 共役系であるが，共鳴安定化の性質はない。MOPAC 計算で軌道の重なりで不安定化することがわかった。

   C の 4π 系は特に不安定で，特殊な環境でしか存在せず，長方形構造。8π 系はねじれて，二重結合の位置は特定された構造で存在する。従って非芳香族であり，環状ポリエンといえる。

[8.2] A. ニトロベンゼンと B. アニリンについて

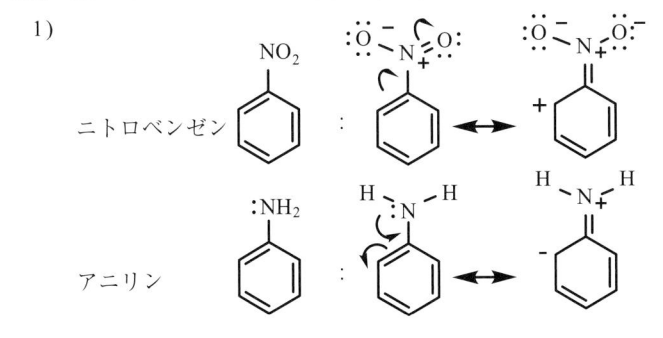

1)

ニトロベンゼン: 共鳴構造式（NO₂基をもつベンゼン環の共鳴形）

アニリン: 共鳴構造式（NH₂基をもつベンゼン環の共鳴形）

2) NO₂基は電子求引基（環が電子 poor になっているので）

NH₂基は電子供与基（環が電子 rich になっている…オルト(・パラ効果)）

[8.3] （8.7節参照　曲がった矢印省略）

1) 共鳴式

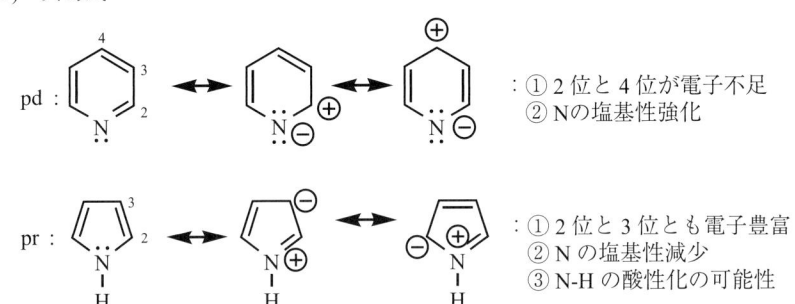

pd : ピリジンの共鳴式　：①2位と4位が電子不足
　②Nの塩基性強化

pr : ピロールの共鳴式　：①2位と3位とも電子豊富
　②Nの塩基性減少
　③N-Hの酸性化の可能性

2) pd (ピリジン) は ① IP が大きいのでイオン化しにくい。②求核反応は LUMO から 4 位。

pr (ピロール) は ① IP は 8.61 と小さいので陽イオン化し易い。② (8-23) 式のニトロ化が 2 位に起こるのは，HOMO の係数が 2 位で大きいため。

両者の電子密度の比較から，pd の N が塩基性がより大きいと言える。

[9.1]

(a)：①置換反応（S）② $CH_3\text{-}Br + KOH \longrightarrow CH_3OH + KBr$ （δ^+ δ^- / ⊕ ⊖）

(b)：①脱離反応（E）② $CH_3\text{-}CH_2\text{-}OH \xrightarrow{H^+} CH_2\text{-}CH_2\text{-}O\text{-}H \longrightarrow CH_2=CH_2 + H_2O + H^+$

(c)：①付加反応（Ad）② $CH_2=CH_2 + H^+ \longrightarrow CH_3\text{-}CH_2^+ \xrightarrow{Br^-} CH_3CH_2Br$

(d)：①転位反応（Re）② ピナコール転位機構図

[9.2]

反応は，9.3.2 項に示してあるが，次のように起こったことを意味する。

　　EtI + KCN → Et−C≡N + KI

CN⁻イオンは次式の共鳴構造式をもつ。軟らかいサイトが C, 硬いサイトが N である。

:C≡N: ⁻ ⟷ ⁻:C=N:

上記反応では CH₃CH₂I の軟らかい求電子サイト CH₂ が Et−C≡N 生成に寄与したことになる。CH₃CH₂I の LUMO では CH₂ の C の軌道係数が最大であり，軟らかい反応点となる。

[9.3]

(1) $\overset{2}{C}H_2=\overset{1}{C}H-O^{\ominus}$ の価電子は $(C_2H_3O)^-$ なので $4 \times 2 + 3 + 6 + 1 = 18$

従って被占軌道数 $n = 9$.

HOMO（軟らかい反応判断）からは C₁ 位，電子密度（q）からは酸素部の反応性，をもつと言える。

(2) 左への反応（CH₃I）で C₁ 位に起こったのは軟らかい反応だったことを示す。

右への反応（H⊕）でオルト位だったのは硬い試薬による硬い反応であったことを示す。

[9.4]

の反応は，δ^+ の H が 2 位に，δ^- の Br が 1 位に付加したことを示す。

1) 共鳴では　　　　　　　　　　　　　　　（超共役）

これは　CH₂=CH−CH₃　⟷　⊖CH₂−CH=CH₃⊕　，の超共役（効果）と同じ。従って上記反応は超共役でも説明できる。

2) MO では，HOMO で末端メチレンの係数が高いので軟らかい反応ではここで起こる，と言える。

電子密度でも，末端メチレン部が大きいので，硬い反応ならここで起こる，と言える。

従っていずれも末端メチレン，メチルシクロヘキセンでは 2 位，に H^{δ+}，1 位に Br^{δ-}，の反応が起こることになる。

[10.1]

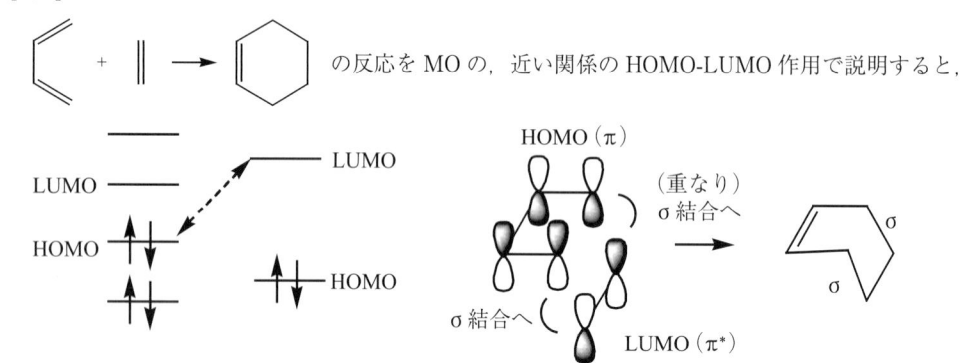

の反応を MO の，近い関係の HOMO-LUMO 作用で説明すると，

[10.2]

(E,Z,E)-オクタトリエン (1) は，6π 系であるので，本文図 10.4 より HOMO は対称（S），LUMO は反対称（A）である。そこで WH 則によると，熱反応は HOMO で，光反応は LUMO'（の対称性）で反応の方向（ここでは電子環状反応の旋回）が決まるので，本文 (10-5) 式で，

1) 熱反応

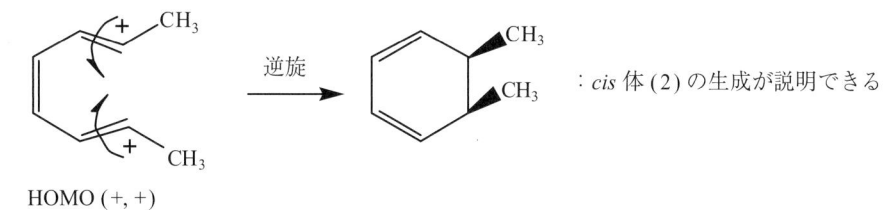

逆旋 → : *cis* 体 (2) の生成が説明できる

HOMO (+, +)

2) 光反応

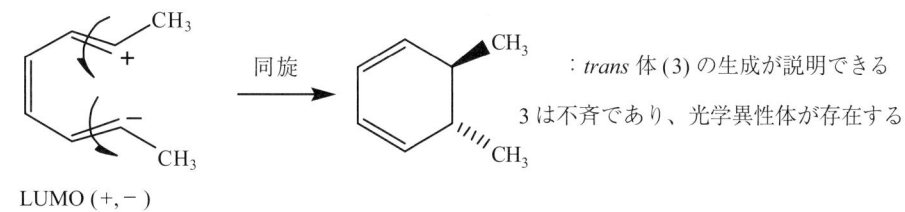

同旋 → : *trans* 体 (3) の生成が説明できる
3 は不斉であり、光学異性体が存在する

LUMO (+, −)

[10.3]
環状 4π 系の 2-ピリドンの光反応では次のように 2 種の逆旋 a, b があり、ラセミ体 1 対を生成する。

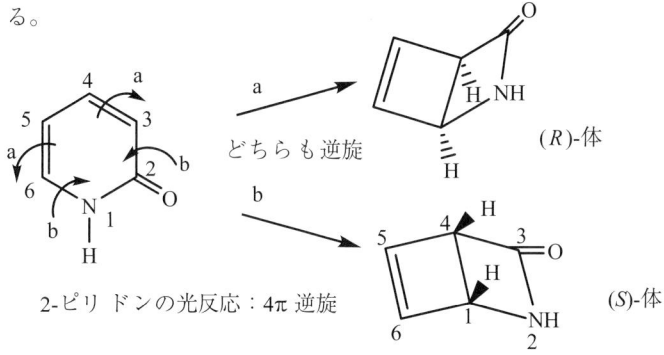

どちらも逆旋

a → (*R*)-体

b → (*S*)-体

2-ピリドンの光反応：4π 逆旋

[10.4]
A.

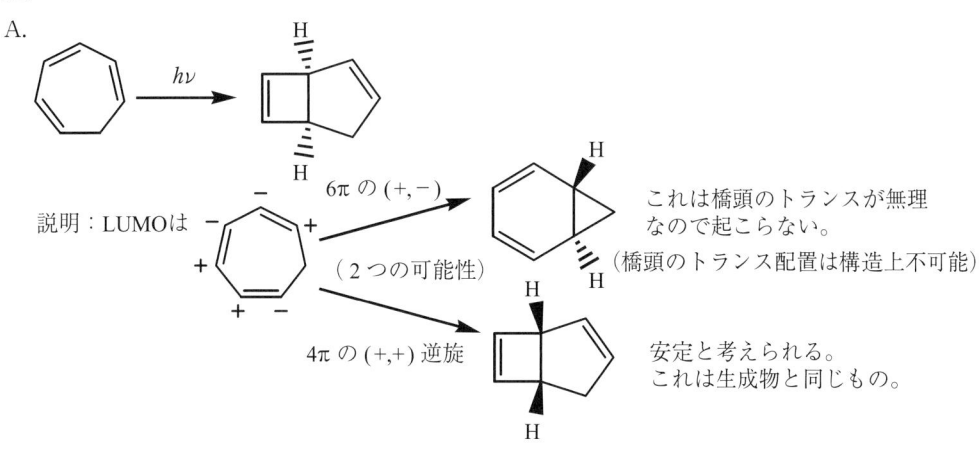

$h\nu$ →

説明：LUMO は

6π の (+, −) → これは橋頭のトランスが無理なので起こらない。
（橋頭のトランス配置は構造上不可能）

（2つの可能性）

4π の (+, +) 逆旋 → 安定と考えられる。
これは生成物と同じもの。

B.

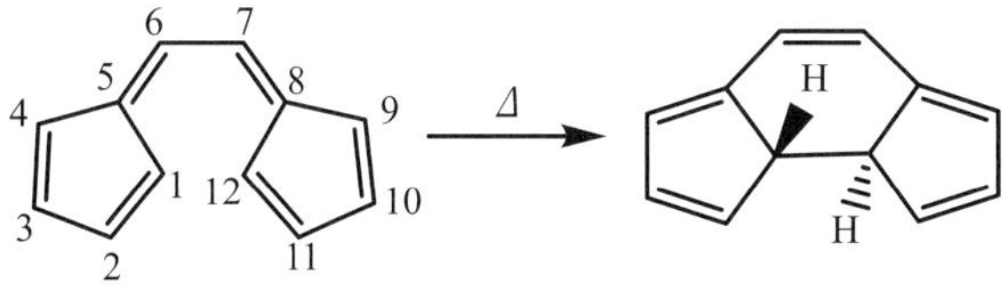

Δ →

これは上記番号付けをしたように，12π系（4n系）の熱電子環状反応とみなせる。そこで12πのHOMOの1位と12位の軌道係数は正と負すなわち（A）の関係。従って熱反応では同旋的反応で上記反応が起こり，橋頭はトランスの構造になる。

C. ①先ず6と7の間でディールス・アルダー反応が起こる。②脱COが起こる。③逆ディールス・アルダー反応が起こる：より安定なもの（ベンゼン環など）が生成しやすいことによる。

$$6+7 \longrightarrow \text{[bridged adduct with Ph groups]} \longrightarrow \text{[tetraphenyl benzene fused]} \xrightarrow{(+CO)} \underset{9}{\text{[cyclopentadiene]}} + \underset{8}{\text{[tetraphenylbenzene]}}$$

[11.1]

(1) S$_N$2反応とは求核的2分子置換反応のことで，一般式

$$\overset{\delta^+}{R}-\overset{\delta^-}{X} + \overset{\ominus}{Nu} \longrightarrow \overset{\delta^-}{Nu}\text{---}\overset{\delta^+}{R}\text{---}\overset{\delta^-}{X} \longrightarrow Nu\text{-}R + X^{\ominus}$$

において求核種（Nucleophile）Nu$^{\ominus}$がδ$^+$性のRを攻撃し，2分子関与の遷移状態を経て，置換化合物R-Nuを与える反応のこと。提示の反応は立体的に次のように書ける。

$$\text{Br-C(CH}_3\text{)(H)(H)} + :NH_3 \longrightarrow [\text{Br---C---N transition state}] \longrightarrow [\text{CH}_3\text{-C-NH}_3]^{\oplus} Br^{\ominus}$$

(2)

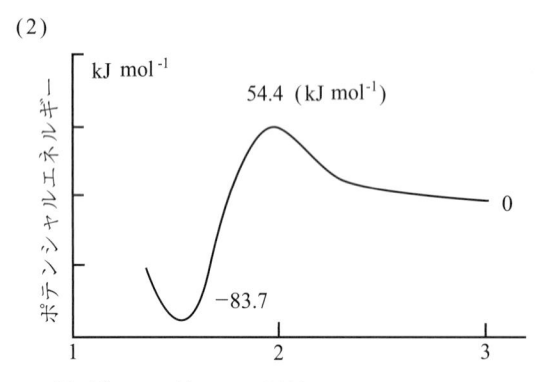

ポテンシャルエネルギー (kJ mol^{-1})

- 54.4 (kJ mol^{-1}) （遷移状態）
- −83.7 （生成物側最小）
- 0 （反応物）

横軸: 1, 2, 3

（参考）PM5法による解析

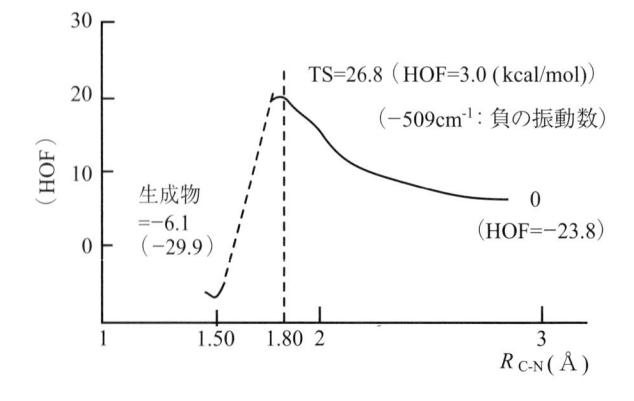

(HOF)

- TS=26.8 (HOF=3.0 (kcal/mol))
- (−509 cm^{-1}：負の振動数)
- 生成物 =−6.1 (−29.9)
- 0 (HOF=−23.8)

横軸: $R_{\text{C-N}}$ (Å) 1, 1.50, 1.80, 2, 3

[11.2]

(1) H₂O 1分子初期画面用 Z-Matrix

I	原子	距離	F	角度	F	二面角	F	NA	NB	NC
1	O	0.00	0	0.0	0	0.0	0	0	0	0
2	H	1.09	1	0.0	0	0.0	0	1	0	0
3	H	1.09	1	120.0	1	0.0	0	1	2	0

(2) PM6法の出力

I	原子	距離	F	角度	F	二面角	F	NA	NB	NC
1	O	0.00	0	0.0	0	0.0	0	0	0	0
2	H	0.95	1	0.0	0	0.0	0	1	0	0
3	H	0.95	1	107.6	1	0.0	0	1	2	0

(3) 初期配置（平面で）

I	原子	距離	F	角度	F	二面角	F	NA	NB	NC
1	O	0.00	0	0.0	0	0.0	0	0	0	0
2	H	0.95	1	0.0	0	0.0	0	1	0	0
3	H	0.95	1	107.6	1	0.0	0	1	2	0
4	O	2.70	-1	180.0	1	0.0	1	2	1	3
5	H	0.95	1	126.2	1	0.0	1	4	2	1
6	H	0.95	1	107.6	1	180.0	1	4	2	1

2.6 2.5 2.4 2.3 2.2 2.1 2.0 1.9 1.8 1.7 1.6

（表下の数値は接近させる2番水素（2H）と4番酸素（第2分子の酸素）の距離）

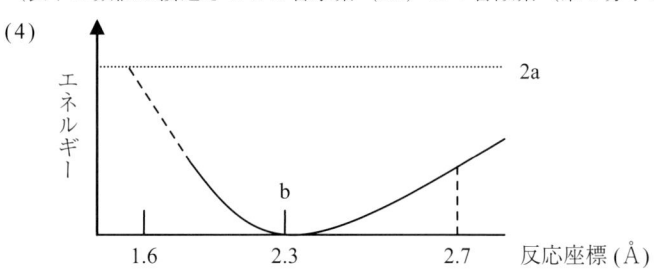

(4)

a＝－54.31，b＝－113.53（kcal mol⁻¹）　二量体の構造は平面ではない。

(5) 水素結合エネルギー ＝ 2a－b ＝ (－54.31)×2－(－113.53) ＝ 4.91（実験値：5.26）(kcal mol⁻¹)

[11.3]

シクロペンタジエン CP（C₅H₆，原子の番号は1〜11）の HOMO とアクリロニトリル AN（C₃H₃N，原子の番号はここでは12〜18）のπ系の HOMO-LUMO 作用を立体的に図示する。1－12，4－13間が結合形成に寄与し，エンド体生成では3－14間が接近し，同符号で二次的（非結合のπ重なりによる）安定化効果が働く。エキソ体生成では3－14間は遠い。

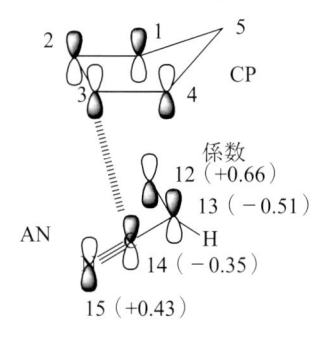

参 考 書

量子化学，計算化学および有機量子化学に関するものを示す．

1. 大岩正芳，初等量子化学 第2版，化学同人（1988）
2. 米澤貞次郎，永田親義，加藤博史，今村詮，諸熊奎治，量子化学入門（上・下）第3版，化学同人（1983）
3. 原田義也，量子化学（上，下），裳華房（2007）
4. 友田修司，基礎量子化学，東京大学出版会（2007）
5. 田辺和俊，堀憲次編，分子軌道法でみる有機反応 －MOPAC演習－，丸善（1997）
6. 堀憲次，山崎鈴子，計算化学実験，丸善（1998）
7. 日本化学会編（古賀伸明編集），第5版実験化学講座12－計算化学－，丸善（2004）
8. 時田澄男，染川賢一，パソコンで考える量子化学の基礎（化学新シリーズ），裳華房（2005）
9. 堀憲次，山本豪紀，情報化学・計算化学実験，丸善（2006）
10. 新化学発展協会編（堀憲次監修），量子化学計算マニュアル，丸善（2009）
11. I. フレミング（福井謙一監修，竹内敬人・友田修司訳），フロンティア軌道法入門，講談社（1978）
12. 川村尚，藤本博，量子有機化学（有機化学講座9），丸善（1983）
13. 廣田穣，分子軌道法（化学新シリーズ），裳華房（1999）
14. 藤本博（編著），森聖治，中村栄一，辻孝，河合英敏，大和田智彦，吉澤一成，吉田潤一，吉良満夫，高橋まさえ，有機量子化学，朝倉書店（2001）
15. 友田修司，フロンティア軌道論で化学を考える，講談社（2007）

索　引

ア
アイコン　28
アクリル酸類　86
アクリロニトリル　86, 87
アセチレン　62
アデニン　121, 123, 171
アニリン　113, 114, 117
[16]アヌレン　111
[18]アヌレン　102
アリル基　68
アルカン　49
安息香酸　115
安定配座　56

イ
イオン化エネルギー（IP）　46, 79
イオン性　47, 126
イオン的反応　126
イソニトリル　135
一重項　15
医薬品合成　86

ウ
ウッドワード・ホフマン（WH）
　　則　141
ウラシル　121
運動エネルギー　9, 18

エ
永年方程式　20, 65
エキソ体　152, 165
エタン　54
エチルビニルエーテル　87

エチレン　62, 74, 83
エネルギー準位　4, 5
エノラートイオン　135
エルゴステロール　143
塩化水素　45
塩基性　119
エンタルピー変化　36
エンド則　152, 164

オ
オキセタン化　150
オクタテトラエン　145
オクタトリエン　147
オルト・パラ配向　113

カ
開殻系計算　43
回転解析　56, 147
回転にもとづく異性体　56
可逆的変化　58
核間反発エネルギー　37
核酸塩基　121, 171
核磁気共鳴（NMR）法　1, 111
角部分　12
重なり積分　19, 64
可視スペクトル　6
硬さη　47, 129
活性化エネルギー　152, 157, 163,
　　168
カラーサークル　8
カルベン　50, 128

キ
規格化条件　21, 65
機器分析法　4
基準振動　161
基準単体　81
輝線スペクトル　5
既存分子読込み　32
基底関数系　24
基底状態　21, 94
軌道エネルギー　10, 35, 42
軌道関数　10
軌道係数　35, 90, 105
軌道混合　54
軌道相互作用　39, 127
ギブス自由エネルギー　82
逆旋　142, 146
求核置換（S_N）反応　126
求核反応　126
吸収極大波長　93
求電子置換（S_E）反応　102, 105,
　　113, 127, 133
求電子反応　126
吸熱反応　36
球棒表示　49
協奏反応　126, 150
共鳴エネルギー（RE）　103, 110
共鳴構造式　114
共鳴積分　19, 65
共鳴理論　1, 87, 101, 113
共役系　4, 68
極限反応座標（IRC）　161
極座標　10
極性分子　44

許容・禁制　143
キレトロピー反応　142
銀イオン（Ag$^+$）　136
近似法　15, 28

ク

グアニン　121, 176
空間軌道　22
空軌道　1, 33, 34
グラファイト　36
クラム　102
クロップマン　131
クーロン項　131
クーロン積分　19, 65
群論　69, 105

ケ

経験的パラメータ　24
経験的方法　17, 21
計算化学　1
計算条件設定　27
ケクレ　1
結合エネルギー　17, 36
結合解離エネルギー　36
結合距離　26, 35, 79
結合軸　56
結合次数（BO）　70
結合情報　26
結合性軌道　18, 66
結合の多重度　39
原系　145
原子価結合（VB）法　1, 49
原子価電子　1, 25
原子化熱　37
原子軌道情報　28
原子の電荷　40, 45

コ

合計スピン数　22
構造異性体　84
構造最適化（EF）　28, 161
光電子分光法　130
硬軟酸・硬軟塩基　128
ゴーシュ配座　58
固有値　19, 29
孤立電子対　135
コーン　1, 24
混成軌道　49
コンフォーメーション　56, 57

サ

最安定配座　56
最外殻電子　1
最高被占軌道（HOMO）　41, 70
最低空軌道（LUMO）　70
最適化　28
酢酸　168
酢酸ビニル　86
削除アイコン　30
酸解離平衡定数　115
三軸アイコン　30
三重項（T）　15, 25, 42, 149
酸素分子　42

シ

ジアニオン　102
シアン化物イオン　135, 136
ジエン化合物　150
紫外可視（UV）スペクトル　1, 93
磁気遮蔽定数　111
磁気量子数　11
シグマトロピー反応　142
シクロオクタテトラエン　103, 110

シクロブタジエン　104, 109
シクロブタン環形成　149
シクロペンタジエン　152, 164
自己無撞着場（SCF）　23
失活　149
実測値　41, 81
指定原子　26
シトシン　121, 176
シミュレーション　95
四面体説　1
試薬の硬さ　47
遮蔽効果　14
自由エネルギー変化　58
周期表　3, 28, 87
充填表示　28
縮重　14, 42
出力データ　30
主量子数　11
シュレイヤー　111
シュレーディンガー　1
シュレーディンガー方程式　9
常磁性　42
初期画面　28, 51
初期構造　28, 159
親ジエン　150
振動解析　157
振動子強度　94, 97

ス

水素結合　94, 168, 171, 177
水素結合エネルギー　123, 175, 178
水素原子　5, 9, 10
水素分子　17
水素分子イオン　18
水素様原子　14
スチュワート博士　79
ステータスライン　28

スピン軌道関数　22
スピン多重度　15
スピン量子数　15
スレーター行列式　23

セ

正確さ（Accuracy）　79
正四面体　50
生成熱（HOF）　29, 35, 81
静電的引力　127
静電ポテンシャル　45
赤外（IR）スペクトル　1
節（面）　13, 67
摂動法　15
遷移エネルギー　96, 97
遷移金属　15
遷移状態（TS）　29, 142, 145, 156, 161
全エネルギー　9, 37, 68
線形結合　19, 26
全波動関数　21

ソ

双極子能率　45
速度支配　156
存在確率　14

タ

ダイアログ　30, 51
対角要素　67
対称（性）　69, 143
対称性保存則　142
対称面 σ　144
太陽光　5
対話型設定画面　51
多重度　22, 39
脱離反応　126
多電子原子　14

単占被占軌道（SOMO）　42, 149

チ

置換基効果　86, 89, 115
置換基定数　115
置換反応　125
窒素分子　26, 40
チミン　121, 171
中間体　117
中性分子　130

テ

ディールス・アルダー反応　89, 131, 134, 150, 157
デオキシリボ核酸（DNA）　121, 155, 173
デカルト座標　10
転位反応　126
電荷（AC）　10, 45
電気陰性度　3, 45, 47
電子環状反応　143, 146
電子間反発　14, 25
電子求引基　87, 152
電子供与性　87
電子親和力　46
電子スピン　22
電子配置　15
電子密度　45, 70
電子励起（遷移）　94
テンプレート　104

ト

等核二原子分子　38
動径部分　12
同旋　142, 145
ド・ブロイ　9
トランス配座　58

ナ

ナフタレン　107

ニ

二原子分子　17, 38
ニトリル　135
ニトロ化　117
ニトロピロール　119
ニトロベンゼン　113, 117
二面角　26, 56, 165
二量体　168

ネ

熱化学方程式　35
熱分解　83
熱力学的安定性　81, 84
熱量保存則　36
燃焼熱　35

ハ

配向選択性　113
配座異性体　56
配座解析　56
配置間相互作用　23, 95
ハウク　90
白熱電球　5
波長　8
発熱反応　132
波動関数　9, 13
波動方程式　9, 10
ハートリー・フォック方程式　23
ハミルトニアン演算子　10, 63
ハメット則　115
バルマー系列　6
半経験的方法　24
反結合性軌道　18
反対称　67, 144
反応機構　125

反応基質　125
反応座標　141, 156
反応試薬　125, 128
反応性指数　73
反応定数　115
反応熱　35
反芳香族　102, 109, 111

ヒ

ピアソン　129
光吸収波長　94
非共有電子対電子　63
非局在化エネルギー（DE）　110
非経験的方法　24
被占軌道（数）　1, 26, 33, 55
ビタミンD_2　143
非ベンゼン系　102
ヒュッケル則　102, 103
ヒュッケル法　19, 63, 65
標準誤差（AUE）　25, 38, 79
標準生成エンタルピー　35, 83
ピリジン　118
ピロール　111, 118

フ

ファントホッフ　1
付加環化　148
付加配向選択性　152
福井謙一　1, 46, 109, 141
複素環化合物　118, 120
ブタジエン　67, 84, 95, 131, 157
n-ブタン　56
1-ブテン　86
フッ化水素　44
プラスチック　86
フルベン　111
プロトン供与体　128
プロトン受容体　128

フロンティア軌道　46
フロンティア軌道項　131
フロンティア軌道相互作用　131
フロンティア軌道論　131, 141
フロンティア電子密度　72
分子軌道　17, 38
分子軌道（MO）法　2, 51
分子吸光係数　94
分子の接近　155

ヘ

閉環反応　143
平均的原子化熱　37
平衡核間距離　17, 23
ヘキサトリエン　93
ヘスの法則　36
ヘリウム　15, 39
ペリ環状反応　1, 141
変数分離　11
ベンゼン　69, 101, 104
変分法　15, 19

ホ

ボーア　5
ボーア半径　12
方位量子数　11
芳香族化合物　101
芳香族求電子置換　105, 113
ホスト-ゲスト化　157
ポテンシャルエネルギー　9, 10, 160
ホフマン　1, 141
ポープル　1, 24
ポリエン　95
ポーリング　47
ホルムアルデヒド　94

マ

マリケン　47

ミ

密度汎関数（DFT）法　24

ム

無水マレイン酸　134, 156, 164

メ

メタノ[10]アヌレン　102
メタ配向　113
メタン　49

ヤ

軟らかさσ　129

ユ

有機化学　1
誘起効果（I効果）　113
有機電子論　1
有機量子化学　1

ヨ

陽イオン中間体　117

ラ

ラジカル反応　126, 150
ラプラス演算子　14

リ

立体選択性　164, 168
量子化　5
量子化学計算法　24
両性求核試薬　135

ル

ルイス構造式　1, 41

レ

励起一重項 149

励起錯体 155

励起電子配置 95

ロ

ロビンソン 1

ワ

ワトソンとクリック 173

[2π＋2π]付加環化 148

4nπ電子系 145

[4π＋2π]付加環化 89, 134

6π電子系 143

ab initio（アブイニシオ）法 24

Accuracy 79, 179

ASE 111

AUE 79

B3LYP法 79, 163, 168

BIRADICAL 42

Bond order 52

CNDO/S法 97

Comments 30, 52

DATファイル 32, 158

DFT法 24

EA 46

EF 30

ESP 45

Flag 27

Gaussian（ガウシアン） 24

HCl 45

Head-head（h-h）配向 90

HF 44

hh-付加 90

highlight 52

HMO法 63, 103

HOF（生成熱） 29, 32, 79

HOMO 45, 90, 127

HOMO-LUMO作用 132

HSAB理論 47, 128

HSOMO 149

HSOMO-LUMO作用 150

ht-付加 90

LCAO-MO法 19, 64

LSOMO 149

LUMO 45, 54, 70, 90, 130

LUMO'-LUMO作用 149

MOCOM 25

MOPAC 24, 25, 120

MOPAC2002 79

MOPAC2009 37, 179

MOPAC2012 179

MOS-F 97

n→π* 94

NDDO近似法 25, 44

NICS 111

New 51

n電子 63

OPEN (2,2) 109

Outlist 33, 87

PM 79

PM3 79, 163

PM5 2, 27, 79, 163

PM6 2, 79, 163, 179

PM7 179

PPP法 24, 99

Properties 33

REPE 111

^{1}S（励起一重項） 149

SCF（自己無撞着場） 23

SCIGRESS MO Compact 25, 179

S$_E$反応 126

S$_N$2反応 133

S$_N$反応 126

SOMO 42, 149

sp^{2}混成軌道 62

sp^{3}混成軌道 49, 61

sp混成軌道 62

Superdelocalizability 72

TRIPLET 42

TS解析 156

UHF 44

UVスペクトル 4, 93

Vectors 30, 40, 52

WinMOPAC 25, 179

WMPファイル 32, 158

XYZ 30, 40

Z-Matrix 26, 40, 52, 158

αスピン 15

β-カロテン 93

π→π* 94

π結合（共役） 62

π結合次数 70

σ結合 61

付記　計算化学プログラム MOPAC シリーズと添付ソフト MOCOM の使用について

　この付記は本書「有機分子の分子軌道計算と活用」(Molecular Orbital Calculation of Organic Molecules and The Applications：略称 MOCOM) に添付した CD-R 中の計算化学ソフト MOCOM（富士通 SCIGRESS MO Compact の限定版）に対する，著者による利用（補足）説明書です．MOCOM の使用前にお読みください．

1. MOPAC シリーズとその計算化学ソフト

　主にスチュワート（J. J. P. Stewart）博士により開発されてきた，世界的に有名な半経験的分子計算法の MOPAC シリーズでは，主に有機系分子の構造と性質の迅速な計算での評価・精度の向上を目標に，関与する原子の最外殻電子・原子価電子（価電子）だけを扱う．量子化学計算で必要な電子間や核間反発エネルギー等を，そのイオン化エネルギー（IP）等の測定値を用いて統計的にパラメーター化して得る．その近似法（NDDO：3.2 および 6.1 節）の工夫・改善が行われてきた．PM3 レベル（法）から，MOPAC2000 プログラムでは PM5 法が，MOPAC2007 では PM6 法が導入されている．価電子軌道の考慮であるので，原理がわかりやすく，計算が速く，扱いやすい．

　その正確さ（Accuracy）は，計算による分子内の結合距離・結合角・二面角などの構造データ，および IP や生成熱（HOF）の化学的性質のデータが，其々の実測値をどの程度再現できるかで知ることができ，活用される．その情報は博士の論文や MOPAC のホームページ (http://openmopac.net) に公開されている．標準誤差（Average Unsigned Error: AUE）は徐々に改善されている．PM6 法の 4,500 分子の HOF 値と，有機系 1,373 分子の HOF の AUE が紹介され，評価の定着しつつある密度汎関数（DFT）法の一つである B3LYP/6-31G*法と遜色ない．本書では MOPAC の精度で次のことを紹介している．6 章で特に 2 原子分子など低分子の性質評価では PM6 法もあまりよくなく，有機分子ではよい傾向があること．11 章でディールス・アルダー反応の活性化エネルギー等の評価で PM5, PM6 ともかなり正確で，水素結合評価では PM6 が優れていること．また最近の MOPAC2012-PM7 では HOF の Accuracy が，PM6 法より約 10% 向上していること．

　MOPAC を用いたソフトウェアは，富士通（株）が博士との共同で WinMOPAC シリーズを開発し，2002 年から PM5 法が導入され，多く販売された．2009 年秋から後継シリーズの SCIGRESS MO Compact 1.0. バージョンに PM6（1.0.5）が搭載され，精度向上が行われてい

る。両シリーズの操作上に違いはなく，限定のバージョンで3軸 XYZ が可視化された。本書では両方を紹介利用している。

　富士通からは本書用に最新1.0.6版の限定版プログラム MOCOM を作成し，本書添付の了承を頂いた。PM5, PM6 とも利用できる。本書関係データも入れた CD-R を添付する。

　本限定版 MOCOM の情報は次の通りである：

① 本書対象の分子と反応のほとんどが計算可能な，非水素原子が12個まで。
② ファイルの種類は構造（MO-G）用の DAT, OUT と WMP ファイル，そして UV スペクトル計算用の MO-S ファイル（WinMOPAC では MOS ファイル）等。
③ "Properties" の情報は Outlist,, Molecular Orbital, Density 等（本書図3.9参照）。

　フルバージョンの情報は富士通ホームページから得られたい。

2. 添付 CD-R の使用について

2.1 CD-R の著作権

CD-R に収録されている SCIGRESS MO Compact 限定版プログラム MOCOM の著作権は富士通（株）が有する。本文やデータ（本書関係の DAT, WMP, OUT ファイル）の著作権は著者が有する。その著作物の改変やコピーは禁止する。

2.2 CD-R の責任

担当者がチェックして収録した上記プログラムとデータの CD-R に，販売後に障害があっても，著者，出版社，および富士通は一切責任を負わない。

2.3 CD-R 使用パソコンの制限

対応 OS は WindowsXP, Vista および7であり，他の OS 使用は保証されない。パソコンの容量は，メモリ1GB以上，ハードディスク（HD）空き容量100MB以上を推奨する。蓄積されるデータは適宜 USB メモリー等に移すことを勧める。

2.4 パソコン CD ドライブへのセットとソフト MOCOM のインストール

1) 添付 CD-R を，パソコン CD ドライブへセットする。
2) 多くのソフトと同様に，SCIGRESS MO Compact の Setup.exe アイコンをダブルクリックしてソフトをインストールする。

2.5 インストールされた MOCOM ソフトを用いた表示と計算

先ずパソコンの "全てのプログラム" の中にある MOCOM アイコンをダブルクリックし，本書図3.4（上段に WinMOPAC：MOCOM では SCIGRESS MO Compact）の初期画面にする。分子編集と分子組立てアイコンそして分子表示例（メタンの球棒表示など3種）とその説明を図3.5 と 3.6 に示す。本書はモノクロだが，実際の計算ソフトはカラー表示であり，炭素は緑，水素は青（酸素は赤，窒素は紺色など），また分子軌道係数のプラスは赤でマイナスは青（図3.10, 図4.6, 図5.19等）で示されるので，わかりやすい。

　以下新しい化合物を扱う場合と，データとしてどこかに保存されたもの（既存化合物）を扱

う場合で次のように異なる。

1) 新しい化合物の場合

(1) 図 3.4 で File→New とプルダウンする。最初は図 3.6 の分子組み立てアイコンで㉞メタンが選択されているので、ワークスペース（画面）にクリックするとメタンが描画される（図 3.7）。線表示⑭の表示変化で球棒表示化や、XYZ 軸変化⑰で立体的 sp^3 表示が行える（3.3.1 と 4.2. 節）。エタン（4.2 節）は水素の部分を再度クリックすると描ける。

　この時点ではデータは、図 3.7 のトップにメモされているが、C:￥Users￥Owmer￥Documents￥Untitled.dat、とされている。

　即ちパソコンのローカルディスク（C:）のドキュメントフォルダに無名で入れられている。(3) に示す過程で記名、計算法（PM5 等）、出力（欲しいデータの種類：EF, VECTORS 等）の選定（対話型条件設定）がなされる（図 3.8(b)、図 4.4 等）。

(2) 対象の化合物構造作成は図 3.6 のアイコンで行う。水素分子（3.3.2 項）ではエタンの水素 6 個を⑲（削除）で消し、炭素を㉓（原子変更）で水素に変え、OK とする（図 3.8(a)）。ベンゼン等環状化合物はテンプレート㊵を用いる（8 章）。

(3) 以下計算設定は、図 3.4 の Edit→Edit Z-matrix とプルダウンして行う。その過程は 3.3.2 水素分子の図 3.8(b)〜(e)、3.5.2 窒素分子の項などで示した。同様の手順は 4 章と 8 章などでも例示している。

　なおファイル作成の途中 "File already exists. Overwrite?" のメッセージには OK を選ぶ。

(4) 出力の種類は Properties のプルダウンで見れる（図 3.9）。Outlist に HOF, IP, 分子軌道（HOMO, LUMO）など多くの数値情報がある（表 3.3、表 4.2 等）。

　ファイルは 1 個の分子に、上記の入力の DAT（.dat）と出力の OUT（.out）、WMP（.wmp）ファイルのほかに数個あるが、DAT, OUT（表 3.3、表 3.4、図 3.8 等），WMP（図 3.7(d) 等）の 3 種をよく利用する。

2) 既存化合物の場合

(1) 図 3.4 で File→Open とプルダウンし、File-Open の画面とする（例：図 3.8(e)）。画面上段にデータの存在するフォルダ名（ドキュメント（C:）等）、中段大カッコ内に既存分子ファイル名（H2mol, ethen 等）が存在する。下段小カッコ内は、データの種類を示し、MOCOM ソフトでは、次の 4 種のデータとなっている。図 3.8(e) では MO-G が WinMOPAC となっているが同じ意味である。

　1. MO-G input files(*dat *mop)：分子構造の入力データ
　2. MO-G output files(*wmp)：分子構造の出力データ
　3. MO-S input files(*mos)：スペクトルの入力データ
　4. MO-S output files(*mos)：スペクトルの出力データ

例えばエチレンの計算された情報を画面に出したいときは，データの種類を 2 にし，ethen のファイルを選び，右下に出る「開く」をクリックすると，エチレンの構造（5.5 節）が画面に描かれる。

(2) 計算された分子を保存する場所（フォルダ）は上記のローカルディスク（C:）以外，デスクトップ，コンピュータのリムーバブルディスク（外部メモリーの USB, CD-R）などがある。保存されたフォルダからその分子の必要なファイルを選択し，図や構造の数値情報として利用できる。

(3) 図化と数値化は次のように行う。

① 対象分子のファイルを選択し，同画面右下の [開く] をクリックするとワークスペースに対象分子の構造が現れる。

② 分子ファイルを選択した状態（例：図 3.8(e) 等）で右クリックし，"プログラムから開く"で"メモ帳"を"OK"すると，目的の分子の WMP 数値情報（Z-Matrix（構造数値情報）を含む）などが得られる。

これらのデータは次の予定の計算に利用できる。②の数値化のうち特に 2 分子関与例は本書の 11.2 － 11.5 節の反応と相互作用解析の際に示している。

2.6 計算結果の見方

本文図 3.9 でアイコン Properties に収容されている情報例を示した。Outlist に多くの数値情報が収納されている。

2.7 計算の保存，印刷，終了など

保存などは File→Save (as) のプルダウンから保存場所とファイル名を決めて，行う。単一計算の終了は File→Close のプルダウンで行う。

計算プログラム利用の終了は File→Exit のプルダウンで行う。

〈著者紹介〉
染川賢一（そめかわ・けんいち）

1960 年	鹿児島県立宮之城高等学校卒業
1964 年	鹿児島大学工学部応用化学科卒業
1966 年	東京大学大学院工学系研究科修士課程合成化学専攻修了
同　年	鹿児島大学工学部応用化学科助手
1970 年	同助教授
1984 年	同教授
1991 年	同工学部応用化学工学科教授
2007 年	鹿児島大学名誉教授

有機分子の分子軌道計算と活用
―― 分子軌道法を用いた有機分子の性質と基本的反応の計算と活用 ――

2013 年 4 月 10 日　初版発行
2015 年 10 月 30 日　初版 2 刷発行

著　者　染　川　賢　一

発行者　五十川　直　行

発行所　一般財団法人　九州大学出版会
〒814-0001　福岡市早良区百道浜 3-8-34
九州大学産学官連携イノベーションプラザ 305
電話　092-833-9150
URL　http://kup.or.jp/
印刷・製本／大同印刷㈱

© Kenichi Somekawa, 2013　　　ISBN 978-4-7985-0089-8